Jürgen Heyer

Der Kreislauf des Methans

Mikrobiologie / Ökologie / Nutzung

Jürgen Heyer

Der Kreislauf des Methans

Mikrobiologie / Ökologie / Nutzung

22 Abbildungen, 7 Tafeln und 34 Tabellen

Akademie-Verlag Berlin 1990

Dr. rer. nat. Jürgen Heyer
Zentralinstitut für Mikrobiologie
und experimentelle Therapie der
Akademie der Wissenschaften der DDR
Jena

ISBN 3-05-500547-3

Erschienen im Akademie-Verlag Berlin, Leipziger Straße 3—4, Berlin, DDR-1086

Lizenznummer: 202 · 100/487/89
Printed in the German Democratic Republic
Gesamtherstellung: VEB Druckhaus „Maxim Gorki“, 7400 Altenburg
Lektor: Christiane Grunow
Einbandgestaltung: Christiane Preuße
LSV 1375
Bestellnummer: 763 866 9 (9135)
03800

Vorwort

Seit mehr als 80 Jahren wissen wir, daß Methan ein Stoffwechselprodukt bestimmter Mikroorganismen ist und durch andere Mikroorganismen oxydiert und assimiliert werden kann. Jedoch erst in den letzten Jahren konnte nachgewiesen werden, daß die Prozesse der Methanbildung und der Methanoxydation sowohl lokal, z. B. durch ihren Einfluß auf den Gewässerzustand, als auch global durch den Einfluß auf die Atmosphärenchemie und damit auf das Klima von großer ökologischer Bedeutung sind.

Vor allem durch die Aussicht auf eine praktische Nutzung der Organismen und Prozesse des Methankreislaufes begann vor etwa 20 Jahren eine intensive Erforschung der methanbildenden (methanogenen) und methanassimilierenden (methanotrophen) Organismen, die sowohl zur Entdeckung zahlreicher neuer Taxa als auch zu einer Vielzahl neuer grundlegender Erkenntnisse und überraschender Einsichten geführt hat. Insbesondere die Aufdeckung der phylogenetischen Sonderstellung der methanogenen Bakterien und die molekularbiologische Begründung für die Aufstellung eines neuen Reiches, der Archaebakterien, gehören zweifellos zu den herausragenden Leistungen auf dem Gebiet der Mikrobiologie des letzten Jahrzehnts.

Da diese faszinierenden Ergebnisse noch keinen Eingang in die Mikrobiologie-Lehrbücher finden konnten, wird hier der Versuch einer zusammenfassenden Darstellung der Mikrobiologie, der Ökologie und der Nutzungsmöglichkeiten der am Methankreislauf beteiligten Mikroorganismengruppen unternommen.

Die Möglichkeit für eine monographische Behandlung dieser Organismen ergibt sich aus ihrer Sonderstellung als Spezialisten bei der Bildung bzw. bei der Oxydation von Methan; die enge Verknüpfung dieser Prozesse im Kreislauf des Methans macht ihre gemeinsame Behandlung notwendig.

Das Gebiet ist inzwischen so umfangreich geworden, daß eine vollständige Erfassung aller Aspekte nicht möglich ist. Das Schwergewicht wurde auf die Behandlung der Ökologie des Methankreislaufes gelegt, da hier eigene Erfahrungen und Forschungsergebnisse vorliegen. Außerdem ist es ein wichtiges

Anliegen dieses Buches, nicht nur die interessanten Eigenschaften der methanogenen und methanotrophen Organismen vorzustellen, sondern auch ein Verständnis für die ökologischen Dimensionen des Methankreislaufes in der Natur zu erreichen.

Die Anregung zu diesem Buch erhielt ich vom Direktor des Zentralinstitutes für Mikrobiologie und experimentelle Therapie der AdW der DDR, Herrn Prof. Dr. sc. F. BERGTER. Für sein ständiges Interesse an diesem Projekt und für seine Unterstützung bin ich ihm zu Dank verpflichtet. Eine wichtige Grundlage für das Buch waren die eigenen Resultate der ökologischen Untersuchungen, die von den Mitarbeitern der AG Mikrobenökologie und anderen Kollegen des Institutes erarbeitet wurden. Ihnen gilt mein besonderer Dank, vor allem jedoch Frau Dr. Ursula BERGER, die an allen Forschungsarbeiten beteiligt war, eigene, noch nicht publizierte Ergebnisse zur Verfügung stellte und durch vielfältige Diskussionen und Hilfen einen wesentlichen Anteil am Gelingen des Buches hat.

Weiterhin möchte ich mich herzlich bedanken bei der Abteilung Dokumentation des Institutes und hier in erster Linie bei meiner Frau für die gewissenhafte Literaturarbeit, für ihr Verständnis und für die gute Unterstützung. Mein Dank gilt außerdem allen Fachkollegen, die mir durch Überlassung von Bildmaterial und Sonderdrucke geholfen haben.

Nicht zuletzt bedanke ich mich bei Frau Christiane GRUNOW und dem Akademie-Verlag für die wertvollen Hinweise bei der Manuskriptgestaltung und für die verständnisvolle Zusammenarbeit.

Jürgen HEYER

Inhaltsverzeichnis

1. **Der Methankreislauf auf der Erde — globale Aspekte** . . . 9

2. **Methanbildung (Methanogenese)** . . . 18
2.1. Eigenschaften methanogener Organismen . . . 22
2.2. Methoden zur Kultur . . . 30
2.3. Taxonomie der methanogenen Mikroorganismen . . . 33
2.4. Physiologie und Biochemie methanogener Organismen . . . 38
2.4.1. Methanbildung . . . 38
2.4.2. Kohlenstoffassimilation . . . 44
2.5. Ökologie der Methanogenese und ihrer Organismen . . . 48
2.5.1. Verbreitung der methanogenen Organismen in der Natur . . . 48
2.5.2. Methanogenese in limnischen Sedimenten . . . 67
2.5.3. Methanogenese in marinen Sedimenten . . . 82
2.5.4. Methanogenese im Pansen der Wiederkäuer . . . 103
2.5.5. Methanogenese beim Menschen . . . 110
2.5.6. Methanogenese bei anderen Tieren . . . 112
2.5.7. Wechselbeziehungen zwischen methanogenen und anderen Mikroorganismen . . . 115

3. **Aerobe Methanoxydation** . . . 127
3.1. Eigenschaften methanotropher Bakterien . . . 127
3.2. Methoden zur Kultur, Anreicherung, Gewinnung von Reinkulturen und zur quantitativen Erfassung . . . 135
3.3. Taxonomie methanotropher Bakterien . . . 140
3.4. Methanotrophe Hefen . . . 145
3.5. Physiologie und Biochemie methanotropher Bakterien . . . 146
3.5.1. Methanassimilation und Methylotrophie . . . 146
3.5.2. Wege der Energiegewinnung . . . 153
3.5.3. Stickstoffmetabolismus . . . 155
3.5.4. Co-Metabolismus . . . 157
3.6. Ökologie der methanotrophen Mikroorganismen . . . 160
3.6.1. Verbreitung in der Natur . . . 160

3.6.2. Aktivität in natürlichen Habitaten in Abhängigkeit von den ökologischen Faktoren . . . 167
3.6.3. Methanotrophe Bakterien als Symbionten . . . 178

4. **Anaerobe Methanoxydation** . . . 181

5. **Ökologische Bedeutung der Organismen und Prozesse des Methankreislaufes** 185

6. **Nutzung von Organismen und Prozessen des Methankreislaufes durch den Menschen** . . . 189
6.1. Gewinnung von Energieträgern . . . 189
6.1.1. Biogas . . . 189
6.1.2. Möglichkeiten zur Nutzung des rezent in natürlichen Habitaten gebildeten Methans . . . 200
6.1.3. Mikrobiologische Erdöl- und Erdgasprospektion . . . 201
6.1.4. Grubengasbeseitigung . . . 202
6.2. Nutzung der Erkenntnisse für den Umweltschutz . . . 202
6.2.1. Gewässersanierung . . . 202
6.2.2. Indikatoren für den Gewässerzustand . . . 204
6.2.3. Schutz vor Schäden . . . 204
6.2.4. Abwasserreinigung . . . 206
6.3. Biotechnologische Nutzung . . . 207
6.3.1. Erzeugung von single cell protein . . . 207
6.3.2. Gewinnung von Stoffwechselprodukten . . . 213
6.3.3. Möglichkeiten zur Stoffwandlung . . . 214

7. **Literatur** . . . 216

8. **Sachregister** . . . 245

1. Der Methankreislauf auf der Erde – globale Aspekte

Methan (CH_4) – die am stärksten reduzierte Verbindung des Kohlenstoffs – gehört zu den häufigsten organischen Verbindungen auf unserer Erde. Bildung und Verbrauch von Methan sind zum großen Teil an biologische Prozesse gebunden, die in einem Kreislauf, dem Methankreislauf, unter Einschluß von Sequenzen des Kohlenstoffkreislaufes miteinander verknüpft sind (Abb. 1). Daneben gibt es auch nicht-biologische Quellen und Umwandlungsprozesse, die in die folgenden Betrachtungen des globalen Methankreislaufes mit eingeschlossen werden sollen.

Beginnen wir mit der Frage nach der Verteilung von Methan auf der Erde. In der Atmosphäre wird Methan zu den Spurengasen gezählt; es erreicht in der Nordhemisphäre Konzentrationen von 1,7 ppm und in der Südhemisphäre von 1,4 ppm. In der Troposphäre bis zu einer Höhe von 12 km ist die Methankonzentration konstant und nimmt erst in der Stratosphäre kontinuierlich ab (Konzentration in 35 km Höhe 0,5 ppm). Daraus ergeben sich als Gesamtmenge für die Atmosphäre 4 Gt (10^9 t). Durch regelmäßige Messungen im Verlaufe der letzten 10 Jahre konnte eine Zunahme der Methankonzentration in der Troposphäre von 1,2 bis 2% pro Jahr zweifelsfrei nachgewiesen werden. Mit Hilfe der gaschromatographischen Analyse von in Eiskernen eingeschlossenen Luftblasen aus Grönland und aus der Antarktis gelang die Rekonstruktion der Bedingungen für die letzten 3000 Jahre (Rasmussen und Khalil 1984). Danach war die Methankonzentration in der Atmosphäre bis vor etwa 200 Jahren konstant bei 0,7 ppm und nahm dann bis zum heutigen Zeitpunkt zu. Diese Beobachtung und die sich für die Zukunft abzeichnende Tendenz sind daher so wichtig, weil Methan die Atmosphärenchemie und das Klima beeinflussen kann. Auf Grund der starken Absorption infraroter Strahlen führt eine Erhöhung der Methankonzentration in der Atmosphäre zu einer Verminderung der Wärmeabstrahlung und dadurch zu einer Temperaturerhöhung. Man hat errechnet, daß die bisherige Zunahme der Methankonzentration eine Erhöhung der Atmosphärentemperatur von 0,2 bis 0,3 °C bewirkt hat. Bei gleichbleiben-

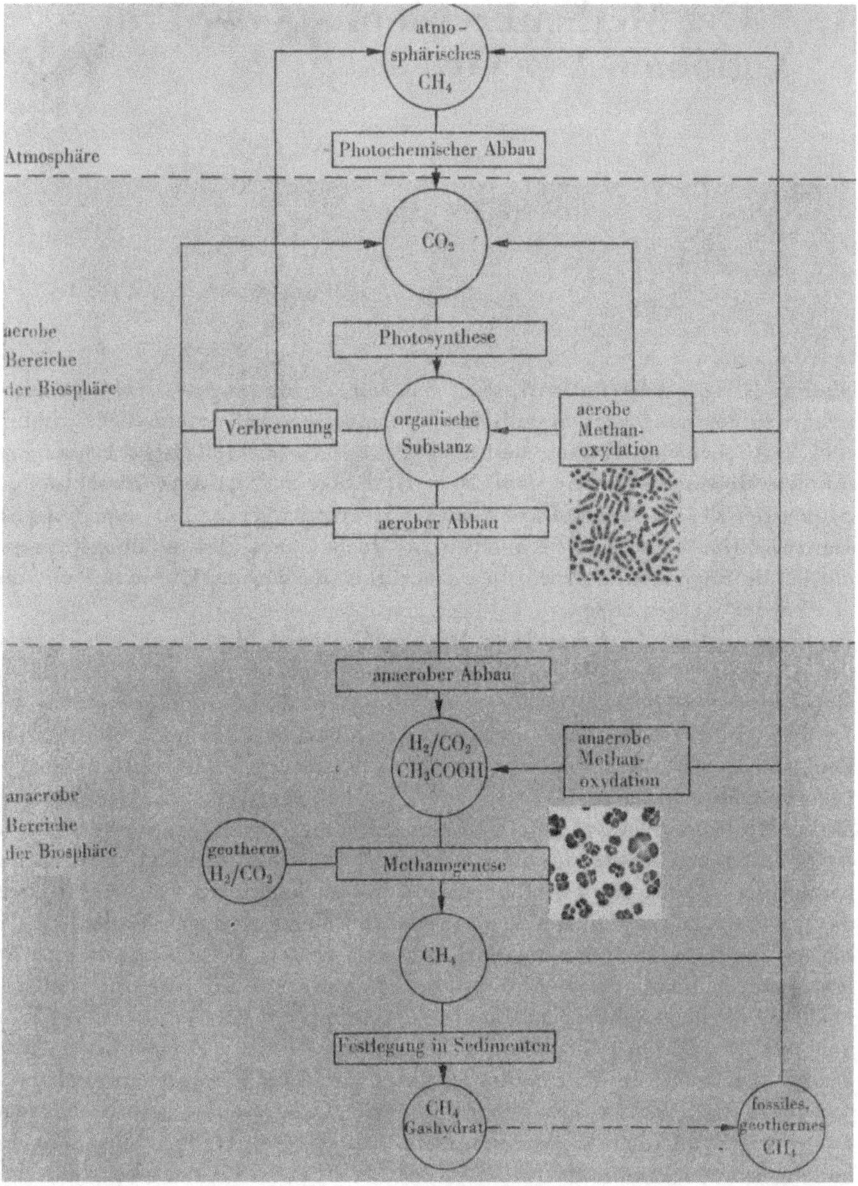

Abb. 1. Kreislauf des Methans

der Tendenz ist in 40–50 Jahren mit einer weiteren Verdopplung der Methankonzentration in der Atmosphäre zu rechnen. Dadurch können Temperaturerhöhungen im Bereich von 1 °C auftreten. Weitere Folgen wären:

- Zunahme der Ozonkonzentration (bei einer Verdopplung des Methangehaltes der Atmosphäre um 20%),
- Abnahme der Konzentration von OH-Radikalen,
- Zunahme der Wasserkonzentration in der Stratosphäre,
- Abnahme der Menge der Cl-Radikale, die zu einer Zerstörung der Ozonschicht beitragen.

Die größten Vorräte an Methan auf der Erde befinden sich in den Erdgas- und Erdöllagerstätten. Erdgas enthält in den meisten Fällen zwischen 60 und 95% Methan. Die Erdöllagerstätten besitzen stets eine Gaskappe mit Methan als Hauptbestandteil. Außerdem ist Methan in erheblichen Mengen im Erdöl gelöst. Die derzeitigen Vorräte werden auf 600 Gt Erdöl und 200 Gt Erdgas ($= 2{,}8 \cdot 10^{14}$ m^3) geschätzt (prognostische Mengen, nach MEINHOLD und PÄTZ 1978). Nach den heutigen Erkenntnissen sind diese Energieträger im Verlaufe der Erdgeschichte aus organischer Substanz gebildet worden, wobei vor allem in den entscheidenden ersten Phasen anaerobe mikrobielle Prozesse in aquatischen Ökosystemen im Vordergrund standen. Da Erdgas in der Hauptsache durch Verbrennen als Energiequelle genutzt wird, ist nur ein kleiner Teil dieser fossilen Methanvorräte (Verluste bei der Förderung und beim Transport, Diffusion von den Lagerstätten in die obersten Bodenschichten) unmittelbar am globalen Methankreislauf beteiligt.
Ebenfalls fossiles Methan befindet sich in den Flözen von Steinkohle- und Braunkohlelagerstätten. So werden beim Abbau von 1 t Steinkohle 19 m^3 Methan frei (Grubengas), das dann die Ursache der verheerenden Schlagwetterexplosionen bilden kann. Aus den prognostizierten Kohlevorräten der Erde von etwa 10 Tt gewinnt man eine Vorstellung von den dort eingeschlossenen fossilen Methanmengen.
Methan tritt weiterhin im Bereich geothermer Prozesse auf, z. B. in den Exhalationsgasen der Vulkane, in heißen Quellen an der Erdoberfläche, in Hydrothermalquellen von Schelfgebieten der Meere, in Hydrothermalquellen der Tiefsee, die sich an den Spaltungszonen der Erdkruste gebildet haben, und in Schichtwässern bestimmter Sedimentgesteine.
Wo Geothermalwasser an die Erdoberfläche gelangt, kann der Methangehalt nach einer Besiedlung mit Organismen auch auf einer rezenten biogenen Methanbildung aus geochemischem H_2 und CO_2 beruhen. Beispiele dafür sind heiße Quellen im Yellowstone-Nationalpark (USA) und auf Island.
Große Vorräte an Methan befinden sich in den anaeroben Bereichen der Biosphäre, vor allem dort, wo organische Substanz unter anaeroben Bedingungen

mikrobiell abgebaut wird. In den anoxischen Sedimenten aquatischer Ökosysteme übersteigt dabei die Methankonzentration oft seine Löslichkeit im Interstitialwasser. (Bei 20 °C lösen sich in einem Liter Aqua dest. maximal 34,69 ml CH_4 = 24,8 mg = 1547 µmol; bei 10 °C: 43,50 ml = 31,1 mg = 1941 µmol; in Seewasser mit 3,2‰ Salzgehalt bei 10 °C: 35,10 ml = 25,1 mg = 1565 µmol). Die Folge davon ist die Bildung von Gastaschen im Sediment, die bei entsprechender Größe als Gasblasen aufsteigen. Diese Schlammgase kann man in fast allen Gewässern (Teiche, Seen, Gräben, Kanäle, Staubereiche der Flüsse, Küstengewässer der Meere) beobachten, in denen große Mengen organischer Substanz in das Sediment gelangen. Dabei können an einem Tag bis zu 35 l Gas von 1 m^2 Sediment freigesetzt werden. Nach der gaschromatographischen Analyse enthalten diese Schlammgase zwischen 60 und 95% Methan neben CO_2 und N_2 und sind damit brennbar. Der italienische Physiker A. Volta hatte bereits 1776 das Entweichen eines brennbaren Gases aus den Sedimenten von Gewässern beobachtet und beschrieben und gilt seitdem als Entdecker der biologischen Methanbildung.

In Sedimenten von tiefen Seen oder Meeressedimenten können infolge des hydrostatischen Druckes noch wesentlich höhere Methankonzentrationen erreicht werden. So wurden in marinen Sedimenten maximale Methankonzentrationen zwischen 15000 und 20000 µmol/l gemessen. Unter besonderen physikalischen Bedingungen (hoher hydrostatischer Druck, geringe Temperatur, Methansättigung) kann Methan auch in festem Zustand vorkommen, als Methangashydrat. In produktiven Meeresgebieten mit Sedimenttemperaturen unter 5 °C und Wassertiefen über 500 m (hydrostatischer Druck über 5 MPa) sind diese Methangashydrate in tieferen Sedimentschichten nachgewiesen worden.

In aquatischen Ökosystemen kann auch das Wasser hohe Methankonzentrationen enthalten, wenn es frei von Sauerstoff ist. Das Methan gelangt durch Diffusion aus dem Sediment in das anoxische Wasser, wobei unmittelbar über dem Sediment maximale Methankonzentrationen von 500—1000 µmol/l auftreten können. Wesentlich geringer sind dagegen die Methankonzentrationen im stagnierenden Wasser anoxischer mariner Becken:

Fjord Lake Nitinat	200 m	71,4 µmol CH_4/l
Schwarzes Meer	1200 m	13,4 µmol CH_4/l
Cariaco Trench	1300 m	7,1 µmol CH_4/l
Gotlandtief, Ostsee	240 m	0,4 µmol CH_4/l

Auch Moore und Sümpfe, die durch eine Akkumulation großer Mengen organischer Substanz unter anaeroben Bedingungen gekennzeichnet sind, muß man zu den Bereichen der Biosphäre mit hohen Methankonzentrationen zählen. Wie in limnischen und marinen Gewässern übersteigen auch hier die Methan-

konzentrationen in den anoxischen Bereichen vielfach die Sättigungsgrenze, und es kommt zu einer Gasfreisetzung in Form von Blasen. Dieses als Sumpfgas bezeichnete Methan-Gasgemisch wird als Ursache der Irrlichter angesehen.
Der Boden enthält vor allem dann ausgedehnte anaerobe Zonen, wenn er mit Wasser überflutet ist, z. B. auf Reisfeldern. Unter diesen Bedingungen findet eine intensive Methanbildung statt, die zu einer Übersättigung des Bodenwassers mit Methan führt. Die Gasfreisetzung erfolgt in bepflanzten Böden vorwiegend über das Aerenchymsystem der Pflanzen und weniger durch Gasblasenbildung.
Zu den anaeroben Ökosystemen mit großer Bedeutung in bezug auf den Methankreislauf gehören weiterhin die Darmsysteme verschiedener Tiere, insbesondere die der Wiederkäuer, aber auch jene von anderen pflanzenfressenden Tiergruppen, wie z. B. die der Termiten. Im Pansen der Rinder werden 5–10% des Futters in Methan umgewandelt, wodurch am Tage etwa 200 l Methan gebildet und freigesetzt werden.
Insgesamt sind die anaeroben Bereiche der Biosphäre als Gebiete mit bedeutsamen Methanvorräten der Erde anzusehen, da der Methanexport aus diesen Systemen durch die ständige Neubildung aus rezenter organischer Substanz ausgeglichen wird und damit die Methanmengen über lange Zeit konstant bleiben. Zwar sind bisher noch keine Bilanzierungen der Gesamtmenge des Methans in diesen Bereichen durchgeführt worden, aber wir können schätzen, daß der Vorrat mehrere Milliarden Tonnen beträgt.
In den aeroben Bereichen der Biosphäre kommt Methan nur in geringen Konzentrationen vor, da es mit Hilfe des Luftsauerstoffs mikrobiell oxydiert wird. Eine Methanbildung ist unter aeroben Bedingungen ausgeschlossen. Das gesamte Methan stammt daher aus den anaeroben Bereichen der Ökosysteme oder in wenigen Fällen von fossilen Methanvorräten. So betragen die Methankonzentrationen im sauerstoffhaltigen Wasser der Seen und Flüsse fast immer weniger als 1 µmol/l und steigen nur bei intensiver Gasblasenfreisetzung aus dem Sediment geringfügig an. Im Oberflächenwasser der Ozeane liegen die Methankonzentrationen zwischen 0,002 und 0,004 µmol/l. Höhere Konzentrationen treten nur im Küstenbereich auf, wobei die Grenze von 1 µmol/l jedoch nur in flachen, hochproduktiven Zonen mit Gasblasenbildung zeitweilig überschritten werden kann.
In gut durchlüfteten Böden sind die Methankonzentrationen nur wenig höher als in der Atmosphäre. Die Zunahme der Methankonzentration ist stets mit einer Ausweitung der anaeroben Bereiche verbunden. In Böden über Erdgas- und Erdöllagerstätten oder über Kohleflözen können die Methankonzentrationen als Ergebnis der Diffusion von fossilem Methan zunehmen. Meist wird jedoch der Methanüberschuß durch die aeroben Bodenorganismen verbraucht.

Nachdem wir eine Vorstellung über die Verteilung von Methan und die Vorräte auf der Erde gewonnen haben, sollen die wichtigsten Austauschprozesse im globalen Methankreislauf dargestellt werden. Beginnen wir mit dem Methan in der Atmosphäre. Trotz seiner hohen chemischen Stabilität wird Methan in der Atmosphäre unter Einwirkung kurzwelliger Strahlen durch eine Kette von photochemischen Reaktionen zu CO_2 und H_2O abgebaut (EHHALT 1976). Die Schlüsselreaktion ist dabei

$$CH_4 + OH \rightarrow CH_3 + H_2O .$$

In der weiteren Folge tritt Formaldehyd als Zwischenprodukt auf, das zu CO und H_2 gespalten wird. Dieser Prozeß ist eine der wichtigsten Quellen des atmosphärischen CO und H_2. Im Verlaufe weiterer Reaktionen wird auch Ozon gebildet. Das Ausmaß der photochemischen Methanumwandlung wurde auf Grund der Konzentration von Hydroxylradikalen mit 200 bis 900 Mt CH_4/Jahr kalkuliert. Weitere Prozesse, die den Methangehalt der Atmosphäre vermindern, sind der Export in die Stratosphäre (25—85 Mt/a) und die mikrobielle Methanoxydation im Boden. Daraus ergibt sich eine Verweilzeit des Methans in der Atmosphäre von 4—10 Jahren.

Diesen Abbauprozessen des atmosphärischen Methans müssen Bildungsprozesse in der gleichen Größenordnung gegenüberstehen. Da eine chemische Methanbildung in der Atmosphäre nicht möglich ist, können die Quellen nur auf der Erde selbst zu suchen sein. Ein Hinweis darauf ergibt sich aus der ^{14}C-Analyse des atmosphärischen Methans. Rezent aus organischer Substanz durch biologische Prozesse gebildetes Methan muß nahezu ebensoviel ^{14}C wie die Ausgangssubstanz, z. B. ein Holzstandard, enthalten, während fossiles und abiogenes Methan aus geothermen Quellen kein ^{14}C enthält. Die Messungen haben ergeben, daß 80—90% des atmosphärischen Methans soviel ^{14}C enthält wie die organische Substanz, d. h. es entstammt dieser rezenten organischen Substanz. Daraus geht hervor, daß die biologische Methanbildung auf der Erde die wichtigste Quelle des atmosphärischen Methans darstellt. Welchen Anteil die verschiedenen anaeroben Ökosysteme an der globalen Methanemission besitzen, ist in Tabelle 1 zusammengestellt.

Trotz der erheblichen Unterschiede in der Kalkulation, die sich vor allem durch die Extrapolation von wenigen Meßwerten in einem bestimmten Ökosystem auf die gesamte Methanfreisetzung auf der Erde ergeben, kommt dem tierischen Verdauungstrakt, den Reisfeldern und den Mooren und Sümpfen die größte Bedeutung für die Methanemission in die Atmosphäre zu. Die Methanemission ist dabei nicht mit der Methanbildung gleichzusetzen, da nur ein Teil des in den anaeroben Bereichen der Ökosysteme gebildeten Methans die Atmosphäre erreicht. In tieferen Sedimenten von Gewässern wird stets ein kleiner Teil des

Tabelle 1. Quellen des atmosphärischen Methans und jährliche Emissionsraten (10^6 t) (Ehhalt 1979, Sheppard et al. 1982, Seiler 1984)

Quelle	Emissionsraten
Rezentes Methan	
Tierischer Verdauungstrakt	66 –210
Reisfelder	30 –280
Sümpfe, Moore	13 –300
Tundra	0,3– 3
Süßwasserökosysteme	1 – 25
Ozeane	1,3– 16,6
	112 –835
Fossiles Methan	
Kohleförderung	7,9–30
Verluste der Erdgasindustrie	7 –29
	15 –59
Abiogenes Methan	
Biomasseverbrennung	30 – 110
Vulkane	0,2– 0,5
Autoabgase	0,5– 2
	31 – 113
Gesamtemission	158 –1007

Methans konserviert und kann unter geeigneten Bedingungen als Methangashydrat festgelegt werden.

Auf dem Wege des Methans vom Bildungsort zur Atmosphäre durch Diffusion, Zirkulation und Blasenfreisetzung gibt es 2 Barrieren:

- die anaerobe Methanoxydation und
- die aerobe Methanoxydation.

Während wir über die ökologische Bedeutung des ersten Prozesses und über sein globales Ausmaß keine Vorstellung besitzen, hat der 2. Prozeß einen entscheidenden Einfluß auf die Methanemission. Die aerobe Methanoxydation schränkt vor allem in den aquatischen Ökosystemen, in Sümpfen und Mooren und in den Reisfeldern den Methanfluß zur Atmosphäre erheblich ein. Bilanzierungen in geschichteten Seen mit einem anoxischen Hypolimnion während der Sommerstagnation haben ergeben, daß nur 1/3 des gebildeten Methans in

die Atmosphäre gelangt. In Seen mit einer stabilen Wasser-Schichtung ohne Zirkulation, wie z. B. im Lake Tanganyika, wird das gesamte Methan in der Übergangsschicht verbraucht (RUDD 1980). In allen Gewässern mit einer aeroben Sedimentschicht (Litoralsediment der Seen, Flüsse, Ozeane) wird fast das gesamte Methan durch die intensive Methanoxydation im Oberflächensediment verbraucht und kann nur über eine Blasenfreisetzung in die Atmosphäre entweichen. Auch für die Moore konnte die Wirksamkeit der Methanoxydation als Barriere für den Methanfluß von den anaeroben Zonen in die Atmosphäre nachgewiesen werden. Auf den Reisfeldern sind zwar die Pflanzen die bevorzugten Transportwege des Methans; dennoch werden hier etwa 80% des gebildeten Methans in dern aeroben Oberflächenschicht des Bodens und in der Rhizosphäre oxydiert (HOLZAPFEL-PSCHORN et al. 1986). Nur bei der Methanfreisetzung aus dem tierischen Verdauungstrakt spielt die Methanoxydation keine Rolle. Eine Ausnahme bilden jedoch die Termiten, bei denen eine intensive Methanoxydation in den Termitenhügeln angenommen wird. Kalkulationen der globalen Methanemissionsraten dieser holzfressenden Insekten auf der Grundlage von Messungen an Termitenhügeln ergaben nämlich weitaus geringere Werte (SEILER et al. 1984: 2–5 Mt/a) als Messungen an Einzeltieren (ZIMMERMAN et al. 1982; RASMUSSEN und KHALIL 1983: 50–150 Mt/a).
Insgesamt können wir davon ausgehen, daß die mikrobielle Methanoxydation global das gleiche Ausmaß erreicht wie die Methanemission in die Atmosphäre (Tab. 2).
Die biologische Methanbildung auf der Erde wird nach diesen Kalkulationen in der Größenordnung von 1 Milliarde Tonnen im Jahr liegen. Bezieht man diese Menge auf die jährliche Primärproduktion durch Photosynthese (175 Gt orga-

Tabelle 2. Kalkulation der Methanoxydation in der Biosphäre

Ökosystem	Methan-bildungs-rate g/m² · a	Globale Fläche 10^6 km²	Anteil der Methan-oxydation %	Globale Methan-oxydation 10^6 t/a
Reisfelder	65 –206	1,45	80	75 –239
Sümpfe, Moore	10 – 50	2,6	50	13 – 65
Süßwasserökosysteme	70	2,5	60–80	105 –140
Ozeane	0,001– 0,1	361	100	0,4– 36
Schelfgebiete	10 – 50	1,4	80	11 – 56
Termiten			90	45
Boden				20
Summe				302 –578

nische Substanz), dann wird in jedem Jahr etwa 1% des Kohlenstoffs der gebildeten organischen Substanz in Methan umgewandelt. Auf molarer Basis ergibt sich sogar ein Anteil von etwa 5%. Von dem biologisch gebildeten Methan wird ungefähr die Hälfte durch photochemischen Abbau in der Atmosphäre und die andere Hälfte durch mikrobielle Oxydation in der Biosphäre zu CO_2 und Wasser umgewandelt.

Abschließend soll noch die Frage nach der Ursache des ständig zunehmenden Methangehaltes in der Atmosphäre beantwortet werden. Wichtige Quellen des atmosphärischen Methans, wie Reisfelder und Wiederkäuer, die mit menschlichen Aktivitäten in Zusammenhang stehen, sind erweitert worden:

— Die Reisanbaufläche hat in den vergangenen Jahrzehnten ständig zugenommen (1950: $0{,}9 \cdot 10^6$ km², 1979: $1{,}45 \cdot 10^6$ km²).
— Die Zahl der Rinder hat sich in den letzten 40 Jahren verdoppelt und übertrifft heute die Zahl der wildlebenden Wiederkäuer.
— Auch in den Gewässern kann man als Folge der verstärkten Eutrophierung und der damit verbundenen erhöhten Produktion organischer Substanz mit einer Zunahme der Methanbildungsraten durch höheren Eintrag organischer Substanz in das Sediment und durch die Ausweitung der anaeroben Bereiche rechnen.

Außerdem hat die Menge des abiogenen Methans durch erhöhte Biomasseverbrennung und Autoabgase sowie die Menge des freigesetzten fossilen Methans aus Erdgasverlusten und Kohleabbau deutlich zugenommen, ebenfalls eine Folge menschlicher Aktivitäten. In welchem Maße photochemische (Zunahme des Abbaus in der Atmosphäre) oder biologische (höhere Aufnahme des atmosphärischen Methans durch die Ökosysteme) Regulationsprinzipien dieser Zunahme des atmosphärischen Methangehaltes entgegenwirken, ist zur Zeit nicht abzusehen. Dagegen können wir eine Erhöhung der Methanoxydation bei zunehmender Methanbildung innerhalb der Ökosysteme voraussetzen, solange noch ausreichend Sauerstoff zur Verfügung steht.

2. Methanbildung (Methanogenese)

Die Methanbildung vollzieht sich in der Natur überall dort, wo organische Substanz unter anaeroben Bedingungen abgebaut wird. Dabei ist die Methanogenese einer der wichtigsten terminalen Schritte der anaeroben Abbaukette (Abb. 2).

Die anaerobe Mineralisation des organisch gebundenen Kohlenstoffs ist durch folgende Merkmale gekennzeichnet:

— O_2 als terminaler Elektronenakzeptor fehlt.

— Als alternative Elektronenakzeptoren werden statt dessen verwendet

$Mn^{4+} \rightarrow Mn^{2+}$	Manganreduktion
$NO_3^-/NO_2^- \rightarrow N_2/NH_4^+$	Denitrifikation/Nitratammonifikation
$Fe^{3+} \rightarrow Fe^{2+}$	Eisenreduktion
$SO_4^{2-}/S_2O_3^{2-} \rightarrow H_2S$	Dissimilatorische Sulfatreduktion
$S^0 \rightarrow H_2S$	Dissimilatorische Schwefelreduktion
$HCO_3^- \rightarrow CH_4$	Methanogenese

Die Reihenfolge zeigt die thermodynamische Ordnung der Verwertung, d. h. den abnehmenden Energiegewinn und gleichzeitig das abnehmende Redoxpotential, das für diese Reaktionen erforderlich ist.

— Durch das Fehlen von Sauerstoff sind Tiere und Pflanzen und die Mehrzahl der eukaryotischen Mikroorganismen von diesen Prozessen ausgeschlossen. Der anaerobe Abbau ist den prokaryotischen Mikroorganismen vorbehalten, wobei sowohl fakultativ anaerobe als auch obligat anaerobe Arten beteiligt sind.

— Charakteristisch ist eine stufenweise fortschreitende Oxydation des Kohlenstoffs, an der verschiedene Bakteriengruppen der komplexen mikrobiellen Gemeinschaft teilnehmen, die durch enge Wechselbeziehungen gekennzeichnet ist.

— Die Vielfalt der anaeroben Stoffwechselwege ist größer als unter aeroben

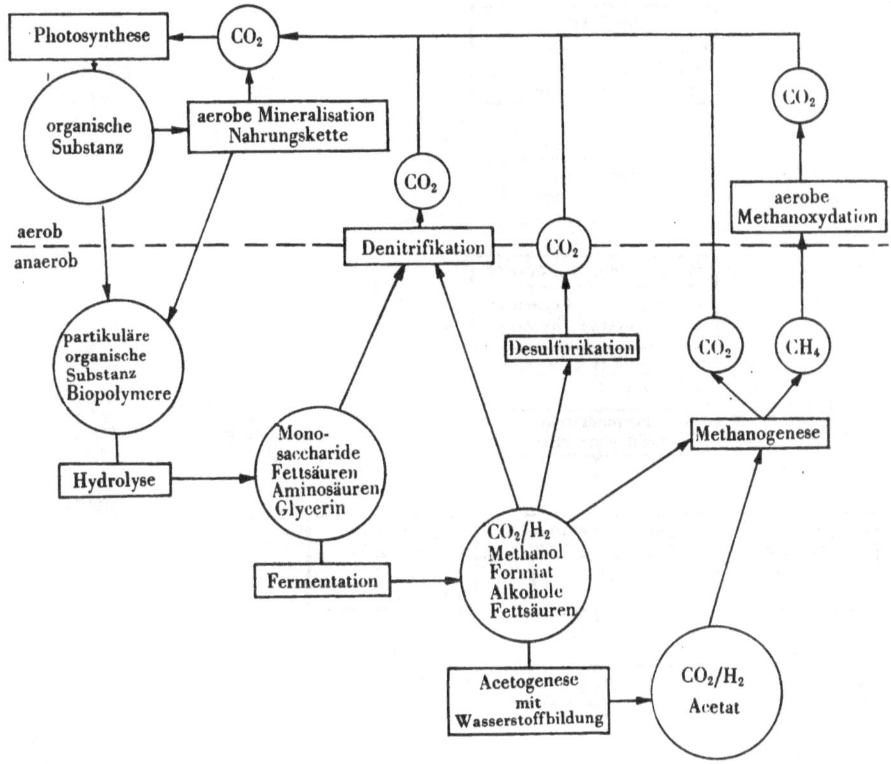

Abb. 2. Schematische Darstellung der wichtigsten Prozesse des anaeroben Abbaus organischer Substanzen

Bedingungen, da die Oxydation der Kohlenstoffverbindungen durch Dehydrogenierung verbunden ist mit einer Übertragung von Wasserstoff auf verschiedene organische Verbindungen des Intermediärstoffwechsels oder externe Elektronenakzeptoren.

— Die Energieausbeute für die einzelnen anaeroben Organismengruppen pro Mol umgesetzter organischer Substanz ist stets geringer als mit Sauerstoff als Elektronenakzeptor. Das bedeutet, für die Gewinnung der gleichen Energiemenge muß entsprechend mehr Substrat umgesetzt werden bzw. es steht weniger Energie für die Biomassesynthese zur Verfügung (geringere Zellvermehrung).

— Der Kohlenstoff wird vollständig oxydiert zu CO_2 oder reduziert zu CH_4. Es entstehen reduzierte Endprodukte wie H_2S, NH_4^+, N_2, Mn^{2+}, Fe^{2+}.

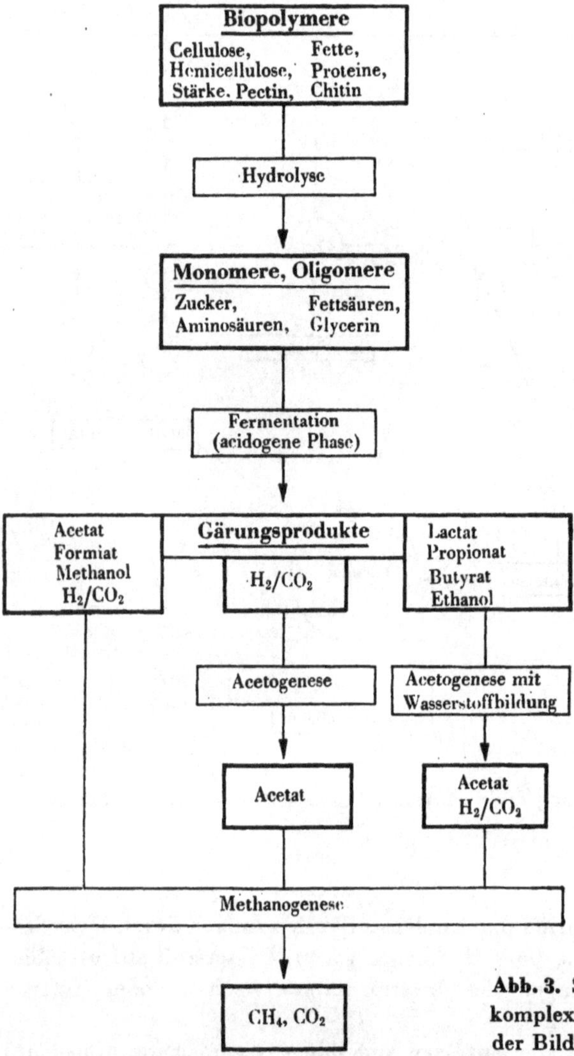

Abb. 3. Stufen des anaeroben Abbaus komplexer organischer Substanzen bei der Bildung von Methan

Die verschiedenen Stufen des anaeroben Abbaus umfassen (Abb. 3):

— **Hydrolyse**

Die Biopolymeren Cellulose, Stärke, Hemicellulosen, Lignin (Abbau nur z. T.), Chitin, Proteine und Fette werden durch extrazelluläre Enzyme hydrolysiert, die von fakultativ anaeroben oder obligat anaeroben Bakterien verschiedenster

Zugehörigkeit produziert werden (z. B. *Clostridium*, *Bacteroides*, *Ruminococcus*, *Eubacterium*, *Acetivibrio*, *Butyrivibrio*).

— **Fermentation**[1]) (acidogene Phase)
Die gebildeten Monomeren, wie Monosaccharide, Aminosäuren, Fettsäuren, Glycerin u. a., werden durch die gleichen Organismen und durch eine weitere, taxonomisch heterogene Gruppe von anaeroben Bakterien (z. B. *Lactobacillus*, *Streptococcus*, *Clostridium*, *Thermoanaerobacter*, *Acetobacterium*, *Succinovibrio*, *Eubacterium*, *Butyribacterium*) über verschiedene anaerobe Gärungen in H_2, CO_2, Acetat, Formiat, Methanol, Ethanol, Propionat, Butyrat, Lactat und andere Produkte umgewandelt.

— **Acetogenese mit Wasserstoffbildung** (Obligate Protonenreduktion)
Der weitere Abbau von Propionat, Butyrat sowie der höheren Fettsäuren, von Ethanol und den höheren Alkoholen und von Lactat zu Acetat und Wasserstoff ist energetisch nur bei sehr geringen Wasserstoffkonzentrationen möglich. Die Organismen dieser Abbaustufe (z. B. *Syntrophobacter*, *Syntrophomonas*, *Thermoanaerobium*, *Desulfovibrio*), die wasserstoffbildenden acetogenen Bakterien (auch obligat protonenreduzierende Bakterien), sind daher bei dieser Umsetzung auf eine syntrophe Assoziation mit wasserstoffverbrauchenden Organismen (methanogene Bakterien, Desulfurizierer) angewiesen.
Bei dieser engen Verknüpfung der Prozesse des anaeroben Abbaus, die auch in den Wechselbeziehungen zwischen den wasserstoffbildenden Organismen der fermentativen Stufe und den wasserstoffverbrauchenden terminalen Organismen sichtbar ist, wird der Wasserstoff von der einen Art unmittelbar auf die andere übertragen („interspecies hydrogen transfer"), ein fundamentales Prinzip der anaeroben Abbaukette. Als wasserstoffverbrauchende Organismen können außerdem die acetogenen Bakterien im engeren Sinne auftreten (z. B. *Acetobacterium*, *Eubacterium*, *Clostridium thermoaceticum*, *Acetogenium*, *Butyribacterium*), die Wasserstoff zur Reduktion von CO_2 zu Acetat verwenden (siehe auch 2.5.7.).
Damit sind die komplexen organischen Verbindungen zu niedermolekularen organischen Substanzen und zu CO_2 und H_2 zerlegt und können durch die terminalen Prozesse des anaeroben Abbaus endgültig mineralisiert werden. Ökologisch am wichtigsten sind dabei die Methanogenese, die dissimilatorische Sulfatreduktion (Desulfurikation) und die dissimilatorische Nitratreduktion. Während durch die Denitrifikation bereits die Produkte der 1. und 2. Stufe des anaeroben

[1]) Darunter werden hier und in den folgenden Abschnitten alle anaeroben Prozesse zur Energiegewinnung verstanden, bei denen Wasserstoff auf intermediäre Stoffwechselprodukte übertragen wird und organische Säuren, Alkohole und Ketone als Endprodukte entstehen.

Abbaus und durch die Desulfurikation die Produkte der 2. Stufe jeweils vollständig mineralisiert werden können, ist dies bei der Methanogenese erst nach Ablauf der 3. Stufe möglich. Welcher der 3 terminalen Prozesse in einem bestimmten Ökosystem dominiert, hängt vor allem von der Konzentration der externen Elektronenakzeptoren Sulfat und Nitrat und vom Redoxpotential ab. Voraussetzungen für die Methanogenese sind:

- Ausschluß von Sauerstoff,
- Fehlen von Sulfat und Nitrat,
- Redoxpotential unter −300 mV,
- Vorhandensein der Precursoren für die Methanbildung H_2/CO_2, Acetat, Formiat, Methanol, Methylamine oder CO.

Da CO_2 als Elektronenakzeptor für die Methanogenese mit H_2 bei den anaeroben Prozessen ständig produziert wird, ist eine Limitation der Methanogenese durch die CO_2-Konzentration in natürlichen Ökosystemen wenig wahrscheinlich.
Eine Methanogenese kann auch mit H_2/CO_2 aus geothermen Quellen stattfinden, d. h. unabhängig von der anaeroben Abbaukette der durch Photosynthese gebildeten organischen Substanz. Diese Art der Energiegewinnung und der Primärproduktion organischer Substanz (anaerobe Chemolithoautotrophie), die unvollkommen unabhängig von der Sonnenenergie sind, können als ursprüngliche Stoffwechseltypen angesehen werden, die zu Beginn der Entwicklung der Organismen in einer sauerstofffreien Atmosphäre ökologisch bedeutsam waren. Heute vollzieht sich diese Form der Methanogenese nur in wenigen Ökosystemen (Hydrothermalquellen der Tiefsee, Geothermalquellen) und spielt im globalen Methankreislauf keine große Rolle.

2.1. Eigenschaften methanogener Organismen

Die Fähigkeit zur Bildung von Methan ist auf eine kleine Gruppe von streng anaeroben prokaryotischen Mikroorganismen beschränkt, die methanogenen Bakterien.

Den gelegentlich für diese Gruppe gebrauchten Begriff „Methanbakterien“ sollte man vermeiden, da er Anlaß zu Verwechslungen mit einer anderen Gruppe von Spezialisten unter den Bakterien gibt, den aeroben, methanassimilierenden oder methanotrophen Bakterien (s. u.).
Nach der Entdeckung der biologischen Methanbildung durch A. Volta 1776 und der Aufklärung der chemischen Natur des Methans durch W. Henry 1806 hat es 100 Jahre bis zum Nachweis gedauert, daß Methan ein Produkt des mikrobiellen Stoffwechsels ist. Dazu haben Untersuchungen von Bechamp, Tappeiner, Hoppe-Seyler, Omelianski und

Söhngen beigetragen. Die letzten beiden Autoren beschrieben 1906 die ersten methanogenen Organismen, jedoch gelang ihnen nicht die Isolation von Reinkulturen. Die großen Schwierigkeiten bei der Kultur der methanogenen Bakterien werden unter anderem darin sichtbar, daß es mehr als vierzig Jahre gedauert hat, bevor erste Reinkulturen vorlagen (Schnellen 1947: *Methanosarcina barkeri*, *Methanobacterium formicicum*).

Seit 1956 (Barker) werden die methanogenen Mikroorganismen als eine taxonomisch einheitliche Gruppe aufgefaßt, die sich vor allem wegen der einzigartigen Form der Energiegewinnung durch die Bildung von Methan von allen anderen Bakteriengruppen grundsätzlich unterscheiden. Weitere Merkmale zur Charakterisierung dieser Organismen sind:

— Die Morphologie ist außerordentlich vielfältig und umfaßt alle Grundtypen, wie Kokken, Stäbchen und Spirillen, in verschiedener Ausprägung (Tafel 1—4):

- Lange und kurze Stäbchen mit geraden oder abgerundeten Enden, gerade oder gebogen; einzeln, in Ketten, in langen Filamenten oder dicht verschlungenen Aggregaten;
- spindelförmige Zellen;
- Spirillen;
- Kokken verschiedener Größe;
- sarcinenähnliche Aggregate;
- Organismen mit einer morphologischen Entwicklung zwischen sarcinenähnlichen Aggregaten, Makrocysten und kokkoiden Zellen;
- polygonale Zellen;
- plattenförmige Zellen;
- unregelmäßige, zellwandlose Formen.

— Die meisten stäbchenbildenden Arten sind unbeweglich. Die Spirillen und ein Teil der Arten mit kokkoiden Zellen besitzen Geißelbüschel und sind beweglich.

— Es gibt grampositive und gramnegative Arten.

— Die Ultrastruktur kann vielfältig sein: Bei einigen Arten wurden intracytoplasmatische Membransysteme nachgewiesen; andere besitzen Gasvakuolen. Häufig werden regelmäßige Oberflächenstrukturen von hexagonaler Anordnung beobachtet.

— Alle Arten sind streng anaerob und können nur bei Redoxpotentialen unter —300 mV Methan bilden und wachsen; einige Arten werden bereits bei kurzzeitigem Kontakt mit Sauerstoff abgetötet (*Methanococcus vannielii*, *Methanococcus voltae*), andere überleben einen längeren Aufenthalt an der Luft und können nach Übertragung in ein Medium mit niedrigem Redoxpotential weiterwachsen (*Methanobacterium thermoautotrophicum*, *Methanosarcina*).

— Die einzigen Produkte des Stoffwechsels sind CH_4 und CO_2.

— Als Substrate für die Methanbildung und für die Kohlenstoffassimilation

werden H_2/CO_2, Acetat, Formiat, Methanol, Methylamine und CO verwendet. Die Organismen sind chemolithoautotroph (Verwertung von H_2/CO_2), chemoorganoheterotroph (Verwertung von Acetat, Formiat, Methanol, Methylaminen) oder chemolithoheterotroph (Energiequelle H_2/CO_2, C-Quelle Acetat).
— Der CO_2-Fixierungsmechanismus der autotrophen methanogenen Organismen ist nicht-cyclisch (Kondensation von 2 Molekülen CO_2 zu Acetyl-CoA) und unterscheidet sich grundsätzlich von dem Ribulosebiphosphatweg (Calvin-Cyclus), der bei den grünen Pflanzen und bei den meisten autotrophen Bakterien vorkommt, und dem reduktiven Citronensäurecyclus der Chlorobakterien.

Besondere Aufmerksamkeit haben die methanogenen Organismen jedoch vor allem durch die Entdeckung einer Reihe von ungewöhnlichen Eigenschaften gefunden:

— Nucleotidsequenz der ribosomalen 16s RNS

Bei der Untersuchung der verwandtschaftlichen Beziehungen der Mikroorganismen ist man in den letzten Jahren durch die Analyse der Bausteinsequenzen von bestimmten Biopolymeren vorangekommen. Als eine besonders geeignete Struktur erwies sich dabei die 16s RNS der Ribosomen, die aus etwa 1600 Nucleotiden besteht und sowohl konservative als auch progressive Abschnitte enthält. Aus dem Vergleich der Nucleotidsequenzen dieser RNS von 2 verschiedenen Organismen ergibt sich eine Übereinstimmung in unterschiedlichem Maße, ausgedrückt durch den S_{AB}-Wert:

$$S_{AB} = \frac{\text{Zahl der A und B gemeinsamen Oligomere} \times 2}{\text{Gesamtzahl der analysierten Oligomere A und B}}$$

Weitgehende Übereinstimmung führt zu einem hohen S_{AB}-Wert und bedeutet, daß die untersuchten Organismen eng miteinander verwandt sind, geringe Übereinstimmung der Nucleotidsequenzen ergibt einen niedrigen S_{AB}-Wert und ist gleichbedeutend mit großer phylogenetischer Distanz.

Die Analyse der ribosomalen 16s RNS der methanogenen Organismen und ihr Vergleich mit homologen Strukturen der Eubakterien und eukaryotischer Organismen hat S_{AB}-Werte von je 0,1 ergeben, d. h. methanogene Organismen sind von den Eubakterien ebensoweit entfernt wie von den eurkayotischen Organismen. Als Konsequenz dieser außergewöhnlichen Entdeckung hat Woese 1977 die methanogenen Mikroorganismen zusammen mit extrem halophilen Organismen (*Halobacterium*, *Halococcus*), thermoacidophilen Organismen (*Sulfolobus*, *Thermoplasma*) und thermophilen S-metabolisierenden Organismen (*Thermoproteus*, *Thermofilum*, *Thermococcus*, *Desulfurococcus*, *Pyrodictium*, *Thermodiscus*, *Staphylothermus*, *Acidianus*) zu einem neuen eigenständigen Reich, den Archaebakterien, zusammengefaßt und sie den übrigen prokaryotischen Mikroorganismen, den Eubakterien, und den Eukaryoten gegenübergestellt. Man geht heute davon aus, daß sich die Archaebakterien, die Eubakterien und das Cytoplasma der Eukaryoten zu einem sehr frühen Zeitpunkt aus einer Urform, den Progenoten, getrennt entwickelt haben. Das Konzept der Archaebakterien fand seine Bestätigung durch die Entdeckung weiterer ungewöhnlicher Eigenschaften.

— **Zellwandaufbau**

Alle Eubakterien und die Cyanobakterien besitzen als Stützelement ihrer Zellwand ein Polymer, das als Murein oder Peptidoglycan bezeichnet wird. Es besteht aus Glycansträngen mit N-acetyl-Glucosamin und N-acetyl-Muraminsäure, die durch Peptidseitenketten über eine Diaminosäure miteinander vernetzt sind. Trotz zahlreicher Abwandlungen dieser Grundstruktur enthalten alle Eubakterien Muraminsäure und D-Aminosäuren in den Seitenketten. Beides fehlt bei den methanogenen Organismen und bei den anderen Archaebakterien. Statt desssen wurden bei diesen Organismen andere, ganz verschiedenartige Zellwandbausteine gefunden. Bei den Gattungen *Methanobacterium*, *Methanobrevibacter*, *Methanosphaera* und *Methanothermus* wurde eine mureinähnliche Struktur (Pseudomurein) nachgewiesen, die aus Strängen von N-acetyl-Glucosamin und N-acetyl-Talosaminuronsäure in β-1,3-Bindung und Peptidseitenketten aus Glutaminsäure, Alanin und Lysin bestehen (König et al. 1982). Die Zellen der Gattung *Methanosarcina* bilden einen dicken Heteropolysaccharidsacculus, nach dessen Hydrolyse N-acetyl-D-Galactosamin und D-Glucuronsäure freigesetzt werden. Diese Struktur ist sehr ähnlich dem Chondroitin aus dem Bindegewebe der Tiere und wird daher als Methanochondroitin bezeichnet (Kreisl u. Kandler 1986).
Methanospirillium und *Methanothrix* besitzen eine feste Proteinscheide aus einem fribrillären Strukturprotein, die in ringförmige Abschnitte zerfällt.
Bei den Gattungen *Methanococcus* und *Methanogenium* treten Proteinhüllen auf, die aus Untereinheiten in hexagonaler Anordnung zusammengesetzt sind (König u. Stetter 1986). Diese kristalline Struktur von Proteinen oder Glycoproteiden auf der Zelloberfläche wird als S-layer (Oberflächenschicht) bezeichnet und findet sich auch zusätzlich zum Mureinsacculus bei vielen Eubakterien. Diese Struktur ist die einfachste biologische Membran, die im Verlaufe der Evolution entwickelt wurde. Da sie bei den genannten Gattungen der methanogenen Organismen und bei den meisten anderen Archaebakterien als einzige Zellhülle auftritt, muß sie auch deren wichtigste Funktionen — Barriere gegen äußere Einflüsse; Erhaltung der Zellform — erfüllen. Sie ist jedoch sehr empfindlich gegenüber Detergentien und wird bei den meisten Arten bereits durch 0,01% Na-dodecylsulfat aufgelöst.

Die grundlegenden Unterschiede im Zellwandaufbau gegenüber den Eubakterien haben zur Folge, daß Antibiotika wie Penicillin und Cycloserin, die über eine Unterbrechung der Mureinsynthese eine Wachstumshemmung der Eubakterien verursachen, bei methanogenen Organismen nicht wirksam sind.

— **Lipide** (LANGWORTHY et al. 1982)

Die charakteristischen Lipide der Eubakterien und der eukaryotischen Organismen sind die Glycerinester höherer Fettsäuren. Bei den methanogenen Organismen und bei den anderen Archaebakterien treten statt dessen als polare Lipide Isopranylglycerinether auf, wobei die beiden wichtigsten Verbindungen Diphytanylglycerindiether und Dibiphytanyldiglycerintetraether sind (Abb. 4). Im ersten Fall sind 2 identische, isopranoid-verzweigte, voll gesättigte C_{20}-Phytan-Ketten mit Glycerin jeweils über eine Etherverbindung verknüpft, im zweiten Fall bilden 2 C_{40}-Biphytan-Ketten das Kohlenstoffskelett, das mit 2 Glycerinmolekülen über 4 Etherbrücken verbunden ist. Der Anteil der Di- und Tetraether an den polaren Lipiden ist bei den einzelnen

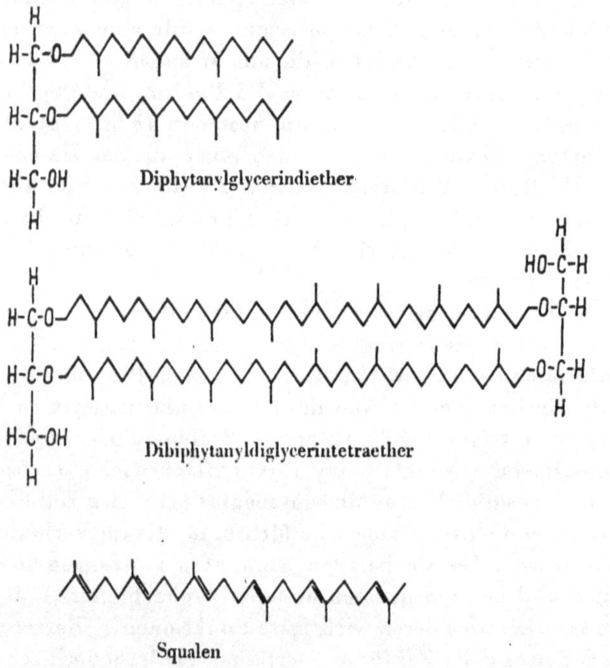

Abb. 4. Lipide methanogener Bakterien (nach LANGWORTHY et al. 1982)

Organismen unterschiedlich. Während bei den bisher untersuchten Arten der Gattungen *Methanobacterium* und *Methanospirillum* beide Verbindungen etwa mit dem gleichen Anteil vertreten sind, fehlen bei *Methanococcus*, *Methanosarcina* und *Methanothrix* Dibiphytanyldiglycerintetraether.
Analog wie die Glycerinester der Eubakterien kommen die Di- und Tetraetherlipide der Archaebakterien in Verbindung mit Kohlenhydraten und Phosphaten als Glycolipide, Phospholipide und Phosphoglycolipide vor.
Als außergewöhnlich muß ein makrocyclischer Diphytanylglycerindiether angesehen werden, der 95% der polaren Lipide von *Methanococcus jannaschii*, einem extrem thermophilen methanogenen Organismus aus hydrothermalen Tiefseequellen, bildet (COMITA et al. 1984). Das Vorkommen dieser makrocyclischen Verbindung und ein hoher Anteil von Tetraethern in der Zellmembran von methanogenen Organismen wird mit der Fähigkeit zum Wachstum bei höheren Temperaturen in Zusammenhang gebracht.
Von den Gesamtlipiden, die etwa 2—6% des Trockengewichtes der Zellen ausmachen, entfallen 80—90% auf die polaren Lipide als Hauptbestandteile der Zellmembran und der Rest auf nichtpolare oder neutrale Lipide. Die letzteren bestehen bei den methanogenen Bakterien aus verschiedenen Isoprenoid- und Hydroisoprenoid-Kohlenwasserstoffen unterschiedlicher Kettenlänge, wobei C_{30}-Isoprenoide (Squalen, Hydrosqualene) und C_{25}-Isoprenoide an erster Stelle stehen. Daneben gibt es auch noch Isoprenoidkohlenwasserstoffe mit Kettenlängen zwischen C_{15} und C_{20}.

Durch die Entdeckung dieser außergewöhnlichen Lipide in allen Archaebakterien findet auch der Nachweis der Isoprenoid-Kohlenwasserstoffe im Erdöl und in verschiedenen Sedimenten eine einfache Erklärung. Diese geochemischen Fossilien stammen von Archaebakterien, die offenbar zur Zeit der Bildung dieser Kohlenwasserstoffe eine weite Verbreitung und eine hohe Aktivität auf der Erde hatten. Anhand des Alters der Ablagerungen können die chemischen Marker als molekulare Fossilien zur Bestimmung des langen Evolutionsweges der Archaebakterien verwendet werden, der bis in eine Zeit vor 2,7 bis 3 Milliarden Jahren zurückreicht.

— **Ungewöhnliche Coenzyme** (Abb. 5)

Bei den methanogenen Mikroorganismen kommen verschiedene außergewöhnliche Coenzyme vor, die bei anderen Organismen bisher nicht nachgewiesen werden konnten:

Coenzym M (2-Mercaptoethansulfonsäure) (TAYLOR u. WOLFE 1974)
Diese einfache chemische Verbindung ist ein zentraler C_1-Carrier bei der Methanbildung. Die Abspaltung der Methylgruppe vom Methylcoenzym M ist der letzte Schritt im Prozeß der Methanbildung. Methanogene Organismen, die diese Verbindung nicht synthetisieren können (*Methanobrevibacter ruminantium*) wachsen nur bei Zugabe von Coenzym M zum Medium.

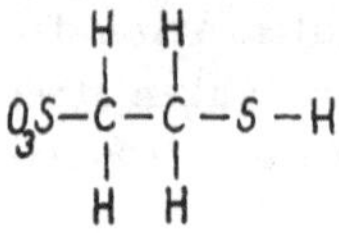

Coenzym M

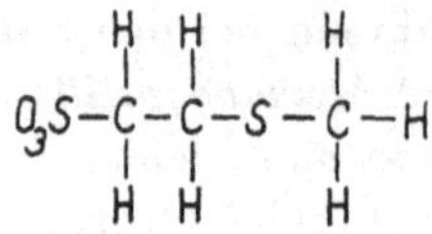

Methylcoenzym M

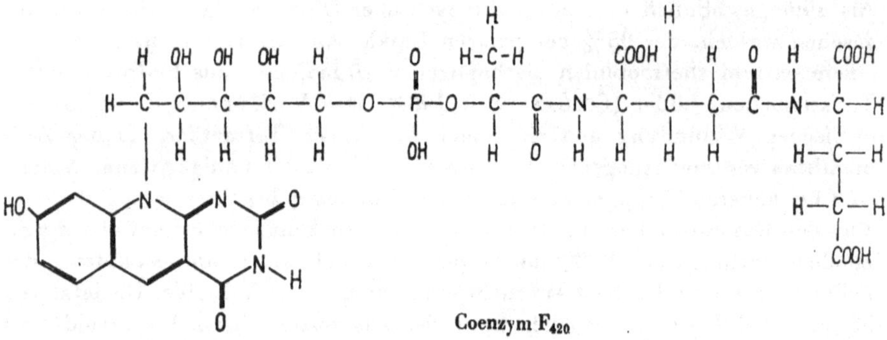

Coenzym F_{420}

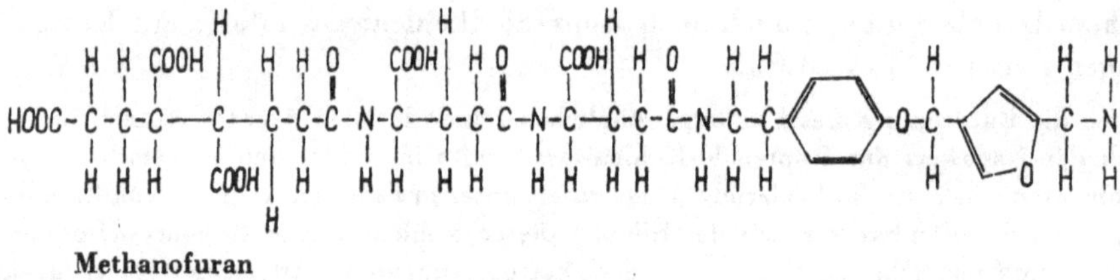

Methanofuran

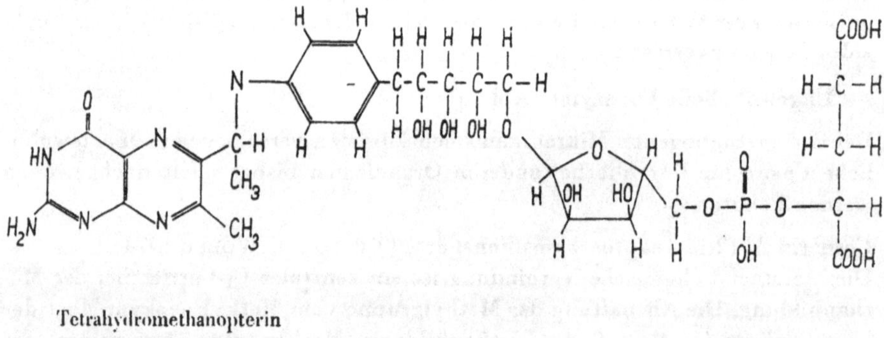

Tetrahydromethanopterin

Abb. 5. Coenzyme methanogener Bakterien
(nach VOGELS et al. 1984; Methanofuran nach LEIGH et al. 1984)

Methanofuran (CDR-Faktor) (Leigh et al. 1984)
Diese Verbindung ist der erste C_1-Carrier im Verlaufe der Reduktion von CO_2 zu Methan, wobei mit der Bindung von CO_2 eine Reduktion zum Formylmethanofuran verbunden ist.
Methanopterin (van Beelen et al. 1984a)
Als Tetrahydromethanopterin hat diese Verbindung eine wichtige Rolle als zweiter C_1-Carrier bei der CO_2-Reduktion und tritt dabei in den Stufen Methylentetrahydromethanopterin, Methenyltetrahydromethanopterin und Methyltetrahydromethanopterin auf. Diese Verbindung ist ein Strukturanalogon der Folsäure.
Faktor 420 (F_{420}) (Eirich et al. 1978)
Diese leuchtend gelb gefärbte Verbindung mit einer charakteristischen blaugrünen Fluoreszenz ist ein 5-Deazaflavinderivat und hat in allen methanogenen Organismen eine zentrale Bedeutung als Elektronenüberträgersystem. Es ist primärer Elektronenakzeptor für die Hydrogenase und für die Formiatdehydrogenase, wobei dann die Elektronen auf NADP weitergegeben werden. Es ist Elektronendonor für die Methylcoenzym-M-Reduktase und für Pyruvatdehydrogenase und α-Ketoglutaratdehydrogenase. Der hohe Gehalt dieser Verbindung in den Zellen methanogener Organismen verleiht ihnen eine charakteristische Fluoreszenz und ermöglicht dadurch ihre Erkennung und Unterscheidung von nicht-methanogenen Organismen unter in-situ-Bedingungen mit Hilfe der Epifluoreszensmikroskopie. Zwar hat man den Faktor 420 auch in wenigen Vertretern der Eubakterien gefunden (*Streptomyces griseus*, *S. aureofaciens*, *Mycobacterium* spec.), jedoch mit einer anderen biochemischen Funktion (Vogels et al. 1984).
Faktor 430 (F_{430}) (Thauer 1986, Diekert et al. 1980, Pfaltz et al. 1982)
Diese Verbindung ist ein Nickeltetrapyrrol, das als prosthetische Gruppe der Methylcoenzym-M-Reduktase fungiert. Das Enzym katalysiert die Reduktion von Methylcoenzym M zum Methan, den eigentlichen energieliefernden Prozeß in der Reaktionsfolge der Methanogenese. Seine strukturelle Verwandtschaft mit den anderen wichtigen Tetrapyrrolsystemen der Organismen (Häm, Cytochrome, Sirohäm, Chlorophylle, Bakteriochlorophyll, Vitamin B_{12} mit Fe, Mg bzw. Co als Zentralatom) ist offensichtlich.
Die bei den Eubakterien vorherrschenden Elektronenüberträgersysteme wie Cytochrome und Ferredoxine haben bei methanogenen Bakterien nahezu keine Bedeutung. Cytochrome vom b- und c-Typ sind nur bei den Gattungen *Methanosarcina*, *Methanolobus*, *Methanococcoides* und *Methanothrix* gefunden worden, die Acetat, Methanol und Methylamine verwerten können (Kühn et al. 1983, Jussofie u. Gottschalk 1986).

— **DNS-abhängige RNS-Polymerase** (ZILLIG et al. 1982)
Dieses Schlüsselenzym der Genexpression ist bei allen Eubakterien einheitlich aus 2 großen und 2 mittleren Untereinheiten und einem Initiierungsfaktor aufgebaut. Das Enzym wird durch Rifampicin und Streptolydigin gehemmt, nicht jedoch durch α-Amanitin. Bei den eukaryotischen Organismen gibt es im Kern 3 DNS-abhängige RNS-Polymerasen für die Transkription der Gene. Sie bestehen aus 2 sehr großen und zahlreichen kleinen Untereinheiten, insgesamt sind es meist mehr als 10. Die Enzyme werden durch α-Amanitin gehemmt, aber nicht durch Rifampicin und Streptolydigin.
Bei den methanogenen Bakterien und bei den anderen Archaebakterien ist wie bei den Eubakterien nur eine RNS-Polymerase vorhanden. Sie besteht bei den methanogenen Organismen aus einer großen, 2 mittleren und mehreren kleinen Untereinheiten. Die Enzyme der Archaebakterien werden nicht durch α-Amanitin, Rifampicin oder Streptolydigin gehemmt. Trotz dieser grundsätzlichen Unterschiede in der Struktur und in der Empfindlichkeit gegenüber den Hemmstoffen der RNS-Polymerasen der 3 Organismenreiche konnte mit Hilfe von immunochemischen Untersuchungen nachgewiesen werden, daß die größten Komponenten der Enzyme der Archaebakterien, Eubakterien und Eukaryoten einander homolog sind, d. h. die Proteine sind monophyletischen Ursprungs.

Weitere Unterschiede auf molekularer Ebene, die eine Aufteilung in 3 Organismenreiche unterstützen, wurden bei der Untersuchung des Translationsapparates, der ribosomalen Proteine, der Primär- und Sekundärstruktur der 5s-RNS der Ribosomen, der Ultrastruktur der Ribosomen und der DNS-Polymerase gefunden.

2.2. Methoden zur Kultur

Die methanogenen Organismen sind die strengsten Anaerobier, die wir kennen. Da bereits Spuren von Sauerstoff ein Wachstum dieser Organismen verhindern, sind die herkömmlichen Techniken für die Kultur von anaeroben Mikroorganismen hier nicht anwendbar. Die wichtigsten Voraussetzungen für die Kultur der methanogenen Organismen sind die restlose Entfernung von Sauerstoff aus dem Medium und aus der Gasphase und die Herstellung eines Redoxpotentials von unter —330 mV. Die Entfernung von Sauerstoff aus dem Medium gelingt am schnellsten durch kurzes Aufkochen (mindestens 1 Minute). Andere Methoden sind das Durchleiten eines O_2-freien Gasgemisches in feiner Verteilung (30—60 Minuten) oder die Zugabe O_2-verbrauchender Substanzen.
Als Gasphase werden bei der Kultur der methanogenen Organismen H_2/CO_2-, N_2/CO_2-Gemische, N_2 und seltener Argon oder Helium verwendet. Zur Be-

seitigung von Sauerstoffspuren müssen diese Gase vorher über reduziertes Kupfer bei einer Temperatur von etwa 350 °C geleitet werden („Kupferturm"). Auch Palladium-Katalysatoren können dafür verwendet werden. Zur Einstellung des vorgegebenen niedrigen Redoxpotentials werden dem Medium reduzierende Substanzen wie Natriumsulfid, Cystein, Ascorbinsäure, Natriumthioglycollat, Natriumtetrathionat oder Titan-III-citrat zugesetzt. Dabei wird Resazurin als Redoxindikator verwendet, das einen reversiblen Farbumschlag von rot (Resarufin: über —46 mV) nach farblos (Dihydroresarufin: unter —46 mV) zeigt.

Nach der Entfernung des Sauerstoffs muß bei der weiteren Präparation des Mediums und bei der Beimpfung ein Kontakt mit dem Luftsauerstoff vermieden werden. Dafür haben sich 2 Techniken bewährt:

— **Hungate-Technik,**
— **glove-box-Technik.**

Die von HUNGATE für die Kultur von strengen Anaerobiern eingeführte Technik hat das Prinzip, daß bei allen Manipulationen ein Kontakt des Mediums, von Bestandteilen des Mediums und des Impfmaterials mit der Luft durch einen ständigen Schutzgasstrom mit einem O_2-freien Gas (N_2, CO_2, Argon oder Gemische wie oben) verhindert wird.

Zur Isolation von Reinkulturen wurde die Rollröhrchen-Methode entwickelt (HUNGATE 1969). Hier wird auf der inneren Oberfläche der Röhrchen durch ständiges Drehen beim Abkühlen von verflüssigtem Agar eine dünne Agarschicht erzeugt, die dann wiederum unter einem Schutzgasstrom ohne Luftkontakt beimpft werden kann. Während der Inkubation der mit einem entsprechenden Gasgemisch gefüllten und mit Gummistopfen luftdicht verschlossenen Röhrchen bilden sich auf der Agaroberfläche wie sonst auf Petrischalen Kolonien aus, die dann mit rechtwinklig gebogenen Pasteurpipetten (mit Schutzgas gespült) abgeimpft werden können.

Die andere Möglichkeit zur Vermeidung des Luftkontaktes besteht darin, alle Manipulationen in einem gasdichten Behälter aus durchsichtigem Material, der mit Schutzgas bei geringem Überdruck gefüllt ist, durchzuführen (**glove box**). Unter diesen Bedingungen können auch Petrischalen mit Agar präpariert und beimpft werden und anschließend in einem besonderen gasdichten Behälter mit dem gewünschten Gasgemisch bebrütet werden (EDWARDS u. MCBRIDE 1975).

Als Kulturgefäße werden heute meist Röhrchen und Serumflaschen mit Butylgummistopfen und Schraubkappenverschluß oder Aluminiumkappen verwendet. Zugabe von Substanzen und Übertragung von Organismen können hier ohne Öffnung der Gefäße mit Hilfe von Spritzen (mit Schutzgas gespült) durchgeführt werden. Bei diesen Gefäßen kann man auch mit höheren Drücken (0,2 bis 0,3 Mpa) von H_2/CO_2 arbeiten, wodurch die Entstehung eines Unterdruckes in dem Gefäß als Folge des Gasverbrauches und damit die Gefahr des Eindringens von Luft vermieden werden kann. Der gewünschte Gasdruck kann ohne Öffnung der Gefäße über Spritzen eingestellt werden. Für diese Manipulationen hat sich eine Gasverteilungsapparatur („gassing manifold“) bewährt, die über einen Vakuumanschluß und einen Druckanschluß mit O_2-freiem Schutzgas bzw. einem H_2/CO_2-Gasgemisch verfügt und über ein Verteilungssystem mit Spritzen gleichzeitig mit einer größeren Zahl von Kulturgefäßen verbunden wird. Durch den Wechsel von Vakuum und Druck kann innerhalb kürzester Zeit die Gasphase der Kulturgefäße vollkommen ausgetauscht werden (Balch u. Wolfe 1976).

Die Nährstoffansprüche der verschiedenen methanogenen Organismen sind vor allem in bezug auf Kohlenstoff- und Energiequellen und den Bedarf an Wachstumsfaktoren unterschiedlich. Die Mehrzahl der Organismen ist chemolithoautotroph und assimiliert CO_2 als C-Quelle und gewinnt die Energie durch Reduktion von CO_2 zu Methan mit H_2. Chemolithoheterotrophe Arten benötigen neben CO_2/H_2 für die Energiegewinnung eine organische C-Quelle (z. B. Acetat) und chemoorganoheterotrophe Arten verwerten Acetat, Formiat, Methanol oder Methylamine als C- und Energiequelle.

Als N-Quelle werden NH_4^+-Verbindungen und als S-Quelle Sulfide genutzt. Neben den üblichen Mineralsalzen wie Phosphat, Mg^{2+}, Ca^{2+}, K^+, Na^+, Fe^{2+} müssen dem Medium verschiedene Spurenelemente zugesetzt werden, von denen Nickel, Kobalt, Molybdän und z. T. Wolfram und Selen für die methanogenen Organismen besonders wichtig sind. Einige methanogene Bakterien benötigen Wachstumsfaktoren, die in der Pansenflüssigkeit, im Abwasser, in Sedimentextrakten oder im Hefeextrakt enthalten sind. *Methanobrevibacter ruminantium* wächst nur in Medien mit Coenzym M, 2-Methylbutyrat und Aminosäuren.

Der optimale pH-Bereich für das Wachstum der methanogenen Organismen liegt zwischen 6,5 und 7,5; nur wenige angepaßte Arten können bei pH-Werten unter 6,0 und über 8,0 wachsen. Der Nachweis der Entwicklung methanogener Organismen in einer Flüssigkeitskultur wird durch die gaschromatographische Methanbestimmung geführt. Bei Agarkulturen kann die Identifizierung der Kolonien der methanogenen Organismen auf Grund ihrer Fluoreszenz nach Bestrahlung mit langwelligem UV-Licht erfolgen.

Die Isolation von Reinkulturen mit Hilfe der Rollröhrchentechnik, Agarplatten oder Verdünnungsreihen in flüssigen Medien aus Probematerial auf direktem Wege gelingt nur bei sehr hohen Keimzahlen der methanogenen Organismen. Wenn andere Anaerobier in der Probe zahlenmäßig häufiger sind, sollte vorher eine Anreicherungskultur angelegt werden, bei der außerdem durch die Wahl von Substraten, Temperatur, pH-Wert, Salzgehalt eine Selektion bestimmter

Organismen möglich ist. Zur Hemmung der Eubakterien ist ein Zusatz von Penicillin oder Cycloserin (Hemmung der Mureinsynthese) zum Medium notwendig.

2.3. Taxonomie der methanogenen Mikroorganismen

Als Barker 1956 die methanogenen Bakterien auf Grund der physiologischen Besonderheiten der Methanbildung als taxonomisch einheitliche Gruppe behandelte, nannte er 9 Arten, von denen jedoch wahrscheinlich nur 3 als Reinkulturen vorlagen:

Methanobacterium formicicum,
Methanosarcina barkeri,
Methanococcus vannielii.

Die anderen Arten waren Mischkulturen, 3 ohne ausreichende Charakterisierung:

Methanobacterium suboxydans,
Methanobacterium propionicum,
Methanosarcina methanica

und 3 weitere Arten, bei denen in der Folgezeit durch eine Reisolation von Reinkulturen eine Zuordnung möglich wurde:

Methanobacterium soehngenii → *Methanothrix soehngenii*
Methanococcus mazei → *Methanosarcina mazei*
Methanobacillus omelianskii → *Methanobacterium bryantii.*

1979 waren 13 Arten methanogener Organismen als Reinkulturen bekannt und beschrieben. Heute sind es über 50. Das zeigt die rasche Entwicklung auf diesem Gebiet, die vor allem durch die Einführung verbesserter Kulturmethoden ermöglicht wurde und die nach der Entdeckung der phylogenetischen Sonderstellung einen großen Aufschwung nahm.

Die Grundlage für die heutige Klassifizierung der methanogenen Bakterien bildet die vergleichende Analyse der Nucleotidsequenzen der ribosomalen 16s-RNS (Balch et al. 1979). Danach unterscheiden wir zur Zeit 3 Ordnungen, 6 Familien, 17 Gattungen und 53 Arten:

I. Ordnung *Methanobacteriales*

Familie *Methanobacteriaceae*

Methanobacterium
thermoautotrophicum (Zeikus u. Wolfe 1972)
formicicum (Schnellen 1947)

bryantii	(BRYANT et al. 1967)
wolfei	(WINTER et al. 1984)
thermoformicicum	(ZHILINA u. ILIARIONOV 1984)
uliginosum	(KÖNIG 1984)
ivanovii	(BELYAEV et al. 1986, JAIN et al. 1987)
thermoaggregans	(BLOTEVOGEL u. FISCHER 1985)
thermoalcaliphilum	(BLOTEVOGEL et al. 1985)
alcaliphilum	(WORAKIT et al. 1986)
Methanobrevibacter	
arboriphilus	(ZEIKUS u. HENNIG 1975)
ruminantium	(SMITH u. HUNGATE 1958)
smithii	(SMITH 1961)
Methanosphaera	
stadtmaniae	(MILLER u. WOLIN 1985)

Familie *Methanothermaceae*

Methanothermus	
fervidus	(STETTER et al. 1981)
sociabilis	(STETTER 1986)

II. Ordnung *Methanococcales*

Familie *Methanococcaceae*

Methanococcus	
vannielii	(STADTMAN u. BARKER 1951)
voltae	(WARD 1970, BALCH et al. 1979)
thermolithotrophicus	(HUBER et al. 1982)
halophilus	(ZHILINA 1983)
maripaludis	(JONES et al. 1983)
deltae	(CORDER et al. 1983)
jannaschii	(JONES et al. 1983)
aeolicus	(SCHMID et al. 1984)
frisius	(BLOTEVOGEL et al. 1986)

III. Ordnung *Methanomicrobiales*

Familie *Methanomicrobiaceae*

Methanomicrobium	
mobile	(PAYNTER u. HUNGATE 1968)
paynteri	(RIVARD et al. 1983)
Methanogenium	
cariaci	(ROMESSER et al. 1979)
marisnigri	(ROMESSER et al. 1979)

thermophilicum	(RIVARD u. SMITH 1982)
aggregans	(OLLIVIER et al. 1985)
olentangyi	(CORDER et al. 1983)
tationis	(ZABEL et al. 1984)
frittonii	(HARRIS et al. 1984)
bourgense	(OLLIVIER et al. 1986)
Methanospirillum	
hungatei	(FERRY et al. 1974)
Familie *Methanosarcinaceae*	
Methanosarcina	
barkeri	(SCHNELLEN 1947)
vacuolata	(ZHILINA u. ZAVARZIN 1979, 1987)
acetivorans	(SOWERS et al. 1984)
thermophila	(ZINDER et al. 1985)
mazei	(MAH 1980)
Methanothrix	
soehngenii	(HUSER et al. 1982)
concilii	(PATEL 1984)
thermoacetophila	(NOZHEVNIKOVA u. CHUDINA 1984)
Methanococcoides	
methylutens	(SOWERS u. FERRY 1983)
euhalobius	(OBRAZTSOVA et al. 1987)
Methanolobus	
tindarius	(KÖNIG u. STETTER 1982)
Methanocorpusculum	
parvum	(ZELLNER et al. 1987)
Halomethanococcus	
mahi	(PATEREK u. SMITH 1985)
Methanohalobium	
evestigatus	(ZHILINA u. ZAVARZIN 1987)
Familie *Methanoplanaceae*	
Methanoplanus	
limicola	(WILDGRUBER et al. 1982)
endosymbiosus	(VAN BRUGGEN et al. 1986)
Methanoplasma	
elizabethii	(ROSE u. PIRT 1981)

Da ein Teil der aufgeführten Arten erst in den letzten Jahren beschrieben wurde, ist eine sichere Abgrenzung voneinander durch entsprechende Vergleiche nicht immer möglich gewesen. Das bedeutet, daß bei einer kritischen

Tabelle 3. Eigenschaften methanogener Bakterien

Gattung (Zahl d. Arten)	Morphologie	Zellwand	Substrate	Gramverhalten	Beweglichkeit	GC-Gehalt mol%
Methanobacterium (10)	Stäbchen, Ketten, Filamente	Pseudomurein	H_2/CO_2 (10) Formiat (2)	+/–	–	29–61
Methanobrevibacter (3)	Stäbchen, spindelf. Zellen, kokkoide Zellen	Pseudomurein	H_2/CO_2 (3) Formiat (2)	+	–	27,5–32
Methanosphaera (1)	Kokken in Paaren und Tetraden	Pseudomurein	Methanol/H_2	+	–	26
Methanothermus (2)	Stäbchen	Pseudomurein	H_2/CO_2	+	–	33
Methanococcus (8)	Regelmäßige und unregelmäßige Kokken	Proteinuntereinheiten	H_2/CO_2 (7) Formiat (5) Methanol (2) Acetat (1) Methylamine (2)	–	+ (5) – (3)	30–38
Methanomicrobium (2)	Stäbchen, kokkoide Zellen	Proteinuntereinheiten	H_2/CO_2 Formiat	–	+/–	44,8–48,8
Methanogenium (8)	Unregelmäßige Kokken	Proteinuntereinheiten	H_2/CO_2 Formiat	–	+ (3) – (5)	49,2–61
Methanospirillum (1)	Lange, leicht gebogene Stäbchen	Proteinscheide	H_2/CO_2 Formiat	–	+	45
Methanosarcina (5)	Kokken in Aggregaten	Heteropolysaccharid, Proteinuntereinheiten	H_2/CO_2 (4) Acetat Methanol Methylamine	+/–	–	38,8–51

Methanococcoides (2)	Unregelmäßige Kokken	Proteinuntereinheiten	Methanol Methylamine	—	—	42—43
Methanothrix (3)	Stäbchen mit flachen Enden Filamente	Proteinscheiden	Acetat	—	—	51,9—61,3
Methanoplanus (2)	Plattenförmige Zellen	Proteinuntereinheiten	H_2/CO_2 Formiat	—	+	38,7—47,5
Methanocorpusculum (1)	Kokkoide Zellen	Proteinuntereinheiten	H_2/CO_2 Formiat 2-Propanol/CO_2	—	+	48,5
Methanolobus (1)	Unregelmäßige Kokken	Proteinuntereinheiten	Methanol Methylamine	—	+	45,9
Halomethanococcus (1)	Unregelmäßige Kokken		Methanol Methylamine	—	—	48,5
Methanoplasma (1)	Unregelmäßig	ohne	H_2/CO_2	—	—	

Prüfung nicht alle Arten Bestand haben werden. Auch die Zuordnung zu den Familien ist nicht in jedem Falle als sicher anzusehen. Die Tabelle 3 faßt wesentliche Eigenschaften von 16 Gattungen der methanogenen Mikroorganismen zusammen, und die Tafeln 1—4 vermitteln einen Überblick über die morphologische Vielfalt dieser Organismengruppe.

2.4. Physiologie und Biochemie methanogener Organismen

2.4.1. Methanbildung

Die Bildung von Methan ist der energieliefernde Prozeß für die methanogenen Organismen (Dissimilation)[1]. Die verschiedenen Substrate führen dabei zu einem unterschiedlichen Energiegewinn:

$$4\,H_2 + CO_2 \rightarrow CH_4 + 2\,H_2O \quad \Delta G^0 = -138{,}8\ kJ$$
$$4\,HCOOH \rightarrow CH_4 + 3\,CO_2 + 2\,H_2O \quad \Delta G^0 = -119{,}5\ kJ$$
$$4\,CH_3OH \rightarrow 3\,CH_4 + CO_2 + 2\,H_2O \quad \Delta G^0 = -310{,}5\ kJ$$
$$CH_3COOH \rightarrow CH_4 + CO_2 \quad \Delta G^0 = -27{,}6\ kJ$$
$$4\,CO + 2\,H_2O \rightarrow CH_4 + 3\,CO_2 \quad \Delta G^0 = -185{,}6\ kJ$$
$$4\,CH_3NH_2 + 2\,H_2O \rightarrow 3\,CH_4 + CO_2 + 4\,NH_3 \quad \Delta G^0 = -225{,}7\ kJ$$
$$2\,(CH_3)_2\,NH + 2\,H_2O \rightarrow 3\,CH_4 + CO_2 + 2\,NH_3 \quad \Delta G^0 = -220{,}0\ kJ$$
$$4\,(CH_3)_3\,N + 6\,H_2O \rightarrow 9\,CH_4 + 3\,CO_2 + 4\,NH_3 \quad \Delta G^0 = -659{,}8\ kJ$$

(Daniels et al. 1984),

Die Mehrzahl der methanogenen Organismen kann Wasserstoff und CO_2 in Methan umsetzen, während nur etwa 1/5 der bisher beschriebenen Arten Acetat, Methanol oder Methylamine verwertet (Tab. 4). Daher soll die Methanbildung aus H_2/CO_2 in den Mittelpunkt der Betrachtungen über die Biochemie dieses Prozesses gestellt werden.

Die Reduktion von CO_2 zu CH_4 erfolgt nicht in einem Schritt, sondern stufenweise, wobei die einzelnen intermediären C_1-Verbindungen an Trägersysteme gebunden sind (Escalante-Semerena et al. 1984, Wolfe 1985). Am besten untersucht ist der letzte Schritt der Reaktionskette, der wahrscheinlich für alle methanogenen Substrate in gleicher Weise verläuft:

$$CH_3{-}S{-}CoM + H_2 \xrightarrow{Mg^{2+},\ ATP} CH_4 + HS{-}CoM.$$

[1]) In verschiedenen Lehrbüchern werden für diesen Prozeß auch die Begriffe „Methangärung“ und „Carbonatatmung“ (nur für die Methanbildung aus H_2/CO_2) analog der Sulfatatmung und Nitratatmung verwendet.

Tabelle 4. Substratverwertung durch methanogene Organismen

Gattung	H_2/CO_2	Formiat	Acetat	Methanol	Methylamine
Methanobacterium (10)	10	2	—	—	—
Methanobrevibacter (3)	3	2	—	—	—
Methanosphaera (1)	—	—	—	1	—
Methanothermus (2)	2	—	—	—	—
Methanococcus (8)	7	5	1	2	2
Methanomicrobium (2)	2	1	—	—	—
Methanogenium (8)	8	7	—	—	—
Methanospirillum (1)	1	1	—	—	—
Methanosarcina (5)	4	—	5	5	5
Methanothrix (3)	—	—	3	—	—
Methanococcoides (2)	—	—	—	2	2
Halomethanococcus (1)	—	—	—	1	1
Methanoplanus (2)	2	2	—	—	—
Methanocorpusculum (1)	1	1	—	—	—
Methanolobus (1)	—	—	—	1	1
Methanoplasma (1)	1	—	—	—	—
Summe: 51	41 (80%)	21 (41%)	9 (18%)	12 (24%)	11 (22%)

Diese Reaktion wird katalysiert durch folgende Enzyme und Co-Faktoren:

Proteine	Co-Faktoren
A_1 (Hydrogenase)	B (7-Mercaptoheptanoylthreonin-phosphat)
A_2 (ATP-bindendes Protein)	F_{430} (Ni-Tetrapyrrol)
A_3	F_{420} (5-Deazaflavin)
C (Methyl-CoM-Reduktase)	FAD

Die an den C_1-Carrier Coenzym M gebundene Methylgruppe wird abgespalten und mit Wasserstoff zu Methan reduziert. Diese Reaktion erfordert katalytische Mengen von ATP. Das Schlüsselenzym ist die Methyl-Coenzym-M-Reduktase, das bei *Methanobacterium thermoautotrophicum* bei einem Molekulargewicht von 300000 aus 3 Untereinheiten besteht (Ellefson u. Wolfe 1981) und 2 Mol des Coenzyms F_{430} (Nickeltetrapyrrolsystem) bindet. Der Prozeß ist verknüpft mit der Bildung von ATP. Methylcoenzym M entsteht durch die stufenweise Reduktion von CO_2 mit 2 weiteren C_1-Carrier-Systemen (Abb. 6). CO_2 wird zunächst unter Reduktion an Methanofuran gebunden unter Bildung von Formylmethanofuran. Anschließend wird die C_1-Verbindung auf den 2. C_1-Carrier, Tetrahydromethanopterin, übertragen. Hier erfolgen zwei weitere

Reduktionsschritte bis zur Methylstufe. Methyltetrahydromethanopterin ist eine wichtige Intermediärverbindung, da sie auch Ausgangspunkt für die Zellsubstanzsynthese ist. Im Prozeß der Methanbildung wird die Methylgruppe auf Coenzym M übertragen, und dann erfolgt die bereits geschilderte Abspaltung der Methylgruppe unter Reduktion zum Methan. Diese letzte, energie-

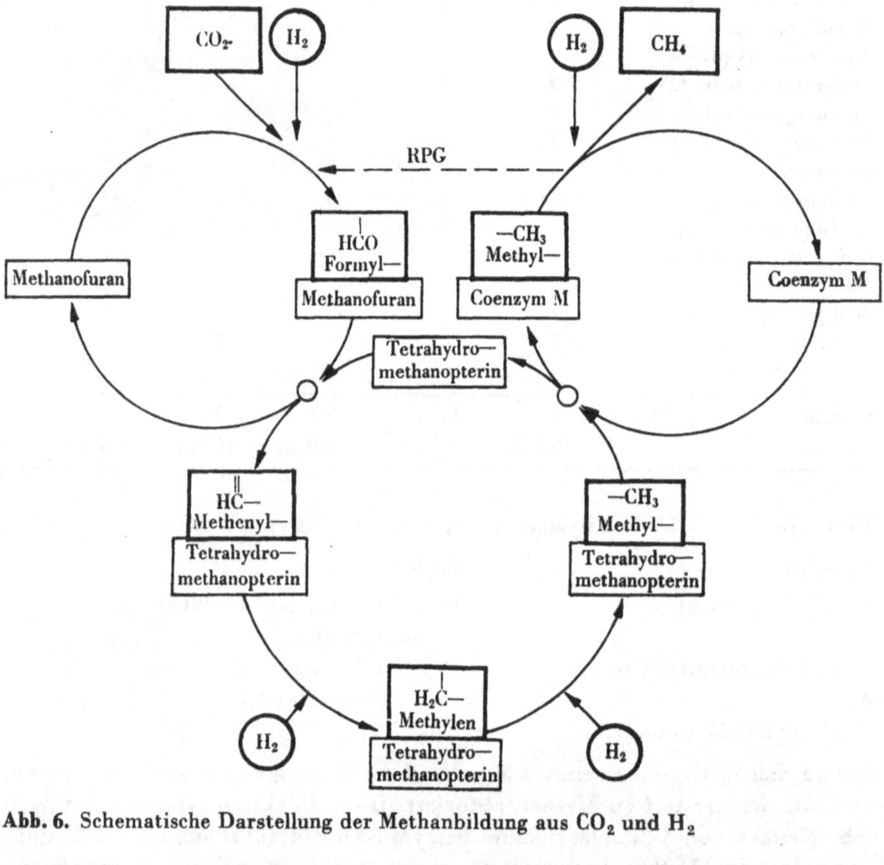

Abb. 6. Schematische Darstellung der Methanbildung aus CO_2 und H_2

liefernde Reaktion übt offenbar eine aktivierende Wirkung (RPG-Effekt) auf den ersten Schritt der Reaktionskette, die Bindung und Reduktion von CO_2, aus. Am Anfang der biochemischen Untersuchungen ging man davon aus, daß Cobalamine (Verbindungen, die sich vom Vitamin B_{12} ableiten) als wichtigste Trägersysteme in die CO_2-Reduktion eingeschlossen sind, da aus Methylcobalamin durch Zellextrakte von methanogenen Bakterien leicht Methan abgespalten werden kann. Nach dem heutigen Erkenntnisstand hat sich dies für die Methanbildung aus CO_2 und H_2 nicht bestätigt. Es konnte jedoch nachgewiesen werden, daß die Methyltransferase, die die Übertragung der Methylgruppe vom Tetrahydromethanopterin zum Coenzym M bei *Methanobacterium thermoautotrophicum* katalysiert, 5-Hydroxybenzimidazolylcobamid als prosthetische Gruppe enthält. Cobalamine sind als Trägersysteme in die Prozesse der Methanbildung aus Methanol und Methylaminen und in die Reaktionskette bei der Zellsubstanzsynthese eingeschlossen.

Methanbildung aus Acetat

Acetat ist neben CO_2/H_2 das wichtigste Substrat für die methanogenen Organismen in der Natur. Die Biochemie der Methanbildung aus Acetat ist jedoch nur unzureichend bekannt. Mit Markierungsversuchen konnte man nachweisen, daß die Methylgruppe unverändert in das Methan eingeschlossen wird und die Carboxylgruppe im CO_2 erscheint. Nach der Spaltung des Acetats (acetiklastische Reaktion) wird die Methylgruppe zum Methan reduziert und die Carboxylgruppe zum CO_2 oxydiert. Für die Methanbildung tritt dabei wiederum Coenzym M als terminaler Träger der Methylgruppe auf (Abb. 7).

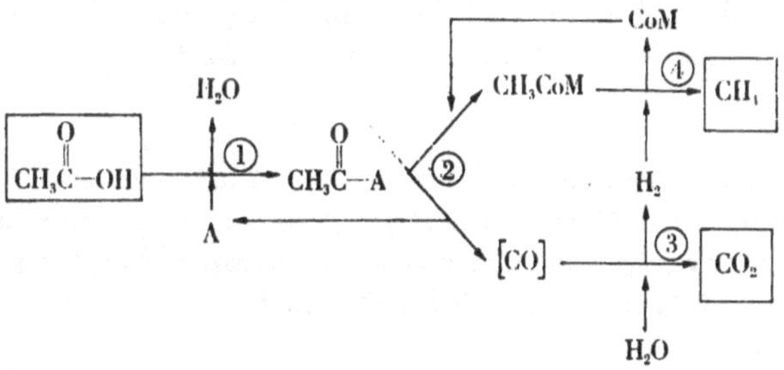

Abb. 7. Methanbildung aus Acetat

1 Aktivierung der Essigsäure; A — aktivierendes Enzym
2 Acetiklastische Reaktion
3 CO-Oxydation durch CO-Dehydrogenase
4 Methanbildung durch das Methyl-Coenzym-M-Reduktasesystem

Für die Oxydation des Carboxylrestes zum CO_2 ist die CO-Dehydrogenase verantwortlich. Es wird vermutet, daß dieses Enzym bereits in die acetiklastische Reaktion eingeschlossen ist, analog seiner umfassenden Funktion im Stoffwechsel acetogener Bakterien (Krzycki et al. 1985). Außerdem wird eine Beteiligung von Cobalaminderivaten an diesen Reaktionen angenommen.
Zur Gewinnung von Reduktionsäquivalenten für die Biosynthese wird stets ein kleiner Teil der Methylgruppen zu CO_2 oxydiert. Der Energiegewinn mit Acetat als Substrat für die Methanogenese ist sehr gering. Daraus wird das schwache Wachstum methanogener Organismen mit Acetat erklärt.

Methanbildung aus Methanol und aus Methylaminen (VOGELS et al. 1984)

Markierungsexperimente haben gezeigt, daß die Methylgruppe vom Methanol unverändert in Methan inkorporiert wird. Der terminale C_1-Carrier bei der Methanbildung ist wiederum Coenzym M. An der Übertragung der Methylgruppe vom Methanol sind 2 Methyltransferasen (MT_1, MT_2) beteiligt (Abb. 8), wobei die erste 5-Hydroxybenzimidazolylcobamid als prosthetische Gruppe enthält und als Trägersystem für den C_1-Körper fungiert. Zur Gewinnung von Reduktionskraft für die Bildung von Methan aus Methyl-Coenzym M mit Hilfe des Methyl-Coenzym-M-Reduktase-Systems wird ein Teil der Methylgruppen vom Coenzym M auf Tetrahydromethanopterin übertragen, zum Formyltetrahydromethanopterin oxydiert und nach Abspaltung des Trägersystems über Formiat weiter zu CO_2 oxydiert. Es wird angenommen, daß die Bildung von Formiat aus Formyltetrahydromethanopterin mit einer ATP-Synthese durch Substratphosphorylierung verknüpft ist. In den Prozeß der Formiatspaltung sind Cytochrome eingeschlossen, die auch nur bei methanogenen Bakterien mit Methanol-, Acetat- oder Methylaminverwertung nachgewiesen wurden.
Die Methylamine werden nach vorheriger Abspaltung von Ammoniak auf dem gleichen Wege wie Methanol zu Methan und CO_2 umgewandelt, wobei die Methylgruppe wiederum unverändert in Methan inkorporiert wird.

Methanbildung aus Formiat

Die Hälfte der methanogenen Organismen, die zur Verwertung von CO_2/H_2 fähig ist, kann außerdem Formiat in Methan umsetzen. Nach der Spaltung von Formiat durch die Formiatdehydrogenase mit F_{420} als Elektronenakzeptor in CO_2 und H_2 erfolgt die Methanbildung so, wie sie für CO_2/H_2 beschrieben wurde (SPARLING u. DANIELS 1986).

Energiegewinnung

Der im Organismenreich einzigartige Prozeß der Methanbildung dient den methanogenen Organismen zur Gewinnung von Energie, d. h. zur Synthese von ATP aus ADP und anorganischem Phosphat. Die Energieausbeute (siehe Formeln auf S. 38) ist deutlich geringer als bei aerober Atmung, Denitrifikation und Desulfurikation. Außerdem gibt es Unterschiede für die verschiedenen methanogenen Substrate. Obgleich die Energieausbeute bei der Methanbildung aus CO_2/H_2 unter Standardbedingungen mit 138,8 kJ/mol CH_4 recht groß erscheint, reicht die bei dieser Reaktion unter in-situ-Bedingungen, d. h. bei den in der Natur vorliegenden Wasserstoffkonzentrationen, den Organismen zur Verfügung stehende Energie nur für die Synthese von etwa 1/3 mol ATP/mol CH_4.
Keine endgültige Klarheit besteht zur Zeit über die Art der Kopplung der Methanbildung mit der ATP-Synthese. Da die ersten Reduktionsprozesse von

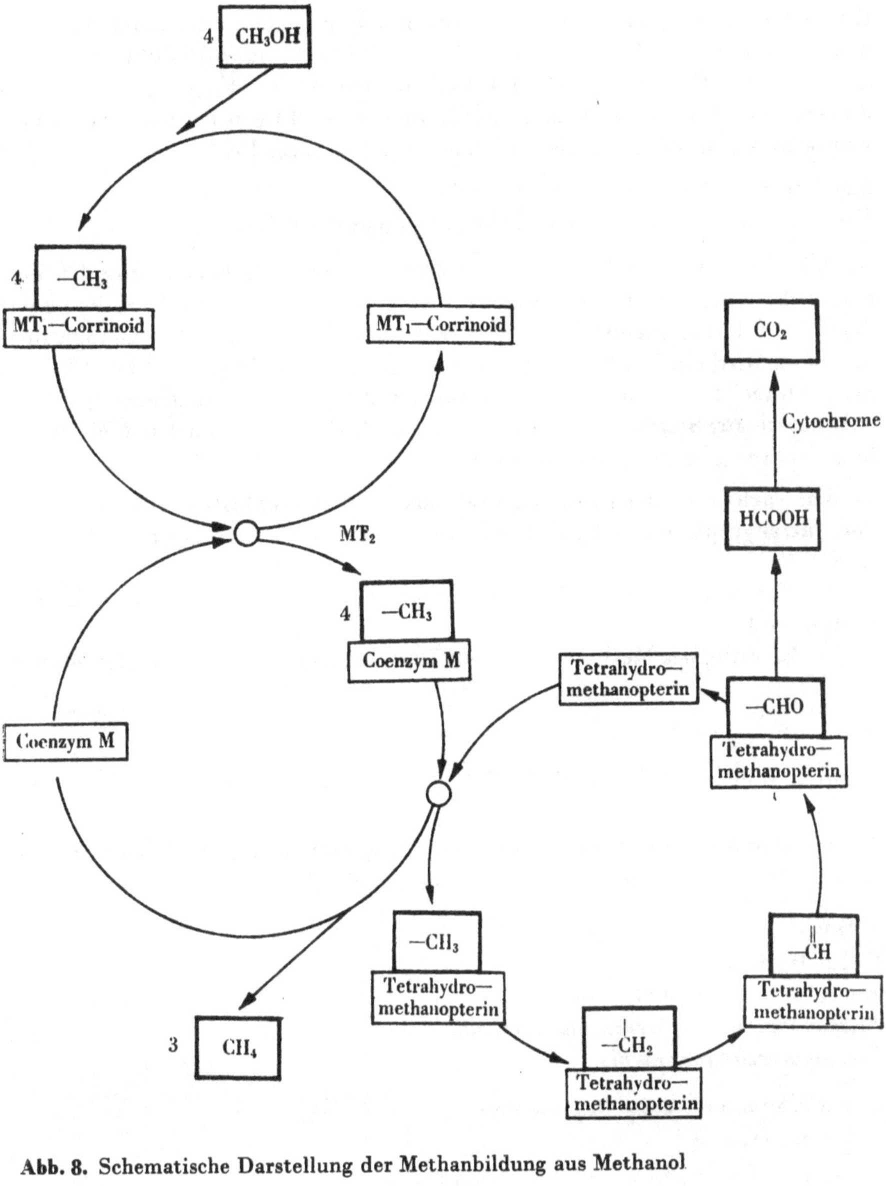

Abb. 8. Schematische Darstellung der Methanbildung aus Methanol

CO_2 endergon sind, kann die Energiegewinnung nur bei der terminalen exergonen Reaktion der Methanbildung, der Methylcoenzym-M-Reduktasereaktion erfolgen. Der Einschluß des Nickeltetrapyrrolsystems (F_{430}) als Coenzym in diesem Prozeß weist auf Analogien mit anderen wichtigen Prozessen der Energiegewinnung in den Organismenreichen hin (THAUER 1983):

Mg-Tetrapyrrolsystem — Chlorophylle
Fe-Tetrapyrrolsystem — Cytochrome, Cytochromoxydase.

Die meisten Autoren geben der Elektronentransportphosphorylierung den Vorzug, wobei durch einen chemiosmotischen Mechanismus die Methanbildung mit der ATP-Bildung gekoppelt ist (DANIELS et al. 1984). Durch die Cytoplasmamembran wird ein Protonenengradient aufgebaut. Die dabei gebildete "Proton motive force" führt über eine membrangebundene "proton-translocating" ATP-Synthetase zur Synthese von ATP aus ADP + P. Für einen solchen Mechanismus der Energiegewinnung sprechen:

— der Nachweis eines Protonenpotentials in der Cytoplasmamembran bzw. in den intracytoplasmatischen Membransystemen von methanogenen Organismen,
— der Nachweis einer membrangebundenen "proton-translocating" ATP-Synthetase und
— die Bindung des Methylcoenzym-M-Reduktase-Systems an die Membranen.

2.4.2. Kohlenstoffassimilation

Entsprechend der als Kohlenstoff- und Energiequelle verwendeten Substrate werden die methanogenen Organismen eingeteilt in:

chemolithoautotrophe Organismen
C-Quelle: CO_2
Energiequelle: H_2/CO_2
Methanobacterium thermoautotrophicum
Methanococcus jannaschii

chemolithoheterotrophe Organismen
C-Quelle: Acetat
Energiequelle: H_2/CO_2
Methanobrevibacter ruminantium
Methanococcus voltae
Methanospirillum hungatei

chemoorganoheterotrophe Organismen

C-Quelle: Acetat, Methanol, Formiat, Methylamine
Energiequelle: Acetat, Methanol, Formiat, Methylamine
Methanothrix soehngenii
Methanosarcina acetivorans
Methanococcoides methylutens

Bei einem Organismus können auch verschiedene Formen der Energiegewinnung und der Kohlenstoffassimilation ausgeprägt sein: z. B. *Methanosarcina barkeri*
Wachstum mit H_2/CO_2 – chemolithoautotroph
Wachstum mit Acetat, Methanol oder Methylaminen – chemoorganoheterotroph.
Von besonderem Interesse ist der Mechanismus der CO_2-Fixierung bei den autotrophen methanogenen Organismen. Alle grünen Pflanzen die Cyanobakterien und die Mehrzahl der autotrophen Eubakterien, fixieren CO_2 über den reduktiven Pentosephosphat-Cyclus (Calvin-Cyclus) mit Ribulosebiphosphatcarboxylase als dem Schlüsselenzym. Nur bei den anaeroben, grünen Schwefelbakterien (Chlorobiaceae) ist ein anderer Weg gefunden worden, der reduktive Tricarbonsäurecyclus. Bei dem bisher am intensivsten untersuchten methanogenen Organismus, *Methanobacterium thermoautotrophicum*, hat man

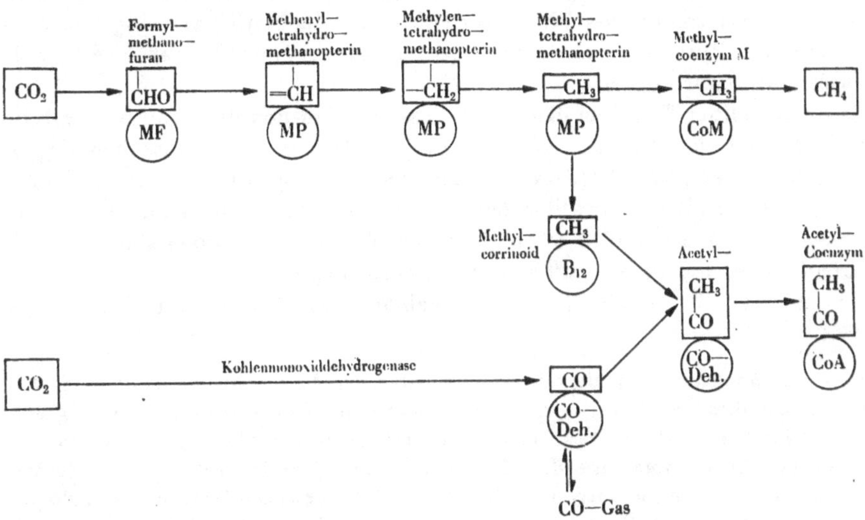

Abb. 9. Acetyl-CoenzymA – Weg der CO_2-Fixierung bei *Methanobacterium thermoautotrophicum* (nach RÜHLEMANN et al. 1985)

einen vollkommen neuen, nicht-cyclischen CO_2-Fixierungsmechanismus entdeckt, bei dem 2 Moleküle CO_2 zu Acetyl-Coenzym A kondensieren. Daher wird dieser Stoffwechselweg auch Acetyl-CoA-Weg bezeichnet (Abb. 9).
Ein Molekül CO_2 wird über die Sequenzen, die zur Methanbildung aus CO_2 und H_2 führen, bis zum Methyltetrahydromethanopterin reduziert und anschließend auf ein Vitamin-B_{12}-Derivat unter Bildung von Methylcorrinoid übertragen. Ein zweites Molekül CO_2 wird durch die Kohlenmonoxiddehydrogenase, ein weiteres Ni-haltiges Enzym, zu Kohlenmonoxid reduziert. Die CO-Gruppe bleibt in aktivierter Form an dieses Enzym gebunden. Wahrscheinlich vollzieht sich auch die Kondensation der Methylgruppe vom Methylcorrinoid und der CO-Gruppe zum gebundenen „Acetyl" an der Kohlenmonoxiddehydrogenase. Nach der Abspaltung des C_2-Körpers von diesem Enzym und der Verbindung mit Coenzym A entsteht Acetyl-Coenzym A als erstes Fixierungsprodukt dieses autotrophen Stoffwechselweges. Das Schema zeigt deutlich, daß die Methylgruppe und die Carbonylgruppe im Acetyl-CoA auf 2 voneinander unabhängigen, verschiedenartigen Stoffwechselwegen aus CO_2 gebildet werden.
Die chemolithoheterotrophen Organismen, wie *Methanobrevibacter smithii*, können zwar CO_2 und H_2 in Methan umwandeln, sind aber nicht zur Bildung von Acetyl-CoA aus CO_2 befähigt, da sie keine Kohlenmonoxiddehydrogenase besitzen. Sie müssen daher Acetat als C-Quelle assimilieren.
Acetyl-CoA ist Ausgangsprodukt für alle Biosynthesen zum Aufbau der Zellbestandteile. In der weiteren Reaktionsfolge wird dabei zusätzlich CO_2 durch Carboxylierungsreaktionen eingebaut (Abb. 10). Zur Carboxylierung von Acetyl-CoA zum Pyruvat und von Succinyl-CoA zum α-Ketoglutarat wird F_{420} als Wasserstoffdonor verwendet.
Die dargestellten Wege der Kohlenstoffassimilation und des Intermediärstoffwechsels sind eine Zusammenfassung der wichtigsten experimentellen Ergebnisse, die in den letzten Jahren von den Arbeitsgruppen um THAUER, FUCHS, ZEIKUS und anderen vor allem bei der Untersuchung von *Methanobacterium thermoautotrophicum* und *Methanosarcina barkeri* erzielt worden sind. Es wird angenommen, daß auch bei allen anderen autotrophen, methanogenen Organismen dasselbe Stoffwechselprinzip ausgebildet ist (FUCHS und STUPPERICH 1986).

Einen sehr ähnlichen Weg der autotrophen CO_2-Assimilation haben WOOD und Mitarbeiter bei dem acetogenen Eubakterium *Clostridium thermoaceticum* vollständig aufgeklärt (WOOD et al. 1986). Statt Tetrahydromethanopterin tritt hier die strukturanaloge Verbindung Tetrahydrofolsäure als Trägersystem bei der Reduktion von CO_2 zur Methylgruppe auf. Das zentrale Enzymsystem ist die Kohlenmonoxiddehydrogenase, die als Träger für CO- und CH_3-Gruppe fungiert und an der sich auch die Bildung von Acetylgruppe und Acetyl-CoA vollziehen.
Der Acetyl-CoA-Weg der CO_2-Assimilation ist auch bei anderen autotrophen, acetogenen

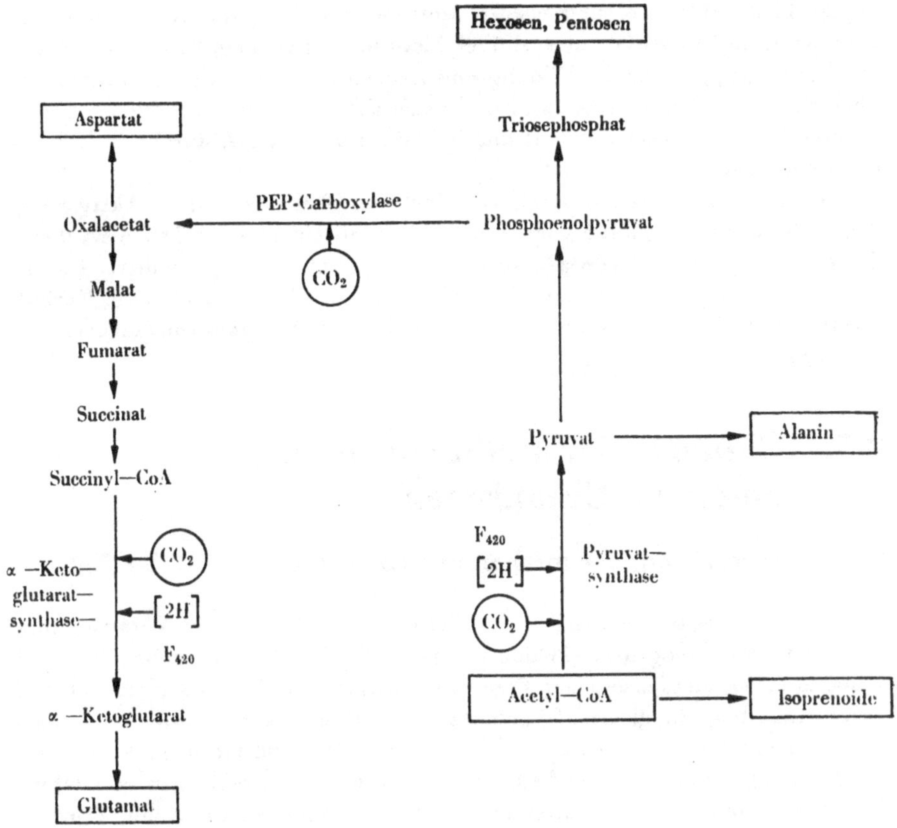

Abb. 10. Anabolische Sequenzen bei methanogenen Bakterien (nach RÜHLEMANN et al. 1985)

Bakterien (*Acetobacterium woodii*) nachgewiesen worden und kommt wahrscheinlich auch bei einigen autotrophen, sulfatreduzierenden Bakterien (*Desulfovibrio baarsii*, *Desulfobacterium autotrophicum*) vor (SCHAUDER et al. 1986).

Bei der Assimilation der übrigen C-Quellen durch methanogene Bakterien wird ebenfalls zuerst Acetyl-CoA gebildet.
Acetat wird durch die Acetyl-CoA-Synthase aktiviert. Auf diese Weise werden 60—70% des Zellkohlenstoffs assimiliert, während der Rest aus CO_2 stammt und durch die genannten Carboxylierungsreaktionen eingebaut wird.
Formiat wird durch die Formiatdehydrogenase in CO_2 und H_2 gespalten. Anschließend erfolgt die Synthese von Acetyl-CoA wie für CO_2 und H_2 beschrieben. Formiat-verwertende Organismen sind daher stets zur Verwertung von CO_2/H_2

in der Lage. Methanol und ebenso Methylamine nach der Abspaltung von Ammoniak liefern zu einem Teil über Methyltetrahydromethanopterin direkt die Methylgruppen für die Bildung von Acetyl-CoA, während der andere Teil über Formylmethanopterin und Formiat zu CO_2 oxydiert wird. Die Carbonylgruppe des Acetyl-CoA entsteht durch Reduktion von CO_2 durch die Kohlenmonoxiddehydrogenase über CO.
Bei der Kohlenmonoxidverwertung bildet ein Teil nach seiner Aktivierung direkt die Carbonylgruppe vom Acetyl-CoA und ein anderer Teil wird durch die Kohlenmonoxiddehydrogenase zunächst zu CO_2 und H_2 oxydiert. Daraus wird auf den Sequenzen, die zur Methanbildung aus CO_2 und H_2 führen, Methyltetrahydromethanopterin als Precursor der Methylgruppe vom Acetyl-CoA produziert.

2.5. Ökologie der Methanogenese und ihrer Organismen

2.5.1. Verbreitung der methanogenen Organismen in der Natur

Methanogene Organismen sind in der Natur weit verbreitet. Die Voraussetzungen für die Methanogenese (Fehlen von O_2, SO_4^{2-}, NO_3^-; Redoxponential unter −300 mV; Vorhandensein der Precursorsubstrate) sind in der Natur überall dort vorhanden, wo große Mengen organischer Substanzen unter anaeroben Bedingungen abgebaut werden. Durch aerobe Mineralisationsprozesse wird das Eindringen von Sauerstoff aus der Luft in den Grenzbereichen verhindert. Nitrat und Sulfat werden unter anaeroben Bedingungen durch die Prozesse der Denitrifikation, Nitratammonifikation bzw. der Desulfurikation in N_2, NH_4^+ bzw. H_2S verwandelt. Die Entstehung reduzierender Stoffwechselprodukte bei den mikrobiellen Abbauvorgängen (H_2S, H_2, organische Substanzen) führt zu einem Absinken des Redoxpotentials. Die Produkte des Abbaus organischer Substanzen durch die komplexe anaerobe Mikrobengesellschaft sind die Substrate für die methanogenen Organismen (Abb. 2). Da sie nicht in der Lage sind, die polymeren organischen Verbindungen direkt zu verwerten, ist ihr Vorkommen in diesen Habitaten stets eng an diese Mikroorganismengemeinschaften der anaeroben Abbaukette gebunden, mit denen sie in fakultativ oder obligat syntrophen Assoziationen zusammenleben. Die wichtigsten Habitate für methanogene Organismen sind:

— Sedimente von limnischen Gewässern
— Sedimente von marinen Gewässern
— Moore

— Überschwemmte Böden (Reisfelder)
— Intestinalsystem von Mensch und Tieren, insbesondere von pflanzenfressenden Arten.

Methanogene Organismen kommen in hohen Zahlen auch in weiteren Habitaten ohne globale Bedeutung für die Methanemission vor:
— Biogasanlagen,
— Faultürme, Faulbecken oder andere Anlagen zur anaeroben Abwasserbehandlung,
— Grundwasser,
— Naßholz von Bäumen,
— Symbionten von anaeroben Protozoen.

Darüber hinaus dringen sie in die Grenzbereiche der Biosphäre vor:
— Heiße Quellen, Solfatare,
— Salzseen,
— Alkaliseen (Sodaseen),
— Hydrothermalquellen der Tiefsee,
— tiefere Schichten der Erde (Erdöllagerstätten, Schichtwässer),
— saure Moorseen.

Aus diesen Habitaten sind thermophile, halophile, alkaliphile und acidophile Organismen isoliert worden.
Vollkommen unabhängig von der anaeroben Abbaukette organischer Substanz sind die methanogenen Organismen nur in jenen Habitaten, in denen Wasserstoff und CO_2 aus geothermen Quellen zur Verfügung stehen (Geothermalquellen, Hydrothermalquellen der Tiefsee).
Da die Ökologie der Methanogenese in den limnischen und marinen Sedimenten und im Intestinalsystem von Mensch und Tieren in den folgenden Kapiteln ausführlicher behandelt wird, sollen hier Verbreitung und Aktivität der methanogenen Organismen in den übrigen genannten Habitaten zusammengefaßt werden.

Reisfelder

In globaler Hinsicht gehören die Reisfelder zu den bedeutendsten Habitaten für die Methanemission in die Atmosphäre. Dennoch ist über die Ökologie der Methanogenese in diesen Systemen nur wenig bekannt. Als Folge der Überflutung kommt es in diesen Böden sehr rasch zur Entstehung anoxischer Bedingungen, vor allem durch den intensiven Verbrauch von O_2 durch aerobe Mikroorganismen. Mn^{4+}, Fe^{3+} und NO_3^- werden reduziert; durch die Bildung von H_2S aus SO_4^{2-} sinkt das Redoxpotential ab. Damit sind die Voraussetzungen für den Ablauf der anaeroben Abbaukette mit der Methanogenese als terminalen Schritt gegeben. Die Methanbildung ist auf die anaeroben Bodenschichten beschränkt. Da Sauerstoff aus dem Wasser wenige Millimeter tief in den Boden eindringen kann, sind in der Oberflächenschicht die Bedingungen für eine aerobe Methanoxydation gegeben. Erst darunter beginnt die Zone der Methanbildung.

Nach GARCIA (1974) beträgt die Zahl der methanogenen Bakterien in den Böden von Reisfeldern in Senegal zwischen 10^2 und 10^6/g Boden. MARTY (1985) isolierte *Methanobacterium bryantii* aus einem Reisfeldboden des Rhonedeltas.

Die bevorzugten Substrate für die Methanbildung sollen nach Versuchen mit markierten Verbindungen Acetat (60%), CO_2/H_2 (20–30%) und Formiat (5–6%) sein (KOYAMA 1964).

Die Aktivität der methanogenen Organismen in Reisfeldern ist durch in-vitro-Inkubationen von Erdproben unter anaeroben Bedingungen (KOYAMA 1962, 1963, 1964) und durch in-situ-Experimente (HOLZAPFEL-PSCHORN et al. 1985) auf Grund der Messung der Zunahme der Methankonzentrationen in Abhängigkeit von der Zeit bestimmt worden. 2 Werte vermitteln einen Anhaltspunkt über die Größenordnung der Methanbildung in diesem Habitat:

Japanisches Reisfeld (KOYAMA 1962)
2 ml CH_4/100 g Trockensubstanz · d = 4350 μmol/m² · h
Italienisches Reisfeld (HOLZAPFEL-PSCHORN et al. 1985)
18–34 mg CH_4 m^{-2} h^{-1} = 1125–2125 μmol/m² · h.

Die Methanfreisetzungsraten, die die Grundlage für die Kalkulation der globalen Methanemission von den Reisfeldern in die Atmosphäre bilden, sind demgegenüber deutlich geringer:

Spanische Reisfelder (SEILER et al. 1984)
2–14 mg CH_4/m^2 · h = 125–875 μmol/m² · h
Kalifornische Reisfelder, gedüngt (CICERONE und SHETTER 1981)
$7{,}5 \cdot 10^{-2}$–$3 \cdot 10^{-1}$ g CH_4/m^2 · d = 195–781 μmol/m² · h.

Der Grund für diesen Unterschied ist die Methanoxydation in der aeroben Oberflächenschicht des Bodens und in dem mit Sauerstoff versorgten Rhizosphärenbereich, wodurch bis zu 80% des gebildeten Methans in den Kohlenstoffkreislauf des Ökosystems zurückgeführt werden (HOLZAPFEL-PSCHORN et al. 1986). Die Methanbildungsraten und damit auch die Methanemission werden durch eine Reihe von ökologischen Faktoren in weiten Grenzen beeinflußt. Die Methanbildung ist abhängig von der Temperatur und nimmt mit steigender Temperatur bis etwa 40 °C zu. KOYAMA (1963) ermittelte in einem Versuch folgende Raten:

10 °C 0,1 ml CH_4/100 g trockenen Boden · d
20 °C 0,38 ml CH_4/100 g trockenen Boden · d

30 °C 1,86 ml CH_4/100 g trockenen Boden · d
40 °C 2,80 ml CH_4/100 g trockenen Boden · d.

Von großem Einfluß ist auch der Sulfatgehalt des Flutwassers. Durch die Substratkonkurrenz zwischen methanogenen und sulfatreduzierenden Mikroorganismen wird bei hohen Sulfatkonzentrationen die Desulfurikation begünstigt. Daher sind die Methanbildungsraten in Reisfeldern, die mit Brackwasser bewässert werden, geringer als bei Verwendung von sulfatarmen Flutwässern (HOLZAPFEL-PSCHORN et al. 1985).

CICERONE und SHETTER (1981) fanden deutliche Unterschiede in der Methanbildung zwischen Reisfeldern, die mit mineralischem Stickstoff gedüngt waren ($7{,}5 \cdot 10^{-2}$—$3 \cdot 10^{1}$ g $CH_4/m^2 \cdot d$) und Reisfeldern ohne Düngung (1,32—6,82 $\times 10^{-2}$ g $CH_4/m^2 \cdot d$).

Von großer Bedeutung für die Methanfreisetzung, aber auch für die Methanbildung, sind die Reispflanzen. Es wird angenommen, daß durch die Wurzeln organische Substanzen in Form von Wurzelexsudaten und Autolyseprodukten freigesetzt werden, die die Grundlage für eine erhöhte Methanbildung im Rhizosphärenbereich bilden. Die Methanemission aus den Böden der Reisfelder in die Atmosphäre erfolgt zu 90% über das Aerenchym der Reispflanzen. Die Methanemissionsraten zeigen eine Abhängigkeit von der Entwicklung der Reispflanzen. Sie stiegen z. B. nach Messungen in Spanien (SEILER et al. 1984) im Verlaufe der Entwicklung der Reispflanzen von 2 mg $CH_4/m^2 \cdot h$ auf 14 mg $CH_4/m^2 \cdot h$ kurz vor der Reife an und betrugen nach der Ernte nur noch 0,35 mg $CH_4/m^2 \cdot h$. Der Grund dafür wird in Unterschieden bei der Ausscheidung von organischen Substanzen gesehen. Die Reispflanzen tragen aber nicht nur zur Förderung der Methanbildung im Boden und zur Methanemission, sondern auch zur erhöhten aeroben Methanoxydation durch den Eintrag von Sauerstoff über das Aerenchymsystem in den Rhizosphärenbereich bei.

Erdboden

Über die Methanbildung in anderen terrestrischen Ökosystemen gibt es bisher keine gezielten Untersuchungen. Nach KOYAMA (1963, 1964) soll die Methanfreisetzung in offenen Böden durchschnittlich 0,44 g $CH_4/m^2 \cdot a$ betragen ($= 18\ \mu mol/m^2 \cdot h$) und in Waldböden $9 \cdot 10^{-2}$ g $CH_4/m^2 \cdot a$ ($= 0{,}6\ \mu mol/m^2 \cdot h$). Bei der starken ökologischen Differenzierung derartiger Habitate in den verschiedenen Klimazonen der Erde sind jedoch sehr große Unterschiede zu erwarten. Günstige Bedingungen bestehen in wassergesättigten Böden, wo sich, ähnlich wie in Reisfeldern ausgedehnte anaerobe Bereiche entwickeln können. Dagegen dürfte die Methanbildung in lockeren gut durchlüfteten Böden nur auf anaerobe Mikrostandorte beschränkt bleiben. Das produzierte Methan wird dann sofort in den aeroben Bodenbereichen durch die methanotrophen Bakterien oxydiert. Daher enthält die Bodenluft nur geringe Methankonzentrationen.

Moore

Auch die Moore gehören zu den Ökosystemen mit einer großen globalen Bedeutung für die Methanemission in die Atmosphäre. Trotz der außerordentlichen Vielgestaltigkeit in der Ausbildung (z. B. Hochmoore, Flachmoore, Zwischenmoore, saure Moore, Kalkmoore, Verlandungsmoore) ist für alle diese Feuchthabitate eines charakteristisch: Es besteht ein Ungleichgewicht zwischen Produktion organischer Substanz und ihrem Abbau, so daß es zu einer Akkumulation großer Mengen organischer Substanzen und schließlich zur Bildung von Torf kommt. Durch die Wassersättigung entwickeln sich rasch anaerobe Bedingungen, die zu einer Verzögerung des Mineralisationsprozesses und zur Anreicherung von schwer abbaubaren, ligninartigen Verbindungen führen. Der Überschuß organischer Substanzen und der allgemein geringe Gehalt an anorganischen Elektronenakzeptoren wie Sulfat und Nitrat sind wichtige Voraussetzungen für eine intensive Methanbildung. Die Freisetzung von Methan in den Mooren (Sumpfgas) ist eine seit langem bekannte Erscheinung, wobei die auch heute noch nicht erklärbare Entzündung dieses Gases zu den Irrlichtern führte. Als Reinkulturen wurden aus Mooren isoliert:
Methanobacterium uliginosum (König 1985),
Methanosarcina barkeri, Stamm Wiesmoor (Scherer u. Bochem 1983)
und 5 nicht identifizierte Stämme (Williams und Crawford 1985).

Bei den aus sauren Mooren isolierten Organismen ist eine Anpassung an die pH-Verhältnisse des Standortes charakteristisch. Das pH-Optimum für *Methanobacterium uliginosum* liegt zwischen pH 6,0 und 6,5 (König 1984). Der von Williams und Crawford (1985) isolierte Stamm 0—1 (*Methanobacteriaceae*) aus den Minnesota Peatlands (pH 3,5—4,5) konnte noch bei pH 3,1 Methan produzieren (Optimum 6,0), vermehrte sich in Reinkultur nur bei pH-Werten über 5,3. Die Keimzahlen der methanogenen Bakterien wurden von Williams und Crawford (1983) mit H_2/CO_2 in Sedimentsäulen eines Torfmoores in Minnesota bestimmt:

10 cm Tiefe $5 \cdot 10^5$ Zellen/ml Interstitialwasser
25 cm Tiefe $1 \cdot 10^6$/ml
40 cm Tiefe $1 \cdot 10^5 - 1 \cdot 10^6$/ml
75 cm Tiefe $1 \cdot 10^4 - 1 \cdot 10^5$/ml
120 cm Tiefe $1 \cdot 10^3 - 1 \cdot 10^4$/ml
210 cm Tiefe $1 \cdot 10^4$/ml

Wesentlich geringere Keimzahlen ermittelten Goodwin u. Zeikus (1987) im Crystal Bog (Wisconsin, USA):

H_2/CO_2 2 · 10^2 Zellen/ml
Acetat 4 · 10^2 Zellen/ml.

Die Aktivität der methanogenen Bakterien in den Mooren wird in den Methanbildungsraten sichtbar, die durch in-vitro-Versuche mit Torfschlamm in abgeschlossenen Systemen bei den natürlichen pH-Werten des Standortes bestimmt wurden:

Minnesota Peatlands (WILLIAMS und CRAWFORD 1984)
25 °C, pH-Wert 3,5–4,5
228 nmol CH_4/g (TS) · h = 1824 µmol/m^2 · h
(Sedimenttiefe 40 cm, Wassergehalt 98% angenommen)
Crystal Bog, Wisconsin, USA (GOODWIN u. ZEIKUS 1987)
15 °C, pH-Wert 4,9
6,2 µmol CH_4/l · h = 1240 µmol CH_4/m^2 · h
(Sedimenttiefe 20 cm)
Altes Torfmoor, Rügen (HEYER und SUCKOW 1985)
20 °C, pH-Wert 5,0
405 µmol CH_4/m^2 · h
(Sedimenttiefe 50 cm, Wassergehalt 98%).

Wesentlich größere Unterschiede wurden bei der Bestimmung der Methanfreisetzungsraten gefunden, die jedoch die Methanoxydation mit einschließen und dadurch kein unmittelbares Maß für die Methanbildung sind:

Moore House (CLYMO und REDDAWAY 1971)
1–4 g CH_4–C/m^2 · a = 9,5–38 µmol/m^2 · h
Schwedische Tundramoore (SVENSSON 1976)
ombrotroph: 0,13–1,44 g CH_4/m^2 · a = 2,2–24,5 µmol/m^2 · h
minerotroph: 30,5 g CH_4/m^2 · a = 519 µmol/m^2 · h
Ombrotrophes Tundramoor (SVENSSON 1980)
16,6–174 µg CH_4–C/m^2 · h = 1,4–14,5 µmol/m^2 · h
Maximaler Wert: 3615 µm CH_4–C/m^2 · h = 301 µmol/m^2 · h
Michigan Swamp (BAKER-BLOCKER et al. 1977)
46 g CH_4–C/m^2 · a = 438 µmol/m^2 · h (pH 8).

Aus dieser Zusammenstellung geht hervor, daß die Methanfreisetzung in den minerotrophen Mooren[1]) wesentlich größer als in den ombrotrophen Mooren ist.

---

[1]) *Minerotrophe Moore:* Das Wasser der Moore (Grundwasser, Wasser von Seen und Flüssen) hat Kontakt zum Mineralboden und ist durch einen hohen Mineralstoffgehalt gekennzeichnet. Beispiel: Flachmoore.
Ombrotrophe Moore: Hier erfolgt eine Wasserversorgung ausschließlich durch Niederschläge (Regen, Schnee). Dadurch ist der Gehalt an Mineralstoffen, einschließlich der mineralischen P- und N-Verbindungen, sehr gering. Beispiel: Hochmoore.

Als weiteren wichtigen Einflußfaktor auf die Methanfreisetzung erkannte SVENSSON (1976) in den ombrotrophen Mooren den Grad der Wassersättigung, wobei die Methanfreisetzungsraten mit zunehmender Wassersättigung anstiegen. Daß die Methanbildung auch bei geringen pH-Werten möglich ist, haben WILLIAMS und CRAWFORD (1984) in den Mooren von Minnesota nachgewiesen. Moorproben mit einem natürlichen pH-Wert von 3,8 zeigten zwar maximale Methanbildungsraten bei pH 6,0; jedoch wurden bei pH 3,0 noch 65% der maximalen Aktivität gemessen. Wie in vielen Ökosystemen werden die jahreszeitlichen Schwankungen der Methanbildung vor allem durch die Temperaturveränderungen bestimmt. Die Oberflächenschichten in den Mooren von Minnesota ließen eine Zunahme der Methanbildungsraten im Bereich von 4—30 °C erkennen. Bei 4 °C wurden noch mehr als 20% der maximalen Methanbildung gefunden. In tieferen Schichten (120 cm) lag das Temperaturoptimum der Methanbildung bei 12 °C, allerdings bei insgesamt geringen Methanbildungsraten. Als wichtigstes methanogenes Substrat in den Moorökosystemen wird auf Grund der Anreicherungs- und Isolationsversuche, der quantitativen Bestimmung der methanogenen Bakterien und der Substratversuche H_2/CO_2 angenommen. Daneben konnte SVENSSON (1984) auch eine spezifische acetatverwertende methanogene Population nachweisen, während WILLIAMS und CRAWFORD (1984) von einer Hemmung der Methanbildung in Moorproben nach Acetatzugabe berichten. Eine deutliche Steigerung der Methanbildung konnte nach Zugabe von Glucose oder Ethanol erreicht werden, nicht jedoch nach Zusatz von N- oder P-Verbindungen, reduzierten Schwefelverbindungen, Spurenmetallen und Vitaminen (WILLIAMS und CRAWFORD 1984).

Eine Substratkonkurrenz durch die Desulfurizierer, wie in vielen anderen Habitaten, spielt in den Mooren wegen der geringen Sulfatkonzentrationen keine Rolle. Dementsprechend sind auch die Keimzahlen sulfatreduzierender Bakterien in den Mooren gering. Hier ist die Methanogenese der vorherrschende terminale Prozeß der anaeroben Abbaukette.

Die Methankonzentrationen überschreiten in den tieferen Moorschichten in der Regel die Sättigungsgrenze. Dabei wird das Methan z. T. in den Pflanzenresten des Torfes eingeschlossen. Außerdem bilden sich Gastaschen, aus denen das Gas in Form von Blasen freigesetzt wird. Das durch Diffusion in die aeroben Bereiche des Moores (z. B. oberflächliche Torfschlammschicht von Moorseen) aufsteigende Methan wird hier durch eine angepaßte methanotrophe Bakterienflora oxydiert.

Biogasanlagen, Faultürme, Faulbecken und andere Anlagen zur anaeroben Abwasserbehandlung

(Die technologischen Aspekte der Biogasbildung werden im Kapitel 6.1.1. behandelt.)

Diese künstlichen und z. T. für eine maximale Methanbildung optimierten Ökosysteme zeichnen sich durch eine hohe Konzentration organischer Stoffe, durch relativ kurze Verweilzeiten bei ständiger Zufuhr der organischen Stoffe und gleichmäßiger Vermischung und durch konstante Temperaturen aus. Diese Bedingungen führen zu einer Massenentwicklung aller Organismen der anaeroben Abbaukette, einschließlich der methanogenen Bakterien. Die mit den Substraten eingebrachten geringen Sauerstoffmengen werden durch aerobe oder fakultativ anaerobe Mikroorganismen rasch verbraucht. In der Regel ist die Konzentration anorganischer Elektronenakzeptoren wie Nitrat und Sulfat gering. Nach der schnellen Reduktion dieser Verbindungen ist die Methanogenese der einzige terminale Prozeß des anaeroben Abbaus. Die hohen Zahlen methanogener Organismen in diesen Habitaten und die Substratvielfalt waren die Gründe, weshalb diese Habitate besonders häufig als Quelle für die Isolation von Reinkulturen methanogener Organismen ausgewählt wurden. Folgende Arten sind aus Abwasserschlamm bzw. aus Biogasanlagen isoliert worden:

Methanobacterium thermoautotrophicum (Zeikus und Wolfe 1972)
Methanobacterium wolfei (Winter et al. 1984)
Methanobacterium formicicum (zit. Taylor 1982)
Methanobacterium bryantii (zit. Taylor 1982)
Methanobacterium thermoalcaliphilum (Blotevogel et al. 1985)
Methanobrevibacter arboriphilus (Morii et al. 1983)
Methanobrevibacter ruminantium (zit. Taylor 1982)
Methanobrevibacter smithii (zit. Taylor 1982)
Methanomicrobium spec. (Nishio et al. 1983)
Methanospirillum hungatei (Ferry et al. 1974)
Methanogenium aggregans (Ollivier et al. 1985)
Methanogenium bourgense (Ollivier et al. 1986)
Methanosarcina barkeri (Archer 1984)
Methanosarcina thermophila (Zinder u. Mah 1979, Zinder et al. 1985)
Methanosarcina mazei (Mah 1980)
Methanothrix soehngenii (Huser et al. 1982)
Methanothrix concilii (Patel 1984)
Methanothrix thermoacetophila (Nozhevnikova und Chudina 1984)
Methanoplasma elizabethii (Rose und Pirt 1981).

Besonders häufig kommen in diesen Habitaten die acetatverwertenden Arten der Gattungen *Methanosarcina* und *Methanothrix* vor. Aus Reaktoren, die bei erhöhten Temperaturen (50–60 °C) betrieben wurden, sind thermophile Arten isoliert worden. In dem Bestreben, eine schnelle Umwandlung der komplexen organischen Stoffe im Ausgangsmaterial in Methan zu erreichen, wird durch

verschiedene Verfahren versucht, eine möglichst hohe Zelldichte der Mikroorganismen der anaeroben Abbaukette zu realisieren. Dabei werden Gesamtzellzahlen von
$5{,}2-6{,}8 \cdot 10^{10}$/g Fermenterabfluß (VAREL 1984) oder
$2{,}5 \cdot 10^{11}$/g Trockensubstanz (HENSON et al. 1985)
erreicht. Die Anzahl der methanogenen Bakterien schwankt in großen Bereichen:

MYLROIE u. HUNGATE (1954)	10^5-10^8/ml
SMITH (1965)	$1 \cdot 10^6$/ml
SIEBERT u. HATTINGH (1967)	$3{,}3 \cdot 10^4-7 \cdot 10^5$/g TS
SIEBERT et al. (1968)	$1 \cdot 10^8-4{,}9 \cdot 10^{10}$/ml
ZAISS u. KALTWASSER (1979)	$7{,}9 \cdot 10^5-2{,}5 \cdot 10^6$/g
DOLFING et al. (1985)	10^9/ml
ISA et al. (1986)	$4{,}8 \cdot 10^{10}$/ml.

Bei der Beurteilung der quantitativen Bestimmungen müssen die methodischen Schwierigkeiten berücksichtigt werden und die Probleme, die sich durch die Aggregatbildung ergeben, in Rechnung gestellt werden. Der Anteil der methanogenen Organismen an der gesamten anaeroben Mikroflora beträgt nach epifluoreszenzmikroskopischen Untersuchungen mindestens 20% (DODDEMA und VOGELS 1978, ZEHNDER et al. 1980).
Die hohen Zellzahlen sind die Basis für hohe Methanbildungsraten in den Reaktoren. Je nach Art des Ausgangsmaterials, der Konzentration der organischen Stoffe, der Art des Verfahrens und der Temperatur werden Biogasbildungsraten von 0,4—8,4 l/l · d erreicht. Die Methanbildungsraten liegen damit ein bis drei Größenordnungen über denen von hochproduktiven natürlichen Ökosystemen.
Charakteristisch für Biogasreaktoren ist eine ausgeprägte acetogene Phase, bei der neben der Umwandlung von Alkoholen und Fettsäuren in Acetat auch eine Reduktion von CO_2 zu Acetat mit H_2 durch die acetogenen Bakterien im engeren Sinne stattfindet. Dadurch ist Acetat in diesen Habitaten das vorherrschende Substrat für die methanogenen Organismen. 70% des Methans werden durch Acetatspaltung gebildet. Daraus erklärt sich auch die Häufigkeit der acetatverwertenden methanogenen Bakterien.

Bäume

Methanogene Bakterien sind auch im Holz lebender Bäume nachgewiesen worden. Zunächst hatte man festgestellt, daß im Holz von äußerlich gesunden Bäumen (Pappeln, Ulmen, Weiden, Eichen, Ahorne) Methan unter hohem Druck vorkommen kann. Die Methanbildung beruht dabei auf mikrobiellen Prozessen, die durch die abnormen Bedingungen im Kernholz dieser Bäume (totes Xylemgewebe) ausgelöst werden. In dieses durch einen hohen Wassergehalt, durch das Fehlen von Sauerstoff und einen alkalischen pH-Wert gekennzeichnete Naßholz (wetwood) sind offenbar durch Wurzelverletzungen anaerobe Bakterien eingewandert, die einen aneroben Abbau der organischen Stoffe, insbesondere von Pectin (SCHINK et al. 1982), bewirken. Wie in anderen Ökosystemen wird am Ende der anaeroben Abbaukette aus H_2/CO_2 durch die methanogenen Organismen Methan gebildet. Bei der Suche nach diesen methanogenen Organismen konnten ZEIKUS und HENNIG (1975) aus dem Naßholz einer kanadischen Pappel eine neue Art isolieren, *Methanobrevibacter arboriphilus*. In einem Gramm Kernholz dieser Bäume können 10^3—10^5 methanogene Bakterien enthalten sein (ZEIKUS u. HENNIG 1975, ZEIKUS und WARD 1974).

Symbionten von Protozoen

Die symbiontischen Beziehungen zwischen Bakterien und Protozoen sind ein schon lange bekanntes Phänomen; jedoch wurde erst in den letzten Jahren nachgewiesen, daß auch methanogene Bakterien als Symbionten bei verschiedenen Protozoen vorkommen. Dabei handelt es sich ausschließlich um Protozoen, die in anaeroben Habitaten, wie im Pansen, im Süßwassersapropel und im marinen Sapropel leben. Der Nachweis gelang

— mit Hilfe der Epifluoreszenzmikroskopie durch die hohe Eigenfluoreszenz der methanogenen Bakterien,
— durch Extraktion und Identifizierung der für methanogene Organismen typischen Coenzyme,
— durch die Bestimmung der Methanbildung von gewaschenen Protozoen und durch
— Isolierung und Identifizierung der methanogenen Organismen aus den Protozoen.

Beispiele für diese Symbiosen sind in der folgenden Tabelle 5 zusammengestellt.

Die im Pansen von Wiederkäuern lebenden Ciliaten haben eine fakultative Symbiose mit methanogenen Organismen gebildet (Nachweis bisher bei 11 Protozoenarten, VOGELS et al. 1980), wobei sich die Bakterien auf der Oberfläche der Protozoen befinden (Episymbiose, Ektosymbiose). Nur etwa 8—55% aller Protozoenindividuen einer Art zeigen die episymbiontische Assoziation (STUMM u. ZWART 1986). Die Häufigkeit variiert sowohl bei den verschiedenen Arten der Ciliaten als auch in Abhängigkeit von den Ernährungsbedingungen. Die methanogenen Bakterien sind besonders zahlreich auf den Protozoen in den Futterpausen der Wiederkäuer, während unmittelbar nach der Futteraufnahme die Zahl der episymbiontischen Assoziationen stark abnimmt. Die gleichen Effekte konnten durch N_2-Begasung bzw. H_2-Begasung erzielt werden. Daraus ergibt sich die Vermutung, daß die methanogenen Organismen den von Protozoen gebildeten Wasserstoff aufnehmen. Als Symbiont wird in den meisten Fällen *Methanobrevibacter ruminantium* angenommen.

Tabelle 5. **Symbiosen von methanogenen Mikroorganismen und Protozoen**

Protozoen	Habitat	methanogener Symbiont	Literatur
Ektosymbiosen mit Ciliaten			
Ostracodinium obtusum	Pansen	*Methanobrevibacter ruminantium*	VOGELS et al. (1980)
Eudiplodinium maggii	Pansen	*Methanobrevibacter ruminantium*	VOGELS et al. (1980)
Endosymbiosen mit Amoeben			
Mastigella spec.	Süßwasser-sapropel	*Methanobacterium formicicum*	VAN BRUGGEN et al. (1985)
Pelomyxa palustris	Süßwasser-sapropel	*Methanobacterium formicicum*	VAN BRUGGEN et al. (1983)
Endosymbiosen mit Ciliaten			
Metopus striatus	Süßwasser-sapropel	*Methanobacterium formicicum*	VAN BRUGGEN et al. (1983)
Plagiopyla nasuta	Süßwasser-sapropel	*Methanobacterium formicicum*	GOOSEN et al. (1986)
Metopus contortus	Mariner Sapropel	*Methanoplanus endosymbiosus*	VAN BRUGGEN et al. (1986)

Alle bisher beschriebenen Symbiosen von Amoeben und Ciliaten aus den anaeroben Bereichen limnischer und mariner Gewässer sind obligate Endosymbiosen. Bei einigen Arten gelangen die Isolierung und Identifizierung der methanogenen Symbionten: Bei allen untersuchten Süßwasseramoeben und -ciliaten war dies *Methanobacterium formicicum* (GOOSEN et al. 1986; VAN BRUGGEN et al. 1985); aus dem marinen Ciliat *Metopus contortus* wurde eine neue Art, *Methanoplanus endosymbiosus*, isoliert (VAN BRUGGEN et al. 1986). Die Zelldichte der methanogenen Organismen in den Protozoen ist außerordentlich hoch (Tab. 6).
In Habitaten mit einer hohen Protozoendichte kann daher die Methanbildung durch die symbiotisch lebenden methanogenen Bakterien einen wesentlichen Teil der Gesamtmethanbildung dieses Habitates ausmachen.
Bei allen anaeroben Protozoen fehlen die Mitochondrien. Bei den Pansenciliaten treten statt dessen Hydrogenosomen auf, bei den sapropelischen Ciliaten „microbodies“, die den Hydrogenosomen funktionell gleichzusetzen sind. Die enge morphologische Beziehung der endosymbiontischen methanogenen Bakterien mit diesen „microbodies“ läßt vermuten daß diese Organellen den für die methanogenen Organismen notwendigen Wasserstoff bilden. Die sapropelischen Amoeben haben keine derartigen Organellen. Dafür besitzen sie nicht-methano-

Tabelle 6. Keimzahlen methanogener Bakterien in Protozoen
(VAN BRUGGEN et al. 1983, 1985, 1986)

Protozoen	Zahl der Bakterien pro Protozoen-Zelle	Zahl der Bakterien pro ml Cytoplasma
Pelomyxa palustris		
methanogener Symbiont	$9{,}8 \cdot 10^8$	$1{,}2 \cdot 10^{10}$
nicht-methanogener Symbiont	$2{,}4 \cdot 10^8$	$2{,}9 \cdot 10^9$
Mastigella spec.		
methanogener Symbiont	$2{,}4 \cdot 10^4$	$3 \cdot 10^{10}$
nicht-methanogener Symbiont	$6{,}5 \cdot 10^3$	$0{,}9 \cdot 10^{10}$
Metopus striatus	$2 \cdot 10^3$	$4 \cdot 10^{10}$
Metopus contortus	$4{,}5 \cdot 10^3$	$1{,}9 \cdot 10^{10}$

gene Symbionten, die wahrscheinlich die Funktion der Wasserstofflieferanten übernehmen. Der Vorteil der Symbiose besteht für die Bakterien in einer kontinuierlichen Versorgung mit H_2 („interspecies hydrogen transfer" Protozoen/Bakterien) und für die Protozoen in dem raschen Verbrauch von H_2 und CO_2. Dadurch wird der Wasserstoffpartialdruck in der Zelle gering gehalten, und es bestehen günstige Bedingungen für die Oxydation der reduzierten Coenzyme (STUMM u. ZWART 1986). Die Symbiose kann daher zu einer Voraussetzung für die Besiedlung von anoxischen Habitatbereichen durch die Protozoen werden. Methanogene Organismen in marinen Protozoen können durch die Symbiose zur Methanbildung in sulfatreichen Habitaten beitragen (VAN BRUGGEN et al. 1986).

Grundwasser

Hinweise auf das Vorkommen und die Aktivität methanogener Organismen im Grundwasser ergeben sich aus dem Nachweis von Methan. Die mikrobiologische Herkunft wird dabei durch den geringeren Gehalt an ^{13}C ($\delta\,^{13}C$ −60 bis −90‰) angezeigt, da bei dem Prozeß der mikrobiellen Methanbildung bevorzugt das leichte Kohlenstoffisotop umgesetzt wird. Fossiles Methan aus Erdgas-, Erdöllagerstätten und Kohleflözen läßt sich vom rezent gebildeten Methan in der Regel durch das Fehlen von ^{14}C unterscheiden. Die ermittelten Methankonzentrationen schwanken in weiten Grenzen (1—1906 µmol CH_4/l). Nur in wenigen Grundwasserspeichern sind jedoch die Bedingungen für eine Methanbildung gegeben. So fanden GEYH und KÜNZEL (1981) nur in 5% von 122 untersuchten Grundwasserproben aus der BRD Methankonzentrationen über 5 µmol/l, und von 1677 kanadischen Proben enthielten nur 14 mehr als 8 µmol CH_4/l (DYCK et al. 1976).

BELYAEV und IVANOV (1983) haben aus Sedimentgesteinen (Quartär, Pliozän) der kaspischen Einsenkung (29—150 m Tiefe) methanogene Bakterien isolieren können (*Methanobacterium*). Die Methanbildungsraten lagen zwischen 20,5 und 395,6 ml $CH_4 \cdot 10^{-6}\,kg^{-1}\,d^{-1}$ (= 0,038—0,735 · 10^{-3} µmol $CH_4/kg \cdot h$), wobei fast ausschließlich eine CO_2-Reduktion mit H_2 vorlag. Auch in größeren Tiefen (200—750 m) wurden Methankonzentrationen bis 4000 µmol/l erreicht; die Zahl der methanogenen Bakterien betrug 13—250 Zellen/ml und die Rate der Methanbildung 0,16—0,64 · 10^{-3} µmol $CH_4/l \cdot h$.

Die methanogenen Bakterien dringen bis in die Grenzbereiche der Biosphäre vor und besiedeln Habitate mit extremen ökologischen Bedingungen, in denen nur wenige, angepaßte Mikroorganismen vorkommen.

Schichtwässer aus größeren Tiefen
Erdöl- und Erdgaslagerstätten

In Schichtwässern außerhalb von Erdöl- und Erdgaslagerstätten wurden in Montana (USA) in einer Tiefe von 1243—1521 m bei Temperaturen bis zu 50 °C Methan (20—27 µmol/l) und thermophile methanogene Bakterien (24—43 Zellen/ml) nachgewiesen (OLSON et al. 1981).
Im Bondyuzhskoe-Ölfeld (UdSSR) enthielt das ursprüngliche Schichtwasser aus 1500—1700 m Tiefe bei einem Gesamtsalzgehalt von 300 g/l und Temperaturen zwischen 30 und 40 °C keine Bakterien. Erst nach der Erschließung der Lagerstätte und der Verdünnung des Schichtwassers durch Flutung mit Oberflächenwasser sind methanogene Bakterien eingewandert und erreichten Zahlen bis zu 6000 Zellen/l bei einer maximalen Aktivität von 305 ml $CH_4 \cdot 10^{-6}\,l^{-1}\,d^{-1}$ (= 0,567 · 10^{-3} µmol $CH_4/l \cdot h$). Die isolierten Arten wurden als Vertreter der Gattung *Methanobacterium* identifiziert (BELYAEV u. IVANOV 1983, BELYAEV et al. 1983). In anderen Ölfeldern (Apsheron, UdSSR; NAZINA 1984) wurden außer *Methanobacterium* Arten der Gattungen *Methanosarcina* und *Methanothrix* gefunden. Nachweise methanogener Bakterien in Erdöllagerstätten gelangen bis zu einer Tiefe von 2500 m (KUZNETSOV 1966). Bei der Methanogenese in Erdöllagerstätten wird bevorzugt Acetat verwertet. Für die mehrfach behauptete mikrobielle Umsetzung von Kohlenwasserstoffen in Methan fehlt bisher eine Bestätigung mit Reinkulturen. Es ist jedoch möglich, daß anaerobe Mischkulturen mit methanogenen Organismen bestimmte Erdölbestandteile in Methan und CO_2 umwandeln können.

Salz- und Alkaliseen

Lange Zeit hatte man angenommen, daß die Methanogenese auf jene Ökosysteme beschränkt ist, in denen die Konzentration der anorganischen Elektronenakzeptoren wie Nitrat und Sulfat gering ist. Erst nachdem man in marinen Habitaten methanogene Organismen gefunden hatte, begann auch die

Suche nach halophilen methanogenen Organismen in verschiedenen Salzseen. Hinweise auf eine rezente Methanogenese in diesen Ökosystemen mit extremen Bedingungen waren:

— der Nachweis von Methan in Gasblasen aus dem Sediment,
— hohe Methankonzentrationen im anoxischen Tiefenwasser und im Interstitialwasser des Sedimentes und
— ein geringerer ^{13}C-Gehalt des Methans aus den Salzseen
($\delta\,^{13}CH_4$ −70 bis −110‰).
Erfolgreiche Untersuchungen wurden durchgeführt:
— in verschiedenen Lagunen der Halbinsel Krim, UdSSR
Salzgehalt 2,2—30% (Zhilina 1986);
— im Great Salt Lake, USA
Salzgehalt: 13,5% (Paterek und Smith 1985);
— im Solar Lake, Sinai, Ägypten
Salzgehalt: 16% (Giani et al. 1984);
— in verschiedenen Sonnensalzteichen, Verdunstungsbecken für die Gewinnung von Salz aus dem Meerwasser
Salzgehalt: 25—30%
(Mathrani und Boone 1985; Perez-Fillol et al. 1985);
— in Sodaseen der Wadi el Natrun, Ägypten
Salzgehalt bis 25%, pH-Werte bis 9;7
(Boone et al. 1986);
— im Big Soda Lake, USA
Salzgehalt: 7,8%, pH-Wert 9,7
(Oremland et al. 1982).

Durch in-vitro-Inkubationen von Sedimentproben konnte die Methanbildung bei hohen Salzkonzentrationen nachgewiesen werden. Die Hemmung dieses Prozesses nach Zugabe von Bromethansulfonsäure, einem spezifischen Hemmstoff der Methanogenese, und von Formalin oder nach Sterilisation des Sedimentes im Autoklaven bestätigte, daß die Methanfreisetzung auf mikrobiologischen Stoffwechselprozessen beruht.
Eine erhebliche Steigerung der Methanbildung in diesen in-vitro-Ansätzen gelang nach Zugabe von Methanol und von Methylaminen, jedoch in den meisten Fällen nicht mit Acetat, Formiat oder H_2/CO_2.
Die Isolation von Reinkulturen führte zu einer Reihe von obligat halophilen methanogenen Bakterien mit unterschiedlichen Salzoptima (Tab. 7).
Zwar sind auch für die Kultur der meisten Isolate aus marinen Habitaten erhöhte NaCl-Konzentrationen von 1—5% und z. T. auch erhöhte Mg^{2+}-Konzentrationen erforderlich; die Salzansprüche dieser halophilen Stämme aus Salzseen liegen jedoch viel höher und entsprechen bei einigen Stämmen denen

Tabelle 7. Halophile und alkaliphile methanogene Organismen

Name/Stamm	Morphologie	Optimale NaCl-Konzentration %	Substrate	Herkunft	Autoren
Methanococcoides euhalobius	Unregelmäßige Kokken	6	Methanol Methylamine	Schichtwasser einer Erdöllagerstätte UdSSR	Obraztsova et al. 1987
Halomethanococcus mahi	Unregelmäßige Kokken	11,6	Methanol Methylamine	Great Salt Lake USA	Paterek u. Smith 1985
Methanococcus halophilus	Unregelmäßige Kokken	7—15	Methanol Methylamine Acetat	Shark Bay Australien	Zhilina 1983, 1986
SF 1	Unregelmäßige Kokken	12	Methanol Methylamine	Sonnensalzteich	Mathrani u. Boone 1985
Z 7301, Z 7302, Z 7403	Polygonale Kokken	15—20	Methylamine	Lagunen der Krim UdSSR	Zhilina 1986
Methanohalobium evestigatus		15—30	Methylamine	Salzwassertank UdSSR	Zhilina u. Zavarzin 1987
Halophiles Isolat	Unregelmäßige Zellen in Gruppen	17—30	H_2/CO_2 Trimethylamin	Sonnensalzteich Spanien	Perez-Fillol et al. 1985

Z 7303, Z 7305 (50—55 °C)	Flache, polygonale Zellen	25—30	Methylamine	Lagunen der Krim UdSSR	ZHILINA 1986
Methanobacterium alcaliphilum (pH 8,1—9,1)	Stäbchen	1	H_2/CO_2	Sodaseen der Wadi el Natrun Ägypten	WORAKIT et al. 1986
WeN 5 (pH 9,7; 45 °C)	Unregelmäßige Kokken	5—13	Methanol Methylamine	Bosa Lake Wadi el Natrun Ägypten	BOONE et al. 1986

von Halobakterien. Da die methanogenen Organismen und die Halobakterien innerhalb des Reiches der Archaebakterien phylogenetisch einander nahe stehen, können die extrem halophilen methanogenen Organismen eine vermittelnde Übergangsstellung zwischen beiden Gruppen einnehmen.
Wachstum und Methanbildung der in der Tabelle 7 aufgeführten Stämme erfordern in jedem Fall die angegebene Salzkonzentration und bei einigen Vertretern außerdem den Zusatz von Mg^{2+} bzw. Ca^{++}. Wird die Salzkonzentration wesentlich unterschritten, kommt es zur Lyse der Zellen.
Alle halophilen Stämme verwerten Methanol und Methylamine. Beides sind Substrate, die von Desulfurizierern in der Regel nicht genutzt werden können („nicht-kompetitive Substrate"). Daher sind Methanogenese und Desulfurikation nebeneinander möglich. Die in diesen Habitaten sehr hohen Sulfatkonzentrationen haben zur Folge, daß die „kompetitiven" Substrate Acetat und H_2/CO_2 nahezu ausschließlich über den energetisch günstigeren Prozeß der Desulfurikation verbraucht werden. Die Mehrzahl der halophilen Isolate kann diese Substrate weder zur Methanbildung noch zur C-Assimilation verwerten.
In den Sedimenten des Solar Lake sind die Zahlen der methanogenen Bakterien mit $2 \cdot 10^2$ bis $3 \cdot 10^5$/ml kalkuliert worden, wobei die höheren Werte in den oberen Sedimentschichten erreicht wurden (Giani et al. 1984). In Sedimenttiefen unterhalb von 20 cm fehlten methanogene Bakterien.

Ökosysteme mit hohen Temperaturen

Die methanogenen Organismen dringen auch bezüglich der Temperaturen bis in die Grenzbereiche der Biosphäre vor und können hier ökologische Nischen besiedeln, die nur wenigen angepaßten Archaebakterien das Leben ermöglichen. Beispiele für solche Extrembiotope auf der Erde, in denen methanogene Bakterien nachgewiesen worden sind, liegen im Bereich der kontinentalen Vulkangebiete:

- Heiße Quellen (Yellowstone Park, USA; Island),
- Solfatarenfelder mit kochenden Wasser- und Schlammlöchern und Thermalböden (Island, Italien, Azoren, Kamschatka, UdSSR)

und im Bereich der submarinen Vulkangebiete:

- Hydrothermalquellen im Schelfgebiet (Italien),
- Submarine Solfatarenfelder (Italien),
- Geotherm aufgeheizte Seesedimente (Italien),
- Hydrothermalquellen der Tiefsee (Pazifik, Atlantik).

Daneben gibt es aber auch anthropogene Hochtemperaturgebiete, aus denen thermophile methanogene Organismen isoliert worden sind:

- Überlaufwässer von Geothermalkraftwerken,
- Heißwasserbohrungen,

— Kühlwässer von Kernkraftwerken,
— Biogasreaktoren und andere anaerobe Abwasserreinigungsanlagen, die bei höheren Temperaturen betrieben werden.

Grundsätzlich muß man 2 Gruppen von Biotopen unterscheiden:

— Biotope mit geothermem H_2 und CO_2
Die chemolithoautotrophen, thermophilen methanogenen Organismen sind hier nicht auf die anaerobe Abbaukette und deren Organismen angewiesen und produzieren völlig unabhängig von der Energie der Sonne organische Substanz.
— Biotope, in denen organische Substanzen bei erhöhten Temperaturen durch ein Konsortium von thermophilen Mikroorganismen mit einem thermophilen methanogenen Organismus am Ende der anaeroben Abbaukette mineralisiert werden.

In der ersten Gruppe werden die anaeroben Bedingungen und das niedrige Redoxpotential für die Entwicklung der methanogenen Organismen durch die geringe Löslichkeit von O_2 im heißen Wasser und durch die Reduktionskraft und Schutzwirkung der durch das Wasser strömenden vulkanischen Exhalationen (H_2S, H_2, CO, CO_2) erhalten. Aus solchen Biotopen wurden die Arten mit den höchsten Temperaturoptima und -maxima isoliert (Tab. 8).
So stammen *Methanothermus fervidus* und *Methanothermus sociabilis* von Solfatarenfeldern und heißen Quellen Islands, in denen bei Standorttemperaturen zwischen 85 °C und 100 °C eine Entwicklung aerober phototropher Organismen und damit die Produktion organischer Substanz durch Photosynthese nicht möglich ist (Stetter et al. 1981, Lauerer et al. 1986). Daher wachsen diese Arten ausschließlich autotroph mit vulkanischem H_2 und CO_2. Zu den extrem thermophilen Organismen mit gleicher Lebensweise ist auch *Methanococcus jannaschii* zu rechnen, der aus Sedimentmaterial vom Grunde eines „weißen Rauchers" (Austrittsstelle für submarines hocherhitztes Hydrothermalwasser) aus 2600 m Tiefe im Ostpazifik isoliert wurde (Jones et al. 1983). Auch in diesem Habitat trägt der methanogene Organismus zur anaeroben Primärproduktion organischer Substanz bei.

Eine Methanogenese bei Temperaturen von 100 °C konnte in in-vitro Versuchsansätzen mit Hydrothermalwasser beobachtet werden (Baross et al. 1982). Die Autoren nehmen an, daß unter in-situ-Bedingungen (bei höherem Druck) im Bereich der Austrittsstellen von Hydrothermalwasser eine Methanbildung auch bei Temperaturen über 100 °C stattfindet. In 3000 m tiefen Pliozän-Sedimenten konnte eine Methanbildung bei einer Temperatur von 90 °C durch die Bestimmung des Gehaltes an $^{13}CH_4$ ($\delta\,^{13}C = -72{,}7‰$) wahrscheinlich gemacht werden (Schoell 1980).

Einen Nachweis der Methanbildung aus geothermem H_2/CO_2 im Wasser von heißen Quellen (45—72 °C) des Yellowstone Nationalparks haben Zeikus et al. 1980 mit $^{14}CO_2$ erbracht. Die obere Temperaturgrenze für die Methanogenese

Tabelle 8. Thermophile methanogene Organismen

Arten	Temperatur °C			Herkunft
	Minimum	Optimum	Maximum	
Methanothermus sociabilis	55	88	97	Isländisches Solfatarenfeld (98 °C)
Methanothermus fervidus	65	83	97	Isländische heiße Quelle (85 °C)
Methanococcus jannaschii	50	85	86	Hydrothermalquelle, 2600 m Tiefe Ostpazifik
Methanobacterium thermoautotrophicum	40	65 bis 70	75	Abwasserschlamm; heiße Quellen Yellowstone Park (45–72 °C), Island
Methanobacterium thermoaggregans	40	65	75	Schlamm einer Rinderweide
Methanococcus thermolithotrophicus	30	65	70	Geotherm erhitztes Seesediment bei Neapel (50 °C)
Methanothrix thermoacetophila	50	65	70	Ablauf heißer Quellen mit Algenmatten in Kamschatka
Methanobacterium wolfei	35	55 bis 65	74	Abwasserschlamm/Flußsediment
Methanobacterium thermoalcaliphilum	40	58 bis 62	69	Biogasanlage
Methanobacterium thermoformicicum	40	55	65	Rindergülle
Methanogenium thermophilicum	37	55	65	Ausflußkanal eines Kernkraftwerkes
Methanogenium frittonii	26	57	62	Sediment eines Sees, Fritton Lake, England
Methanosarcina thermophila	35	50	55	Anaerober Fermenter (55 °C)

lag hier bei 75 °C. Als thermophiler methanogener Organismus wurde *Methanobacterium thermoautotrophicum* isoliert.

In den Ablaufkanälen der heißen Quellen entstehen mit der Abkühlung des Wassers geeignete Bedingungen für eine Massenentwicklung phototropher Mikroorganismen, die dann z. B. dichte Algen-Bakterien-Matten bilden. Im Yellowstone Nationalpark sind die Primärproduzenten häufig *Synechococcus lividus* und *Chloroflexus aurantiacus*. Durch thermophile anaerobe Bakterien (*Clostridium thermohydrosulfuricum, Thermoanaerobium brockii, Methanobacterium thermoautotrophicum*) wird die organische Substanz vollkommen zu CH_4 und CO_2 mineralisiert. Die Keimzahlen der methanogenen Organismen betrugen 10^6 Zellen/g Trockensubstanz der Algen-Bakterien-Matten (ZEIKUS et al. 1980). Die Methanbildungsraten lagen zwischen 166 µmol $CH_4/m^2 \cdot h$ (55 °C) und 540 μmol $CH_4/m^2 \cdot h$ (45 °C) (WARD 1978). Die wichtigsten Precursoren der Methanogenese sind H_2/CO_2 aus der anaeroben Abbaukette.

Während *Methanobacterium thermoautotrophicum* sowohl in Biotopen mit geothermem H_2/CO_2 als auch in Biotopen mit H_2/CO_2 aus dem anaeroben Abbau organischer Substanzen gefunden wurde, sind alle anderen thermophilen methanogenen Bakterien aus der zweiten Biotopgruppe isoliert worden. Wie bei anderen Mikroorganismen, so konnten auch bei den methanogenen Organismen thermophile Stämme aus Habitaten gewonnen werden, die nicht durch erhöhte Temperaturen gekennzeichnet sind.

2.5.2. Methanogenese in limnischen Sedimenten

Zu den limnischen Ökosystemen gehören in erster Linie die Süßwasserseen, daneben aber auch Teiche, Tümpel und fließende Gewässer wie Flüsse, Bäche, Gräben und Kanäle.

Charakteristisch für diese Systeme ist eine Gliederung in die Bereiche Wasser und Sediment, wobei der anaerobe Abbau der organischen Substanz mit der Methanogenese als terminalen Schritt fast ausschließlich auf das Sediment beschränkt ist. Dementsprechend werden auch die höchsten Methankonzentrationen stets im Interstitialwasser der Sedimente gemessen. Die Methankonzentration hängt hier vor allem von der Intensität der Methanbildung ab. Übersteigt die Rate der Methanbildung die Rate der Methanentfernung, dann kommt es zur Übersättigung. Es bilden sich im Sediment zunächst Gastaschen, aus denen das Gas unter bestimmten Bedingungen in Form von Blasen durch die Wassersäule in die Atmosphäre entweichen kann. Bei welcher Methankonzentration eine Übersättigung auftritt, wird durch den hydrostatischen Druck (abhängig von der Wassertiefe), dem Atmosphärendruck (Höhenlage, aktueller Luftdruck), durch die Temperatur und durch den Gesamtsalzgehalt bestimmt. Im Interstitialwasser der Sedimente von tiefen Seen sind Konzentrationen von 13000 μmol CH_4/l gemessen worden (CAPPENBERG 1974a).

Das Aufsteigen der „Schlammgase" aus dem Sediment ist ein Hinweis auf eine intensive Methanbildung und kann in vielen Gewässern, vor allem nach der Zerstörung der Sedimentschichtung, beobachtet werden. Die Zusammensetzung ist je nach Gewässer sehr unterschiedlich:

CH_4	40–95 vol.%
N_2	2–55 vol.%
CO_2	0–5 vol.%.

In geringen Mengen können auch O_2 und H_2 in den Schlammgasen enthalten sein. Durch einen Gasaustausch beim Aufsteigen der Blasen durch die Wassersäule ergeben sich Unterschiede in der Zusammensetzung zwischen Gasproben, die unmittelbar über der Sedimentoberfläche entnommen wurden, und denen, die an der Wasseroberfläche aufgefangen wurden. Gase aus dem Litoralsediment von Seen enthalten in der Regel weniger Methan und mehr Stickstoff als Gase aus dem Profundalsediment (JONES und SIMON 1981). Das Entweichen von Methan in die Atmosphäre bedeutet für das aquatische Ökosystem einen Verlust an Kohlenstoff. Andererseits führt das Aufsteigen der Gasblasen aus dem Sediment zu einer Turbulenz (Methankonvektion, OHLE 1968), durch die die im Sediment befindlichen Mineralstoffe aus dem anaeroben Abbau (Phosphat, Ammonium) im Wasser verteilt werden und dadurch eine „interne Düngung" bewirken.

In Gewässern mit vielen Wasserpflanzen, deren Blätter bis an die Wasseroberfläche reichen (z. B. Seerosen), kann ein beträchtlicher Teil des Methans aus dem Sediment über das Aerenchym der Wasserpflanzen in die Atmosphäre entweichen. Nach Messungen und Kalkulationen von DACEY und KLUG (1979) betrug dieser Anteil im eutrophen Duck Lake mit gelben Teichrosen im August 917 μmol $CH_4/m^2 \cdot h$ und entsprach 45% der gesamten Methanfreisetzung.

Die Methanverteilung im Sediment wird vom Sauerstoffgehalt des darüberliegenden Wassers beeinflußt. Ist dieses Wasser anoxisch, dann beginnt der steile Anstieg der Methankonzentration im Sediment bereits an der Grenzfläche zum Wasser. Reicht dagegen der Sauerstoff bis zur Sedimentoberfläche, kommt es zur Ausbildung einer aeroben Oberflächenschicht im Sediment, in der eine intensive Methanoxydation stattfindet. Unter diesen Bedingungen erfolgt der Anstieg der Methankonzentration erst in den tieferen, anoxischen Sedimentschichten. Im Wasser ist eine Anreicherung von Methan nur dann möglich, wenn es frei von Sauerstoff ist. Sobald Methan in die O_2-haltigen Bereiche des Habitats gelangt, wird es durch die weit verbreiteten methanotrophen Bakterien zu CO_2 oxydiert. Daher ist auch die Methankonzentration im gesamten Wasser der oligotrophen und z. T. auch der mesotrophen Seen, der flachen, ständig durchmischten Gewässer und der meisten Fließgewässer stets sehr gering und übersteigt nur selten 1 μmol CH_4/l. Für eutrophe, geschichtete Gewässer trifft dies nur für das Epilimnion (Abb. 11) und für das gesamte Wasser bei holomiktischen Seen nur für die Zeit der Zirkulation zu.
Anoxische Verhältnisse im Wasser kommen vor:

— in Seen mit einer stabilen Schichtung (z. B. Salzschichtung) und unvollkommener Zirkulation (meromiktische Seen) im nicht ausgetauschten Tiefenwasser (z. B. Lake Kivu);

— in geschichteten eutrophen Seen der gemäßigten Klimazone während der Sommerstagnation (bedingt durch eine Temperaturschichtung des Wassers) und im Winter unter der Eisdecke im Hypolimnion;

— in flachen eutrophen Gewässern bei Stagnation und hohen Temperaturen im Sommer und im Winter unter der Eisdecke im Wasser über dem Sediment.

Die Bedingungen im anoxischen Wasser sind jedoch in der Regel nicht ausreichend für eine Entwicklung und für die Aktivität methanogener Bakterien, so daß das Methan in diesem Tiefenwasser fast ausschließlich aus dem Sediment stammt. Es gelangt durch Diffusion aus dem Sediment in das sauerstofffreie Hypolimnion und reichert sich im Laufe der Zeit an. An der Grenzfläche zum sauerstoffhaltigen Oberflächenwasser erfolgt eine intensive Methanoxydation. Dadurch kommt es zur Ausbildung eines Methankonzentrationsgradienten im stagnierenden anoxischen Wasser mit maximalen Werten über dem Sediment (bis zu 1000 µmol/l) und minimalen Werten an der Grenzfläche zum Epilimnion (Abb. 11).

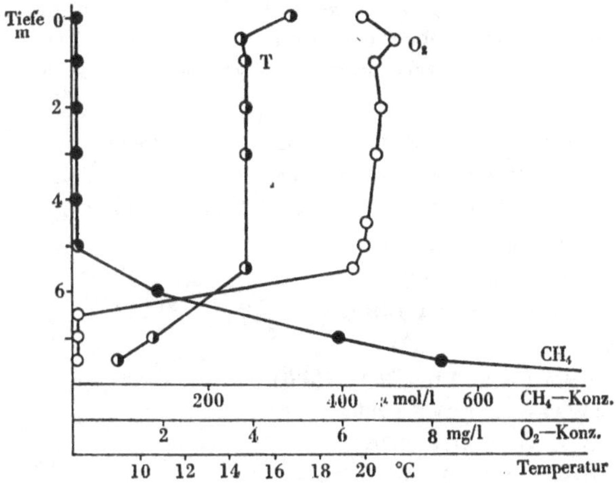

Abb. 11. Vertikale Konzentrationsprofile von CH_4 und O_2 und Temperaturprofil in einem eutrophen See (Dagowsee, Neuglobsow) am Ende der Stagnationsphase (7. 9. 84)

Die anaeroben Abbauprozesse der organischen Substanz mit der Denitrifikation oder der Desulfurikation als terminalen Prozessen sind im Gegensatz zur Methanogenese auch im anoxischen Tiefenwasser möglich; ihr Ausmaß ist jedoch in limnischen Gewässern durch die begrenzte Verfügbarkeit der anorganischen Elektronenakzeptoren Nitrat bzw. Sulfat gering. Das Vorkommen und die Aktivität der methanogenen Bakterien ist nur auf die anaeroben Sedimentbereiche beschränkt. In Gewässern mit anoxischem Tiefenwasser sind diese Organismen in den obersten Sedimentschichten konzentriert (0—10 cm).

In Gewässern mit sauerstoffhaltigem Tiefenwasser dringt der Sauerstoff aus dem Wasser in das Sediment ein und kann bei flachen Gewässern außerdem durch benthische Algen während der Photosynthese freigesetzt werden. Dadurch entsteht eine aerobe Oberflächenschicht im Sediment von wenigen Millimetern, die sich nur lokal, z. B. an den Wurzeln von Wasserpflanzen oder durch die Aktivität von Tieren (Bioturbation, Irrigation) in größere Sedimenttiefen bis zu 10 cm ausdehnen kann. Die anaerobe Sedimentzone beginnt dort, wo die sauerstoffverbrauchenden Prozesse (aerobe Atmung, Oxydation der reduzierten Endprodukte des anaeroben Abbaus) den durch Diffusion nachgelieferten Sauerstoff restlos aufzehren. Erst unterhalb dieser Grenzschicht kommt es in diesen Gewässern zu einer Konzentration der methanogenen Organismen im Bereich von etwa 5—20 cm Sedimenttiefe.

Es muß darauf hingewiesen werden, daß die Grenze aerobes/anaerobes Sediment nicht starr ist, sondern einer Dynamik unterliegt, die von einer Reihe ökologischer Faktoren abhängt (Sedimentation organischer Substanz, Temperatur, Belichtung, Wasserzirkulation). Bei geschichteten eutrophen Seen findet ein jahreszeitlicher Wechsel von Perioden mit aerobem (Zirkulationsphase) und anaerobem Oberflächensediment (Stagnationsphase) im profundalen Bereich des Gewässers statt. Litoralsedimente besitzen dagegen fast immer eine aerobe Oberflächenschicht.

Über die qualitative Zusammensetzung der methanogenen Mikroflora in limnischen Sedimenten gibt es noch keine umfassenden Kenntnisse. Folgende Arten wurden bisher aus den Sedimenten von Seen und Flüssen isoliert:

Methanobrevibacter arboriphilus (Zeikus u. Hennig 1975)
Methanobacterium wolfei (Winter et al. 1984)
Methanobacterium bryantii (Ward u. Frea 1980)
Methanobacterium formicicum (Taylor 1982)
Methanobrevibacter ruminantium (Ward u. Frea 1980)
Methanospirillum hungatei (Ward u. Frea 1980)
Methanococcus spec. (Zeikus u. Winfrey 1976)
Methanogenium olentangyi (Corder et al. 1983)
Methanogenium frittonii (Harris et al. 1984)
Methanosarcina barkeri (Phelps u. Zeikus 1984).

Die quantitative Bestimmung der methanogenen Bakterien in den anoxischen Sedimenten verschiedener Seen mit Hilfe der MPN(most probable number)-Methode ergab Keimzahlen zwischen 10^2 und 10^7 Zellen/g:

	Keimzahlen/ml bzw. g Sediment
Lake Vechten (Cappenberg 1974a)	$6 \cdot 10^2$—$8 \cdot 10^5$
Lake Mendota (Zeikus u. Winfrey 1976)	10^2—10^6
Great Kichier Lake	$2{,}5 \cdot 10^2$
Black Kichier Lake	$2{,}5 \cdot 10^2$—$2{,}5 \cdot 10^3$

Kuznechikha Lake (IVANOV et al. 1976)	$2{,}5 \cdot 10^2$—$4 \cdot 10^4$
Blelham Tarn (JONES et al. 1982)	10^5
Melton Hill Reservoir (PEDERSON u. SAYLER 1981)	$1{,}5 \cdot 10^5$—$1{,}5 \cdot 10^7$
Knaack Lake (PHELPS u. ZEIKUS 1984).	10^3—10^4

Im gleichen Bereich lagen die Keimzahlen für Flußsedimente der Saar, wo die höchsten Werte von 10^4—10^6/g in staugeregelten Flußabschnitten erreicht wurden (ZAISS u. KALTWASSER 1979 a).

Die höchsten Zahlen methanogener Bakterien wurden in den Sedimenten des Lake Erie nach direkter mikroskopischer Auszählung der Zellen, die mit fluoreszenzmarkierten Antikörpern sichtbar gemacht wurden, bestimmt (WARD u. FREA 1980), und zwar

für *Methanobrevibacter ruminantium*

$5{,}3 \cdot 10^5$—$1{,}1 \cdot 10^9$/g Sed. TS,

für *Methanobacterium* MoH (= *M. bryantii*),

$1{,}27 \cdot 10^5$—$2{,}85 \cdot 10^7$/g

und für *Methanosarcina barkeri*

$2{,}95 \cdot 10^6$—$2{,}1 \cdot 10^7$/g.

Dies ist ein Hinweis darauf, daß die durch Kulturmethoden ermittelten Zahlen methanogener Bakterien wahrscheinlich zu gering sind.

Neben den Unterschieden in den Keimzahlen verschiedener aquatischer Ökosysteme, die mit dem trophischen Status und den anderen ökologischen Bedingungen in Zusammenhang stehen, gibt es auch innerhalb eines Gewässers sowohl räumlich als auch zeitlich erhebliche Unterschiede in der quantitativen Verteilung der methanogenen Organismen. Litoralsedimente enthalten in der Regel weniger methanogene Bakterien als anoxische Sedimente aus der Profundalregion eines Sees. In der Vertikalverteilung der methanogenen Organismen im Sediment werden im ständig anoxischen Sediment die höchsten Zahlen an der Oberfläche bis etwa 5 cm Tiefe erreicht. In Sedimenten mit aerober Oberflächenschicht liegen die Keimzahlmaxima in tieferen Sedimentschichten (5—20 cm). Mit zunehmender Sedimenttiefe nehmen die Keimgehalte offenbar als Folge der Substratverarmung ab. Jedoch sind auch in Sedimenttiefen von 1—2 m noch methanogene Bakterien gefunden worden. Jahreszeitliche Schwankungen der Keimgehalte methanogener Bakterien, die im Bereich von 2 bis 3 Zehnerpotenzen liegen können, zeigen Maxima im Spätsommer gegen Ende der Stagnationsperiode und Minima im November bis Januar (ZEIKUS u. WINFREY 1976). Sie werden bedingt durch Temperaturveränderungen, den

Wechsel von Stagnation und Zirkulation (und damit den Wechsel von anaerober zu aerober Sedimentoberfläche im Profundalbereich) und durch Unterschiede in der Sedimentation organischer Substanzen.
So betrugen die Keimzahlen wasserstoffverwertender methanogener Organismen im Sediment des Lake Mendota während der Stagnation 10^5/g und während der Zirkulation 10^3/g (PHELPS u. ZEIKUS 1985). In sehr tiefen Seen mit geringen jahreszeitlichen Temperaturschwankungen im Hypolimnion und auch in tieferen Sedimentschichten fehlen dagegen auffällige zeitliche Veränderungen der Zellzahlen methanogener Organismen.
Die Aktivität der methanogenen Organismen ist in zahlreichen limnischen Gewässern als Maßstab der anaeroben Mineralisation gemessen worden, wobei sowohl in-vitro-Versuche mit Sedimentaufschwemmungen oder Sedimentsäulen durch Bestimmung der Methanzunahme bzw. der Freisetzung von $^{14}CH_4$ aus zugesetzten markierten Substraten als auch Kalkulationen aus in-situ Versuchen zu vergleichenden Resultaten führten. Einige Beispiele sind in der Tabelle 9 zusammengestellt.

Tabelle 9. Methanbildungsraten in limnischen Sedimenten

Gewässer (Literaturangabe)		**Methanbildungsraten** µmol $CH_4/m^2 \cdot h$
1. Seen		
Sombre Lake, Antarktis	litoral	1,1–1,6
(ELLIS-EVANS 1984)	profundal	3,2–4,4
Blelham Tarn		22–117
(JONES u. SIMON 1981)		
Lungernsee		42–156
(BOSSARD u. GÄCHTER 1981)		
Schierensee		130–167
(OHLE 1968)		
Lake Tanganyika		206
(RUDD 1980)		
Third Sister Lake		230
(ROBERTSON 1979)		
Lake Vechten		292–382
(CAPPENBERG et al. 1984)		
Lake 227	litoral	33
(RUDD u. HAMILTON 1978)	profundal	450
Stechlinsee	litoral	232–786
(HEYER u. BABENZIEN 1985)		
Lake Suwa		507
(KOYAMA 1981)		

Tabelle 9 (Fortsetzung)

Gewässer (Literaturangabe)	**Methanbildungsrate** µmol $CH_4/m^2 \cdot h$
Lake Kivu (Rudd u. Taylor 1980)	230–1010
Frains Lake (Robertson 1979)	800
Lake Mendota (maximaler Wert) (Fallon et al. 1980)	1492
Wintergreen Lake (Strayer u. Tiedje 1978)	1292–3458
Lake Erie (Howard et al. 1971)	4576
2. Flüsse, Kanäle	
Mosel, Staubereich des Wehres	1476–9775
Weser, Staubereich des Wehres	509–15172
Elbe, Staubereich des Wehres (Müller 1978)	764–15274
Saar (Zaiss et al. 1982)	12,5–15458
Kanäle in Amsterdam (Moens 1957)	650–32520
Saale, Staubereich von Wehren (Berger u. Heyer, im Druck)	6338–65710

Wie bei den Keimzahlen methanogener Organismen gibt es auch bei den Methanbildungsraten erhebliche Unterschiede zwischen den verschiedenen aquatischen Ökosystemen sowie zeitliche Änderungen und räumliche Unterschiede bei der Methanbildung. Im Jahresverlauf wurden die höchsten Methanbildungsraten in geschichteten Seen während der Sommerstagnation erreicht und nahmen mit Beginn der Herbstzirkulation zum Winter hin rasch ab:

Lake Mendota (Phelps u. Zeikus 1985)

Sommerschichtung	47,1 µmol CH_4/l Sed. · h
Herbstzirkulation	18,0 µmol CH_4/l Sed. · h.

Die Ansammlung von Gasblasen unter dem Eis eutropher Seen zeigt jedoch, daß auch im Winter die Methanbildung forgtesetzt wird.
Die räumlichen Unterschiede in der Methanbildung innerhalb eines Gewässers sind am deutlichsten zwischen Litoral- und Profundalsediment ausgeprägt (siehe Tab. 9, Lake 227).

Auch beim Vergleich der Methanbildungsraten von Sedimenten aus verschiedenen Wassertiefen wird dies sichtbar:

Lake Mendota (ZEIKUS u. WINFREY 1976)
Sediment aus 5 m Wassertiefe 3,6–6,6 μmol CH_4/kg · h
Sediment aus 10 m Wassertiefe 16,2–22,2 μmol CH_4/kg · h
Sediment aus 18 m Wassertiefe 21,0–26,4 μmol CH_4/kg · h.

Wie bei den Zahlen methanogener Bakterien kommt es auch bei den Methanbildungsraten zu einer Änderung im Sedimentprofil:

Methanbildung im anoxischen Sediment des Blelham Tarn (JONES et al. 1982)
0–1 cm 29,2 μmol CH_4/kg Sediment · d
2,5–3,5 cm 21,3 μmol CH_4/kg Sediment · d
7,5–8,5 cm 5,5 μmol CH_4/kg Sediment · d.

Bei der Bestimmung der Methanbildungsraten sind von den Autoren verschiedene Methoden angewendet worden, deren Unterschiede vor allem bei Bilanzierungen beachtet werden müssen. Zunächst muß unterschieden werden zwischen Methanbildung im Sediment und Methanfreisetzung aus dem Sediment in das Wasser und in die Atmosphäre. Die Methanbildung kann nur durch in-vitro-Inkubationen von isolierten Sedimentsäulen oder von Sedimentaufschwemmungen in abgeschlossenen Systemen durch Messung der Methanzunahme in einer vorgegebenen Zeit bestimmt werden, wobei durch den Einsatz markierter Verbindungen Kurzzeitversuche möglich sind. Für die Kalkulation der Methanbildungsrate pro Fläche müssen produktive Sedimenttiefe und die Änderung der Rate in verschiedenen Schichten des Sedimentes berücksichtigt werden.
Ein kleiner Teil des gebildeten Methans verbleibt in den tieferen Sedimentschichten. Bei Sedimenten mit anoxischer Oberflächenschicht gelangt der größte Teil des Methans durch Diffusion in das Wasser und bei starker Methanbildung außerdem in Form von Blasen, die durch die Wassersäule unter Lösung einer geringen Methanmenge aufsteigen, in die Atmosphäre.
Die Methanfreisetzung aus dem Sediment umfaßt also Diffusion und Blasenbildung. Hinzu kommt gegebenenfalls das Entweichen des Methans über das Aerenchymsystem der Wasserpflanzen.
Die Bestimmung der Methanfreisetzung durch Diffusion erfolgt entweder in abgeschlossenen Kompartimenten des anoxischen Wassers über dem Sediment oder im gesamten anoxischen Hypolimnion durch Messung der Methanzunahme im Wasser während der Stagnationsphase. Im letzteren Falle muß dabei der Verlust des Methans durch Oxydation an der Grenzfläche zum sauerstoffhaltigen Oberflächenwasser berücksichtigt werden. Die Methanfreisetzung durch Blasenbildung wird durch Auffangen der Gasblasen mit umgekehrten Trichtern und Volumenbestimmung in Abhängigkeit von der Zeit gemessen.
Wenn die Methanfreisetzung aus dem Sediment als ein Maß für die Methanbildung gewertet werden soll, müssen methanverbrauchende Prozesse im Sediment ausgeschaltet sein.
Für die anaerobe Methanoxydation ist dies nicht möglich, da wir über diesen Prozeß keine genauen Vorstellungen besitzen. Die aerobe Methanoxydation findet nur dann im Gewässer

statt, wenn gleichzeitig Methan und Sauerstoff vorhanden sind. In allen Gewässern mit einer aeroben Sedimentoberfläche wird durch die Methanoxydation nahezu das gesamte aus den tieferen Sedimentschichten aufwärts diffundierende Methan verbraucht und kann daher nicht in das Wasser übertreten. Unter diesen Bedingungen ist eine Methanfreisetzung nur über Blasenbildung möglich. Eine Bilanzierung der Methanbildung auf dieser Basis allein ergibt zu geringe Werte, zumal nicht in allen Gewässern eine Blasenfreisetzung vorkommt. Die Atmosphäre erreicht nur jenes Methan, das nicht durch die Oxydation im Sediment oder im Wasser verbraucht wurde. Dies sind in oligotrophen Seen mit ständiger Verfügbarkeit von Sauerstoff im gesamten Wasserkörper und ohne Blasenfreisetzung nur 0—20% und in eutrophen Seen mit anoxischem Hypolimnion je nach der Intensität der Blasenfreisetzung 30—70%.
Die Versuche zur Hemmung der Methanoxydation unter in-situ-Bedingungen (z. B. durch Zugabe von NaOH), um die gesamte Methanfreisetzung messen zu können, müssen als wenig zuverlässig eingeschätzt werden.

Welche ökologischen Faktoren sind für die Unterschiede in der Methanbildung verantwortlich?

Organische Substanz

Die Substrate für die Methanbildung werden beim anaeroben Abbau der komplexen organischen Substanz durch die anaerobe Mikrobengesellschaft gebildet. Dabei ist nicht die Gesamtmenge der im Sediment akkumulierten organischen Substanz entscheidend, sondern nur die Menge der leicht abbaubaren Verbindungen. Diese werden dem Sediment aus dem Wasser ständig zugeführt, so daß die Intensität der Methanogenese in erster Linie durch den Eintrag partikulärer organischer Substanz in das Sediment bestimmt wird. Nach Kelly und Chynoweth (1979, 1980, 1981) gibt es eine direkte Beziehung zwischen der Sedimentationsrate der organischen Substanz und der Methanogenese (Tab. 10).
Der Vergleich von Sedimentations- und Methanbildungsraten in verschiedenen Seen (Tab. 10) zeigt jedoch, daß der in Methan umgewandelte Anteil des sedimentierten organischen Kohlenstoffs unterschiedlich sein kann. Der Grund dafür ist, daß noch andere ökologische Faktoren den Anteil der Methanogenese an der anaeroben Mineralisation beeinflussen können. In eutrophen Seen mit einem anoxischen Hypolimnion ist dieser Anteil größer als in oligotrophen Seen, deren Sedimente während des gesamten Jahres eine aerobe Oberflächenschicht besitzen und in denen daher ein Teil des sedimentierten organischen Materials aerob mineralisiert wird.
Unterschiede in der Sedimentationsrate der organischen Substanz im Jahresverlauf sind eine der Ursachen für die jahreszeitlichen Schwankungen der Methanbildungsraten.
Die organische Substanz stammt zumeist aus der Primärproduktion durch planktische und benthische Algen und aus der darauf aufbauenden Sekundär-

Tabelle 10. Vergleich von Sedimentations- und Methanbildungsraten in verschiedenen Seen (mmol C/m² · d)

See (Literaturangabe)	Sedimentationsrate	Methanbildungsrate (% d. Sed.-rate)	
Lake Mendota (Hanson 1980)	33,7	24,0	(71)
Lake Mendota (Fallon et al. 1980)	67,5	35,8	(53)
Third Sister Lake	15	5,4	(36)
Frains Lake (Robertson 1979)	33	19	(58)
Lake 227 Jahresdurchschnitt (Rudd u. Hamilton 1979)	7,9	4,1	(52)
Lake 227 Sommerstagnation (Kelly u. Chynoweth 1979)	19–27,5	10,8	(39–57)
Wintergreen Lake (Strayer u. Tiedje 1978)	127	43–67	(34–53)
Lake Suwa (Koyama 1981)	18,6	12,1	(65)
Lake Vechten (Cappenberg et al. 1984)	59	8	(14)
Sombre Lake, Antarktis (Ellis-Evans 1984)	0,46	0,03	(6,5)

produktion durch die Organismen der Nahrungskette. Aus der Gegenüberstellung von Primärproduktion und Methanbildung kann die ökologische Bedeutung der Methanogenese für den gesamten Kohlenstoffkreislauf quantitativ ermittelt werden (Tab. 11).

In hochproduktiven eutrophen Seen mit einem anoxischen Hypolimnion kann während der Sommerstagnation bis zu 1/3 des organischen Kohlenstoffs aus der Primärproduktion in Methan umgewandelt werden. Während der Zirkulationsphase wird dieser Anteil durch Abnahme der Methanogenese bei gleichzeitiger Zunahme der aeroben Mineralisation, der Desulfurikation und der Denitrifikation geringer, steigt jedoch im Winter bei fortwährender Methanproduktion wieder an. Auch in flachen, eutrophen Gewässern kann der Anteil der zu Methan umgesetzten organischen Substanz recht hoch sein, da wegen des kurzen Sedimentationsweges die organische Substanz rasch in die anaerobe Sedimentschicht überführt wird. In sehr tiefen oligotrophen und mesotrophen Seen mit Sauerstoff im gesamten Wasserkörper wird die organische Substanz

Tabelle 11. Vergleich von Primärproduktion und Methanbildung in verschiedenen Seen ($mmol\ C/m^2 \cdot d$)

See (Literaturangabe)	Primärproduktion	Methanbildungsrate	(% der Primärprod.)
Sombre Lake, Antarktis Jahresdurchschnitt (ELLIS-EVANS 1984)	9,6	0,03	(0,3)
Lake 227 Jahresdurchschnitt (RUDD u. HAMILTON 1979)	31,5	4,1	(13)
Lake 227 Sommerstagnation (KELLY u. CHYNOWETH 1979)	62,5	10,8	(17)
Third Sister Lake Sommerstagnation	25–33	5,4	(16–22)
Frains Lake Sommerstagnation (ROBERTSON 1979)	50–83	19	(23–38)
Lake Mendota Sommerstagnation (FALLON et al. 1980)	250	35,8	(14)
Wintergreen Lake Sommerstagnation (STRAYER u. TIEDJE 1978)	183	43–67	(24–37)

aus der Primärproduktion bereits während der Sedimentation zum großen Teil aerob mineralisiert, so daß nur ein geringer Anteil unter anaerobe Bedingungen gelangt. Außerdem findet in diesen Gewässern eine intensive aerobe Mineralisation in der Oberflächenschicht des Sedimentes statt. Daher ist der Anteil der Methanogenese am Kohlenstoffkreislauf hier gering.

Bei der Bilanzierung der Methanbildung muß berücksichtigt werden, daß nicht nur die im Ökosystem selbst produzierte organische Substanz (autochthone organische Substanz) in Methan umgewandelt wird, sondern auch die von außen in das System eingebrachte organische Substanz (allochthone organische Substanz). Vor allem bei oligotrophen Seen mit einer geringen Sedimentation organischer Substanz und demzufolge einer geringen Methanbildungsrate kann der Eintrag von allochthonem organischem Material (z. B. Laub der Bäume) zu einer erheblichen Steigerung der Methanbildung führen (HEYER u. BABENZIEN 1985). In fließenden Gewässern ist der mitgeführte partikuläre organische Kohlenstoff, der sich in langsam fließenden Abschnitten (staugeregelte Flußbereiche) in großen Mengen absetzt und dann zu hohen Methanbildungsraten führt, zumeist allochthoner Herkunft.

Temperatur

Durch in-vitro-Inkubationen von Sedimentaufschwemmungen bei verschiedenen Temperaturen kann die Abhängigkeit der Methanogenese von der Temperatur demonstriert werden. Maximale Raten der Methanbildung wurden zwischen 30 und 42 °C gemessen:

Lake Mendota (ZEIKUS u. WINFREY 1976)	35—42 °C
Blelham Tarn (JONES et al. 1982)	30 °C
Sombre Lake (ELLIS-EVANS 1984)	32 °C.

Aus diesen Experimenten wird auf eine Temperaturlimitation der Methanogenese in den Sedimenten geschlossen. Ökologisch bedeutsam ist diese Abhängigkeit jedoch nur für die Methanbildung in den Sedimenten, deren Temperatur im Jahresverlauf großen Schwankungen unterliegt, d. h. in flachen, ungeschichteten Gewässern, in fließenden Gewässern und im Litoralbereich von geschichteten Seen. Da im Profundalsediment tiefer, geschichteter Seen die Temperaturveränderungen im Jahresverlauf nur gering sind, hat hier die Temperatur als Einflußfaktor keine ökologische Bedeutung.

pH-Wert

Der optimale pH-Wert für die Methanbildung der meisten Reinkulturen methanogener Bakterien liegt zwischen pH 6,5 und 7,5. Dies trifft auch für die komplexen mikrobiellen Gemeinschaften der anaeroben Abbaukette in den meisten Sedimenten der Gewässer zu:

Methanbildung von Sedimentaufschwemmungen des Knaack Lakes bei verschiedenen pH-Werten (PHELPS u. ZEIKUS 1984)

pH 5,6	74 μmol CH_4/l Sed. · d
pH 6,2 (in situ)	86 μmol CH_4/l Sed. · d
pH 6,7	90 μmol CH_4/l Sed. · d
pH 7,0	97 μmol CH_4/l Sed. · d
pH 7,3	131 μmol CH_4/l Sed. · d
pH 7,8	77 μmol CH_4/l Sed. · d.

Dennoch findet auch bei pH-Werten unter 5,0 und über 8,0 eine Methanbildung durch angepaßte Mikroorganismen statt (siehe saure Moorseen und Alkaliseen). pH-Veränderungen im Wasser eines Sees von 6,7 auf 5,1 (KELLY et al. 1984), die unter natürlichen Bedingungen bei schlecht gepufferten Seen als Folge des SO_2-Eintrages auftreten können, hatten keinen Einfluß auf die in-situ-Mineralisationsrate mit der Methanogenese als terminalem Schritt.

Anorganische Elektronenakzeptoren

Die Konzentrationen der anorganischen Elektronenakzeptoren Sulfat und Nitrat sind entscheidend dafür, in welchem Maße die anderen terminalen Prozesse des anaeroben Abbaus, Denitrifikation und Desulfurikation, Bedeutung erlangen. Da die meisten limnischen Gewässer nur geringe Sulfat- und Nitratkonzentrationen enthalten, ist die Methanogenese der dominierende terminale Prozeß des anaeroben Abbaus der organischen Substanz (Tab. 12).

Tabelle 12. Anteil der verschiedenen terminalen Prozesse an der Gesamtmineralisation unter anaeroben Bedingungen (in %)

See (Literaturangabe)	Methanogenese	Dissimil. Sulfatreduktion	Dissimil. Nitratreduktion
Blelham Tarn (Jones u. Simon 1980)	57	5	38
Lake Vechten (Cappenberg et al. 1984)	70–75	25–30	
Wintergreen Lake (Lovley et al. 1982)	87	13	
Lawrence Lake (Lovley u. Klug 1983)	19–70	30–81	
Lake Mendota (Ingvorson u. Brock 1982)	80	20	
Lake Mendota			
Sommerschichtung	80	20	
Herbstzirkulation (Phelps u. Zeikus 1985)	19	81	

In geschichteten Seen mit einem anoxischen Hypolimnion findet im Wasser ein rascher Abbau des Nitrats statt (dissimilatorische Nitratreduktion), so daß die Methanogenese im Profundalsediment nicht durch Nitrat beeinflußt werden kann. Auch die Sulfatkonzentration nimmt im hypolimnischen Wasser während der Stagnationsphase als Folge der Desulfurikation im anoxischen Wasser und im Sediment langsam ab. Daher wirkt die Desulfurikation nur zu Beginn der Stagnationsphase in den obersten Sedimentschichten als konkurrierende Reaktion gegenüber der Methanogenese. Durch die Desulfurikation wird das Sulfat schon im Interstitialwasser der obersten Sedimentschicht vollkommen aufgebraucht. Erst durch die Zirkulation kann neues Sulfat aus dem Epilimnion in das Sediment eindringen und zu einem Anstieg der Desulfurikation führen (s. Tab. 12). In flachen, ständig durchmischten Gewässern, im Litoralsediment von geschichteten Seen, in Seen mit ständig aerobem Oberflächensediment und in Fließgewässern findet in der aeroben Sedimentzone eine fortwährende Oxydation der reduzierten Verbindungen H_2S und NH_4^+ aus dem Abbau der organischen Substanz statt, so daß SO_4^{--} und NO_3^- immer wieder neu gebildet werden. Hier ist demzufolge der Anteil von Desulfurikation und Denitrifikation gegenüber der Methanogenese größer als im Profundalsediment. Grundsätzlich gelten diese Konkurrenzbeziehungen zwischen diesen 3 terminalen Prozessen nur für die obersten, vom Wasser beeinflußten Sedimentschichten (etwa 0—3 cm), da mit zunehmender Sedimenttiefe durch rasche Abnahme der Konzentrationen von Nitrat und Sulfat die Methanogenese wieder zur vorherrschenden Reaktion wird. Wie schnell die anorganischen Elektronenakzeptoren im Sediment aufgezehrt werden, hängt von ihrer Konzentration und von der Menge der im Sediment vorhandenen (leicht abbaubaren) organischen Substanz ab. Starke Wasserturbulenz und die Aktivität der Tiere (Bioturbation, Wasserzirkulation) begünstigen das Eindringen von Nitrat und Sulfat aus dem Wasser in das Sediment und führen zu einer Zurückdrängung der Methanogenese auf tiefere Sedimentschichten. Beides ist in den anoxischen Sedimenten stagnierender Wasserschichten nicht möglich.

Die Hemmung der Methanogenese in limnischen Sedimenten nach Zugabe von Sulfat (0,2—20 mmol/l) ist durch in-vitro-Versuche mehrfach demonstriert worden (Winfrey u. Zeikus 1977, Jones et al. 1982, Strayer u. Tiedje 1978). Sie beruht auf einer kompetitiven Hemmung der methanogenen Organismen durch Konkurrenz um die von beiden Organismengruppen nutzbaren Energiequellen in den anaeroben Habitaten H_2 und Acetat. Bei Anwesenheit einer genügend großen Population sulfatreduzierender Bakterien und Sulfat als Elektronenakzeptor werden diese Substrate über die energetisch günstigere Desulfurikation verbraucht, da diese Organismen eine höhere Substrataffinität (geringerer K_m-Wert) und eine höhere maximale Umsatzrate (V_{max}) für Wasserstoff und Acetat gegenüber den methanogenen Organismen besitzen (Lovley u. Klug 1983). Dadurch sinkt die Intermediärkonzentration der Substrate im System so weit ab, daß eine ausreichende Energiegewinnung über die Methanogenese nicht mehr möglich ist. Die auf Substratkonkurrenz beruhende Hemmung wird aufgehoben nach Verbrauch des Sulfates, nach Zugabe von Wasserstoff oder Acetat oder unter natürlichen Bedingungen bei einem hohen Angebot an organischer Substanz. Es gibt auch Seen, in denen die Desulfurikation durch sehr geringe Sulfatkonzentrationen nicht nachweisbar ist. Hier führt die Zugabe von Sulfat zum Sediment zu keiner Veränderung des Elektronenflusses von der Methanogenese zur Desulfurikation, weil offenbar zu wenige sulfatreduzierende Bakterien vorhanden sind (Knaack Lake: Phelps u. Zeikus 1984). In ähnlicher Weise wie beim Sulfat ist auch die Hemmung der Methanogenese durch Nitrat zu verstehen (Chen et al. 1972), wobei hier noch ein direkter Effekt durch die Erhöhung des Redoxpotentials hinzukommt.

Redoxpotential

Detaillierte Untersuchungen über die Abhängigkeit der Methanbildungsrate vom Redoxpotential sind bisher nicht durchgeführt worden. Als Voraussetzung für Wachstum und Aktivität von Reinkulturen methanogener Organismen wird ein Wert von weniger als —300 mV angegeben. Die wenigen bisher vorliegenden Messungen von aktiven limnischen Sedimenten (CAPPENBERG 1974a, ELLIS-EVANS 1984, PEDERSEN u. SAYLER 1981, ZAISS 1981) lassen erkennen, daß unter natürlichen Bedingungen auch bereits zwischen —100 mV und —300 mV eine Methanbildung stattfindet. Ob dies eine Folge der engen Wechselbeziehungen zu den anderen Mikroorganismen der anaeroben Gemeinschaft ist oder ob die Methanogenese im Sediment auf Mikrostandorte mit dem für die Reinkulturen angenommenen optimalen Redoxpotential beschränkt ist, kann zur Zeit nicht entschieden werden. Bei der Interpretation von Einzelmessungen muß beachtet werden, daß insbesondere in Sedimenten mit aerober Oberflächenschicht ein steiler Gradient von positiven zu negativen Potentialen mit wachsender Sedimenttiefe besteht. Sauerstoffverbrauch und Schwefelwasserstoffbildung durch mikrobielle Prozesse sind dabei die wichtigsten Faktoren für das Absinken des Redoxpotentials.

Substrate für methanogene Organismen in limnischen Sedimenten

Nach ersten Experimenten mit markierten Substraten hatte man angenommen, daß Acetat der Hauptprecursor der Methanogenese in den Sedimenten limnischer Gewässer ist. Im Lake Vechten werden 70% des Methans aus Acetat gebildet (CAPPENBERG u. PRINS 1974). Dies konnte später auch für den Lake Mendota bestätigt werden (PHELPS u. ZEIKUS 1985), während im oligotrophen Knaack Lake sogar 95% des Methans aus Acetat stammen (PHELPS u. ZEIKUS 1984). Weitere Untersuchungen an anderen Gewässern haben jedoch gezeigt, daß auch H_2/CO_2 dominierendes Substrat für die Methanbildung im Sediment von Seen (BELYAEV u. IVANOV 1975: 32—98% des CH_4 aus H_2/CO_2; JONES et al. 1982: Blelham Tarn 75% des CH_4 aus H_2/CO_2) und Flüssen (ZAISS 1981: Saar 81—96% des CH_4 aus H_2/CO_2) sein kann. Außerdem wurde festgestellt, daß in verschiedenen Sedimenttiefen der Anteil der beiden wichtigsten methanogenen Substrate an der Methanbildung unterschiedlich ist. Der Grund dafür ist nicht bekannt. Es wird vermutet, daß die Wechselbeziehungen zwischen methanogenen, sulfatreduzierenden und acetogenen Organismen dafür ausschlaggebend sind.

Neben diesen beiden wichtigsten Substraten für die Methanbildung sind die anderen methanogenen Substrate in limnischen Sedimenten quantitativ von untergeordneter Bedeutung, da sie nur in geringen Konzentrationen in der Natur vorkommen. Zwar kann man nach Zugabe von Formiat oder Methanol zu Sedimentaufschwemmungen z. T. eine erhebliche Steigerung der Methanbildung erzielen, jedoch muß dabei berücksichtigt werden, daß die Formiatverwertung nur bei Organismen mit H_2/CO_2-Verwertung vorkommt und die Methanolverwertung bei einigen methanogenen Organismen mit der Acetatverwertung gekoppelt ist (*Methanosarcina*).

2.5.3. Methanogenese in marinen Sedimenten

In dem riesigen Lebensraum der Meere, die mehr als 70% der Fläche der Erde bedecken, erlangen die methanogenen Mikroorganismen nur in wenigen Bereichen eine ökologische Bedeutung für den Stoffkreislauf. Das gilt vor allem für hochproduktive Küstengebiete, Ästuare, von Gezeiten beeinflußtes Marschland, Brackwassergebiete, Buchten, Fjorde und reicht nur selten über den Kontinentalsockel hinaus. In den meisten Tiefseegebieten ist die Primärproduktion organischer Substanz und deren Sedimentation sehr gering (nur 1—5% der organischen Substanz aus der Primärproduktion erreichen das Sediment), so daß bei ständiger Verfügbarkeit von Sauerstoff auch im Sediment fast ausschließlich eine aerobe Mineralisation stattfindet.
Zu den Besonderheiten mariner Ökosysteme gehören:

— erhöhter Salzgehalt (durchschnittlich 35‰) und hohe Sulfatkonzentration (28 mmol/l),
— komplizierte Strömungsverhältnisse (Auftriebsgebiete, Golfstrom, Strömung durch Gezeiten, windbedingte Wasserströmung). Als Folge davon kommt es zu einer horizontalen Verfrachtung organischen Materials.

Aus der Verteilung von Methan im Wasser und im Sediment ergeben sich Hinweise auf die Aktivität methanogener Organismen in diesem Ökosystem. Dabei muß jedoch berücksichtigt werden, daß die aktuelle Methankonzentration bestimmt wird durch

— die Methanbildung,
— die Methanverfrachtung (Diffusion, Strömung) und
— den Methanverbrauch (anaerobe und aerobe Oxydation).

Die Methankonzentrationen im Oberflächenwasser der offenen Ozeane (Tab. 13) sind zwar mit 0,0018—0,0031 μmol/l außerordentlich gering; dennoch übersteigen sie die bei einem Gleichgewicht mit dem atmosphärischen Methan zu erwartende Konzentration durchschnittlich um das 1,5fache. Die Ozeane wirken daher in weiten Teilen als Quelle für das atmosphärische Methan. In den darunteriegenden Wasserschichten kommt es zu einem signifikanten Anstieg der Mehankonzentrationen mit einem Maximum in einer Tiefe von 20—200 m, wobei

Tabelle 13. Methankonzentrationen im Meerwasser

Untersuchungsgebiet	Wassertiefe m	Methan-konzentration µmol CH_4/l	Literaturangabe
1. Offener Ozean			
Östlicher Nordpazifik	Oberfläche	0,0018–0,0028	BURKE et al. 1983
(tropische Region)	50–160	0,0032–0,0065	BURKE et al. 1983
	400	0,0006–0,0025	BURKE et al. 1983
	2300–4200	0,0001–0,0004	LAMONTAGNE et al. 1973 SCRANTON u. BREWER 1978
Westlicher Nordatlantik	Oberfläche	0,0022–0,0031	SCRANTON u. BREWER 1977
(subtropische Region)	100	0,0037	SCRANTON u. BREWER 1977
	500	0,0014	SCRANTON u. BREWER 1977
	1000–5000	0,0003–0,0023	SCRANTON u. BREWER 1978 LAMONTAGNE et al. 1973
Norwegische Grönlandsee	Oberfläche	0,0029	LAMONTAGNE et al. 1973
	2400	0,0008	LAMONTAGNE et al. 1973
Golf von Mexico	Oberfläche	0,0024	LAMONTAGNE et al. 1973
	3550	0,0009	LAMONTAGNE et al. 1973
Arabische See	Oberfläche	0,0023	LAMONTAGNE et al. 1973
	500	0,0019	LAMONTAGNE et al. 1973
	3261	0,0005	SCRANTON u. BREWER 1978
Sargassosee	Oberfläche	0,0019	SCRANTON u. BREWER 1978
Karibische See	Oberfläche	0,0019	SCRANTON u. BREWER 1978
	4418	0,0004	SCRANTON u. BREWER 1978
2. Küstengebiete			
Beringsee bei Alaska		0,004–0,0436	GRIFFITH et al. 1983
Chesapeak Bay	Oberfläche	0,022	LAMONTAGNE et al. 1973
Saanich Inlet	Oberfläche	0,020	LILLEY et al. 1983
	30	0,045–0,060	LILLEY et al. 1983
	125	0,005	LILLEY et al. 1983
	175	1,6	LILLEY et al. 1983
Walvis Bay, Namibia (Station 2247)	Oberfläche über dem Sed.	0,63 0,88	SCRANTON u. FARRINGTON 1977
Cape Lookout Bight	9	2	SANSONE u. MARTENS 1978

Tabelle 13 (Fortsetzung)

Untersuchungsgebiet	Wassertiefe m	Methan-konzentration µmol CH_4/l	Literaturangabe
3. Anoxische Becken			
Gotland/tief, Ostsee (zeitweise anoxisch)	240	0,3	HEYER et al. in Vorbereitung
Rotes Meer	2050	6,9	BURKE et al. 1981
Cariaco Trench (Ostbecken)	1200	7,3	REEBURGH 1976
Schwarzes Meer	1200	12,3	HEYER et al. in Vorbereitung
Framvaren Fjord (Südnorwegen)	177	25	LIDSTROM 1983
Lake Nitinat	200	71,4	LAMONTAGNE et al. 1973

die 2—3fache Sättigungskonzentration gegenüber dem Gleichgewicht erreicht werden kann. In den tieferen Wasserschichten nimmt die Methankonzentration wieder ab. Bereits ab 400—500 m Wassertiefe wird die Sättigungskonzentration mit dem atmosphärischen Methan unterschritten und liegt bei Wassertiefen unter 1000 m zwischen 10 und 30%. Die Frage nach der Herkunft des Methans in den oberen Wasserschichten kann noch nicht mit Sicherheit beantwortet werden. Durch die charakteristische vertikale Methanverteilung scheidet ein Transport des Methans aus den Sedimenten durch die sauerstoffhaltigen Wasserschichten als Erklärungsmöglichkeit aus. Statt dessen wird eine in-situ-Methanproduktion in diesen aeroben Wasserschichten vermutet, die jedoch nur in anaeroben Mikrostandorten (Protozoen, Darm von Fischen und anderen Meerestieren) stattfinden kann (OREMLAND 1979). In Küstennähe ist außerdem ein Lateraltransport des Methans aus den Küstensedimenten möglich. Entsprechend steigen auch die Methankonzentrationen im Oberflächenwasser mit der Annäherung an die Küste an und können in Flachwassergebieten, Buchten und Ästuaren mit hoher Produktivität und hohen Sedimentationsraten organischer Substanz im sauerstoffhaltigen Wasser 1 µmol/l übersteigen. Noch höhere Methankonzentrationen werden nur dann erreicht, wenn der schnelle Verbrauch des Methans bei der aeroben Oxydation durch die Entstehung anoxischer Verhältnisse im Wasser unterbunden wird. Solche Bedingungen entstehen zeitweise in hochproduktiven Flachwassergebieten im Winter unter der Eisdecke oder im Sommer bei Stagnationsbedingungen und hoher Wassertemperatur.

Auch in Meeresgebieten, in denen durch fehlende Wasserzirkulation und stabile Schichtung anoxische Tiefenwasserbereiche gebildet wurden, hat eine Anreicherung von Methan stattgefunden.
Insgesamt liegen jedoch die Methankonzentrationen im Meerwasser deutlich unter denen von limnischen Gewässern.
Die Ursachen dafür liegen neben den allgemein geringeren Methanbildungsraten vor allem in einer anderen Methanverteilung im Sediment. Während in den meisten limnischen Sedimenten die Methankonzentrationen bereits von der Grenzfläche zum Wasser an rasch zunehmen, sind die Methankonzentrationen in der Oberflächenschicht mariner Sedimente recht gering und steigen erst nach dem Verbrauch des Sulfats im Interstitialwasser an. In welcher Sedimenttiefe dies erreicht wird, hängt in erster Linie vom Eintrag der organischen Substanz in das Sediment ab. Bei hohen Sedimentationsraten organischer Substanz steigen die Methankonzentrationskurven im Sediment bereits nach 5—20 cm Tiefe an, und bei geringem Angebot an verwertbaren organischen Substanzen wird diese Zone erst nach einem bis mehreren Metern Sedimenttiefe erreicht (s. Tab. 14).
Die Lage dieser Grenzzone zwischen der oberen, sulfatreichen und methanarmen und der unteren, sulfatarmen und methanreichen Schicht kann sich bei Flachwassersedimenten im Jahresverlauf erheblich verschieben. Dies wird durch die periodische Zufuhr organischer Substanzen und durch den Wechsel der Bedingungen verursacht:

Sommer — Sedimentoberfläche wird durch erhöhten Sauerstoffverbrauch anoxisch; Sulfat wird bei hohen Sulfatreduktionsraten in der oberen Sedimentschicht verbraucht.
Winter — Sauerstoff und Sulfat dringen wegen der geringen Umsatzraten in tiefere Sedimentschichten vor.

In Sedimenten aus größeren Wassertiefen mit gleichmäßigen Wassertemperaturen und in den Sedimenten unter ständig anoxischen Wasserschichten fehlen dagegen diese Schwankungen. Die Methankonzentrationsprofile in den meisten weniger gestörten marinen Sedimenten haben einen charakteristischen konkav aufwärts gerichteten Kurvenverlauf, der sich nicht durch ein Diffusionsmodell erklären läßt.
Aus diesem Grunde hat man einen anaeroben Methanverbrauch in einer bestimmten Sedimentschicht angenommen. Inzwischen ist dieser Prozeß in marinen Sedimenten mehrfach mit Hilfe von $^{14}CH_4$ nachgewiesen worden (s. u.) und wird mit einer Desulfurikation in Zusammenhang gebracht. Vor allem in Sedimenten mit geringen Methanbildungsraten in den tieferen Sedimentschichten kann die anaerobe Methanoxydation entscheidend die Methanverteilung im Sediment beeinflussen. Nach Reeburgh (1976) werden in den

Tabelle 14. Methankonzentrationen in marinen Sedimenten

Untersuchungsgebiet	Wassertiefe m	Sedimenttiefe cm	Methankonzentration µmol CH_4/l	Literaturangabe
Küstensedimente Jütland	0,5	1	5	IVERSEN u. BLACKBURN 1981
(Juli)		17	80	
Marschsedimente Louisiana	1–1,5			WHELAN 1974
0–130 mg SO_4^{--}/l		2–8	142,7	
		64–69	325,6	
1590–1880 mg SO_4^{--}/l		0–5	0,4	
		88–93	0,5	
Long Island Sound	17	3–75	5,1–80,3	MARTENS 1974
Long Island Sound	1,5–4	50	1000	MARTENS u. BERNER 1974
Skagerrak	200	110	1000	IVERSEN u. JOERGENSEN 1985
Kattegat	65	170	800	IVERSEN u. JOERGENSEN 1985
Küstensedimente Nordfrankreich:	6	2	1200	WINFREY et al. 1981
Hafen Concarneau		15	3500	
Cariaco Trench	1200	0–40	10–40	REEBURGH 1976
		120	15800	
Santa Barbara Basin	590	100	44,6	BARNES u. GOLDBERG 1976
		475	13380	

Sedimenten der Cariaco Trench mehr als 90% des gebildeten Methans anaerob oxydiert.
Die maximalen Methankonzentrationen in marinen Sedimenten können jene von limnischen Sedimenten durch den höheren hydrostatischen Druck noch übertreffen. Bei Wassertiefen von über 500 m, einem hydrostatischen Druck von von mehr als 5 MPa, Temperaturen unter 5 °C und bei Sättigungskonzentrationen von Methan wird eine Bildung von festem Methangashydrat angenommen.
Die Blasenfreisetzung von Methan, die in limnischen Sedimenten recht häufig zu beobachten ist, kommt in marinen Sedimenten seltener vor und ist auf wenige Küstengebiete (Buchten, Ästuare) mit besonders hohem Eintrag organischer Substanz in das Sediment beschränkt.
Der Übertritt von Methan aus dem Sediment durch Diffusion in das Wasser wird wie bei limnischen Gewässern in der aeroben Oberflächenschicht des Sedimentes durch die Aktivität der methanotrophen Bakterien verhindert. Voraussetzung für die Wirksamkeit der Methanoxydation als Barriere für den Methanfluß ist eine kontinuierliche Versorgung des Sedimentes mit Sauerstoff. In den flachen Küstengewässern wird dies durch die intensive Wasserbewegung (Wellen, Gezeiten) und durch eine Sauerstoffbildung während der Photosynthese benthischer Algen gewährleistet. Wird diese Sauerstoffversorgung unterbrochen oder so vermindert, daß der Verbrauch größer als die Nachlieferung ist, dann wird die Sedimentoberfläche anoxisch. Da unter diesen Bedingungen eine aerobe Methanoxydation im Sediment nicht möglich ist, gelangt das Methan ungehindert aus dem Sediment in das Wasser. Auch in anoxischen marinen Becken fehlt die aerobe Methanoxydation im Sediment. Dieser Prozeß findet hier im Wasser an der Grenze zwischen anoxischem, methanhaltigem Tiefenwasser und sauerstoffhaltigem Oberflächenwasser statt.
Zusammenfassend ergibt sich, daß in großen Teilen der Meeresgebiete nahezu kein Methan aus dem Sediment in das Wasser übertreten kann infolge

— der geringen Primärproduktion,
— der sehr geringen Sedimentation organischer Substanz (bedingt durch den langen Sedimentationsweg),
— der Zurückdrängung der Methanogenese auf die tieferen sulfatfreien Sedimentschichten,
— der geringen Methanbildungsraten (s. u.),
— der anaeroben Oxydation des Methans und
— der aeroben Oxydation des Methans in den oberen Sedimentschichten.

Die geringen Methankonzentrationen im Tiefenwasser der Ozeane bestätigen diese Behauptung.
Welche Arten methanogener Bakterien an der Methanbildung in marinen Sedimenten beteiligt sind, geht aus der folgenden Übersicht hervor (Tab. 15).

Tabelle 15. Isolation methanogener Organismen aus marinen Sedimenten

Methanobacterium formicicum
Long Island Sound (Hines u. Buck 1982)
Arcachon Basin, Polynesien (Marty 1985)

Methanobacterium bryantii
Küste von Tahiti (Marty 1985)

Methanococcus voltae
Vaccassa Ästuar (Balch et al. 1979, Whitman et al. 1982)

Methanococcus vannielii
San Francisco Bay (Stadtman u. Barker 1951)

Methanococcus deltae
Golf von Mexico (Corder et al. 1983)

Methanococcus maripaludis
Pawley's Island Salzmarsch (Jones et al. 1983)

Methanococcus jannaschii
Hydrothermalquelle, Ostpazifik, 2600 m (Jones et al. 1983)

Methanococcus thermolithotrophicus
Geotherm erhitztes Seesediment, Neapel (Huber et al. 1982)

Methanococcus halophilus
Shark Bay, Australien, Cyanobakterienmatten (Zhilina 1983)

Methanococcus frisius
Nordseeküste (Blotevogel et al. 1986)

Methanomicrobium paynteri
Küste von Island (Rivard et al. 1983)

Methanogenium cariaci
Cariaco Trench, Atlantik (Romesser et al. 1979)

Methanogenium marisnigri
Schwarzes Meer (Romesser et al. 1979)

Methanogenium thermophilicum
Abflußkanal eines Kernkraftwerkes an der Küste Californiens (Rivard u. Smith 1982)

Methanococcoides methylutens
Küste von Californien (Sowers u. Ferry 1983)

Methanolobus tindarius
Küstennahe Teiche mit Seewasser, Sizilien (König u. Stetter 1982)

Methanosarcina mazei
Tange (Mah 1980)

Methanosarcina acetivorans
Küste von Californien (Sowers et al. 1984)

Die große Zahl der bisher nachgewiesenen Arten ist sicher auf die intensivere Untersuchung mariner Sedimente gegenüber anderen Habitaten zurückzuführen. Das Artenspektrum zeigt ein charakteristisches Bild mit einem Vorherrschen von schwach halophilen Vertretern der Gattungen *Methanococcus* (8 Arten), *Methanogenium* (3 Arten), *Methanolobus* und *Methanococcoides*. Die meisten Organismen sind an den Salzgehalt (Na^+ und Mg^{2+}) ihres Standortes angepaßt und werden in Medien ohne die erforderliche Natriumkonzentration lysiert. Als Zellbegrenzung besitzen diese Organismen nur eine dünne Proteinschicht (S-layer), deren Stabilität durch die erhöhten Na^+- und Mg^{2+}-Konzentrationen im Meerwasser gewährleistet wird.

Bemerkenswert ist, daß zu den Isolaten 7 der bisher bekannten Methanol- bzw. Methylamine- verwertenden methanogenen Organismen gehören. Systematische Untersuchungen über die Verbreitung und die Häufigkeit einiger Arten liegen bisher noch nicht vor, da die Mehrzahl der aufgeführten Organismen erst in den letzten Jahren entdeckt und beschrieben worden ist. Nur wenige Angaben sind über die Gesamtzahlen methanogener Bakterien in marinen Sedimenten publiziert worden. Die Bestimmungen wurden fast ausschließlich mit H_2/CO_2 bzw. Acetat als Substrat durchgeführt, so daß Organismen mit der Fähigkeit zur Verwertung von Methanol und Methylaminen ohne H_2/CO_2- und Acetat-Verwertung (z. B. *Methanococcoides methylutens*, *Methanolobus tindarius*, *Methanococcus halophilus*) nicht erfaßt sind. Die höchsten Zahlen wurden in pflanzenbewachsenen Marschsedimenten gefunden:

Sapelo Island Salzmarsch, Georgia (Jones u. Paynter 1980)

Short Spartina Region

0—2 cm	$3{,}2 \cdot 10^6$/g Sediment (Trockensubst.)
5—7 cm	$1{,}2 \cdot 10^7$/g Sediment
34—36 cm	$8{,}8 \cdot 10^2$/g Sediment

Tall Spartina Region

0—2 cm	$1{,}2 \cdot 10^6$/g Sediment (Trockensubst.)
5—36 cm	$9 \cdot 10^4$/g Sediment

James Island Creek, South Carolina (Jones u. Paynter 1980)

Tall Spartina Region

0—2 cm	$7{,}3 \cdot 10^5$/g Sediment (Trockensubst.)
5—7 cm	$9{,}5 \cdot 10^5$/g Sediment
12—14 cm	$3{,}3 \cdot 10^6$/g Sediment
20—22 cm	$4{,}0 \cdot 10^6$/g Sediment

Sediment ohne Spartina

$3{,}7$—$6{,}0 \cdot 10^4$/g Sediment

In anderen Küstensedimenten wurden geringere Keimzahlen methanogener Organismen bestimmt:

Connecticut, Ästuar (HINES u. BUCK 1982)
0–20 cm 10^4–10^5/g Sediment
Long Island Sound (HINES u. BUCK 1982)

Station D	2 cm	$1{,}3 \cdot 10^3$/g Sediment
	17 cm	$7{,}8 \cdot 10^1$/g Sediment
Station F	5 cm	$9{,}3 \cdot 10^3$/g Sediment
	18 cm	$3{,}9 \cdot 10^4$/g Sediment
	33 cm	$2{,}7 \cdot 10^1$/g Sediment
Station G	3 cm	$4{,}7 \cdot 10^1$/g Sediment
	13 cm	$5{,}6 \cdot 10^1$/g Sediment
	23 cm	$9{,}5 \cdot 10^3$/g Sediment

Französische Nordküste (WINFREY et al. 1981)
0–100 cm 10^1–10^3/ml Sediment.

Noch weniger methanogene Organismen enthielten die küstenferneren Sedimente:

Ostsee, verschiedene Stationen (LEIN et al. 1981)
0–100 bzw. 0–200 cm 10–10^3/g Sediment (feucht)
Golf von Californien (BELYAEV u. LAURINAVICHUS 1978)
35–170 cm $2{,}5 \cdot 10^1$–$2{,}5 \cdot 10^2$/g Sediment
Persischer Golf (BELYAEV u. LAURINAVICHUS 1978)
0–50 cm $2{,}5 \cdot 10^1$–$2{,}5 \cdot 10^3$/g Sediment
Arabische See (BELYAEV u. LAURINAVICHUS 1978)
0–200 cm 6–$6 \cdot 10^2$/g Sediment (feucht)
Beringsee (GORLATOV et al. 1986)
0–20 cm 5/ml Sediment

Bezüglich der Vertikalverteilung gibt es je nach Standortbedingungen erhebliche Unterschiede. In den meisten Fällen wurden jedoch die höchsten Zahlen methanogener Organismen in den obersten Sedimentschichten von 0–30 cm gemessen, wobei innerhalb dieser Zone die Maxima bei 5–20 cm lagen. Jahreszeitliche Schwankungen der Keimzahlen sind vor allem in den Oberflächensedimenten von Flachwassergebieten beobachtet worden.

Methanbildungsraten

Eine Einschätzung der Bedeutung der Methanogenese für den Stoffkreislauf mariner Sedimente wird erst nach der Bestimmung der Methanbildungsraten und ihrem Vergleich mit den anderen terminalen Prozessen des anaeroben Abbaus möglich.

Aus der Zusammenstellung der Methanbildungsraten (Tab. 16) von marinen Sedimenten geht hervor, daß die Werte im Durchschnitt geringer als in limnischen Sedimenten sind. Die Unterschiede zwischen verschiedenen Sedimen-

Tabelle 16. Methanbildungsraten in marinen Sedimenten

Untersuchungsgebiet	Wassertiefe m	Sediment-tiefe cm	Methanbildungs-rate $\mu mol\ CH_4/m^2 \cdot h$	Literaturangabe
Arabische See	520–1890	0–200	0,026–0,190	BELYAEV u. LAURINAVICHUS 1978
Schwarzes Meer	300–1000	0–30	0,40–0,50	HEYER et al. in Vorber.
Schwedische Westküste		0–5	0,5	GUNNARSON u. RÖNNOW 1982
Beringsee	2350–3850	0–110	0,38–1,05	GORLATOV et al. 1986
Beringsee, St. George Basin		0–10	0,5	GRIFFITH et al. 1983
Port Muller		0–10	160	GRIFFITH et al. 1983
Colne Point Salzmarsch		0–20	0,75–3,45	SENIOR et al. 1982
Santa Barbara Basin	590	0–300	7,5	BARNES u. GOLDBERG 1976
Cariaco Trench	1200	0–120	18,2	REEBURGH 1976
Ostsee, Golf von Riga	54	200	129,0	LEIN et al. 1981
mittlerer Teil	34–130	200	12,8	LEIN et al. 1981
Gotlandtief	240	200	2,19	LEIN et al. 1981
Ostsee, Boddengebiete	0,5	0–30	18–1670	HEYER et al. in Vorber.
Lowes Cove, Maine	0–3	0–10	40–140	KING et al. 1983
Chesapeak Bay Salzmarsch	0,5	0–15	51,3–224,4	LIPSCHULTZ 1981
Sapelo Island Salzmarsch				
Tall Spartina site		0–5	1,1	KING u. WIEBE 1978
Short Spartina site		0–11	27,5–1164	
Cape Lookout Bight, Winter	10–20	0–35	20–50	CRILL u. MARTENS 1983
Sommer			560–2000	

ten sind erheblich und reichen über 5 Größenordnungen. Die höchsten Methanbildungsraten wurden in Küstenbuchten gemessen, die als Falle für die vom Wassser transportierte organische Substanz wirken und daher durch einen hohen Eintrag partikulärer organischer Substanz in das Sediment ausgezeichnet sind. Die geringsten Raten wurden in den küstenfernen Sedimenten gefunden. Zu den Unterschieden in den Methanbildungsraten zwischen verschiedenen Meeresgebieten kommen noch die jahreszeitlichen Schwankungen und die Änderungen der Raten in den verschiedenen Sedimentschichten. In der Cape Lookout Bight lagen die Methanbildungsraten im Winter zwischen 20 und 50 $\mu mol/m^2 \cdot h$ und in der Zeit von Ende Mai bis Oktober zwischen 560 und 2000 $\mu mol\ CH_4/m^2 \cdot h$, wobei Methan in Form von Blasen abgegeben wurde (Crill u. Martens 1983). Ähnliches gilt für andere Flachwassersedimente.

Die Methanbildungsraten in den verschiedenen Sedimentschichten zeigen bei vielen marinen Standorten eine charakteristische Abstufung. In den oberen, sulfatreichen Sedimentschichten sind die Methanbildungsraten gering und steigen erst in den darunter liegenden sulfatarmen Sedimentschichten rasch an. Diese vertikalen Aktivitätsunterschiede der methanogenen Organismen erklären auch die bereits dargestellte Methanverteilung im Sediment. In welcher Tiefe diese Übergangszone auftritt, hängt von einer Reihe ökologischer Faktoren ab, insbesondere von der Menge der in das Sediment eingetragenen organischen Substanz. Die Bedeutung der Sulfatkonzentration für die Intensität der Methanbildung konnte auch durch in-vitro-Versuche nachgewiesen werden. Die Inkubation von marinen Oberflächensedimenten über einen längeren Zeitraum ergab nach dem Verbrauch des Sulfates einen steilen Anstieg der Methanbildungsraten. Andererseits konnte durch die Zugabe von Sulfat zu Sedimenten mit einer geringen Sulfatkonzentration und einer hohen Methanbildungsrate eine drastische Verminderung der Methanbildung erreicht werden. Diese Abhängigkeit der Methanogenese von der Sulfatkonzentration im Sediment ist jedoch keine direkte Beziehung, sondern sie wird über die metabolischen Wechselbeziehungen zwischen sulfatreduzierenden und methanogenen Organismen realisiert. Die wichtigsten Substrate für die beiden terminalen Prozesse des anaeroben Abbaus, Desulfurikation und Methanogenese, sind auch in marinen Sedimenten Acetat und H_2/CO_2, die bei hohen Sulfatkonzentrationen durch die thermodynamisch (höhere Energieausbeute) und kinetisch (höhere Affinität zu H_2 und Acetat) günstigere Desulfurikation unter Bildung von H_2S und CO_2 umgesetzt werden. Daher ist die Desulfurikation in marinen Oberflächensedimenten mit hohen Sulfatkonzentrationen der dominierende terminale Prozeß des anaeroben Abbaus. Durch den Sulfatverbrauch kommt es in den Sedimentschichten, wo die Sulfatreduktion die -nachlieferung aus dem Wasser durch Diffusion übersteigt, zu einer Sulfatlimitation der Desulfurikation. Unter diesen Bedingungen wird die Substratkonkurrenz zwischen Desulfurizierern und methanogenen Organismen aufgehoben und es kommt zu einer Verschiebung des Kohlenstoff- und Elektronenflusses von der Desulfurikation zur Methanogenese. Aus diesen Betrachtungen geht die große Bedeutung der Sulfatkonzentration als regulatorisches Prinzip für die Wechselbeziehungen zwischen Methanogenese und Desulfurikation hervor, das auch die Ursache für die räumliche Trennung der beiden Prozesse in verschiedene Sedimentbereiche bildet.

Für die Aufklärung dieser Zusammenhänge waren folgende Experimente ausschlaggebend:
— Durch die Zugabe von (2-^{14}C)-Acetat zu Sedimentschichten aus verschiedenen Horizonten und die Messung der daraus gebildeten Produkte $^{14}CO_2$ (Desulfurikation) und $^{14}CH_4$ (Methanogenese) konnte der Anteil der beiden Prozesse in den Sedimentbereichen mit verschiedenen Sulfatkonzentrationen in Kurzzeitversuchen bestimmt werden.
— Durch eine spezifische Hemmung der Desulfurikation (Zusatz von 20 mmol Na-molybdat/l) in Sedimentansätzen mit hoher Sulfatkonzentration wurde eine erhebliche Steigerung der Methanbildung erzielt, da die in der Kontrolle von den sulfatreduzierenden Organismen umgesetzten Substrate in den Molybdatansätzen für die Methanogenese zur Verfügung standen.
— Durch die Zugabe der von beiden Organismengruppen beanspruchten Substrate („kompetitive Substrate") H_2/CO_2 oder Acetat zu den Sedimentansätzen mit hoher Sulfatkonzentration konnte die Methanbildung erhöht werden, da durch den Substratüberschuß die Substratkonkurrenz aufgehoben wurde.

Durch die vorherrschende Stellung der sulfatreduzierenden Mikroorganismen im System des anaeroben Abbaus organischer Substanzen in marinen Ökosystemen und durch ihre metabolische Vielseitigkeit erfüllen sie sowohl die ökologische Funktion als terminale Organismen der anaeroben Abbaukette als auch die ökologische Funktion, die die wasserstoffbildenden acetogenen Organismen in limnischen Sedimenten und Biogasreaktoren bei der Umwandlung von Fettsäuren $> C_2$, Alkoholen $> C_1$ und anderen Verbindungen in Acetat, H_2 und CO_2 tragen. Im Gegensatz zu den methanogenen Organismen können bestimmte Arten von sulfatreduzierenden Bakterien Äthanol und höhere Alkohole, Propionat, Butyrat, Lactat und höhere Fettsäuren, Benzoat und andere Verbindungen entweder vollständig zu CO_2 oxydieren oder zu Acetat umsetzen, das dann durch andere Arten mit Sulfat oxydiert wird. Die Desulfurizierer können dadurch unmittelbar die Produkte der fermentativen Bakterien[1]) aufnehmen und als Energie- und Kohlenstoffquelle verwerten. Die anaerobe Abbaukette funktioniert in marinen Sedimenten ohne die Zwischenschaltung der wasserstoffbildenden acetogenen Mikroorganismen (Ward u. Winfrey 1985). Beim Fehlen von Sulfat übernehmen die Desulfurizierer die Funktion der

[1]) Anaerobe Mikroorganismen, die ihre Energie über einen Gärungsstoffwechsel gewinnen.

wasserstoffbildenden acetogenen Organismen und produzieren aus den komplexen organischen Verbindungen Acetat, H_2 und CO_2. Unter diesen Bedingungen müssen für einen vollständigen anaeroben Abbau wiederum die methanogenen Oganismen die Funktion als terminale Organismen erfüllen.

Die Zone der Sulfatreduktion beginnt im Sediment dort, wo kein Sauerstoff mehr eindringen kann und das Sediment anoxisch ist. Dies ist bei Sedimenten mit hohem Eintrag organischer Substanz wenige mm bis 1 cm unter der Sedimentoberfläche; die aerobe Sedimentzone kann sich aber auch bei starker Wasserturbulenz, photosynthetischer Sauerstoffproduktion auf der Sedimentoberfläche und durch die Aktivität der Tiere (Bioturbation, Irrigation) bis auf 10 cm Tiefe ausdehnen.

Die Intensität der Desulfurikation entscheidet darüber, wie schnell das Sulfat im Sediment verbraucht wird, d. h. wie steil der vertikale Sulfatkonzentrationsgradient im Sediment ist. Die wichtigsten ökologischen Einflußfaktoren für die Desulfurikation bei einer vorgegebenen Sulfatkonzentration in marinen Sedimenten sind die Menge der verwertbaren organischen Substanz und die Temperatur. Ein hoher Eintrag organischer Substanz in das Sediment und hohe Temperaturen führen über eine hohe Desulfurikationsrate in den obersten Sedimentschichten zu einem steilen Sulfatkonzentrationsgradienten, so daß bereits in Sedimentschichten von 5—10 cm Tiefe eine intensive Methanogenese einsetzt. Umgekehrt führen ein geringer Eintrag organischer Substanz in das Sediment und geringe Temperaturen über geringe Desulfurikationsraten nur zu einer allmählichen Abnahme der Sulfatkonzentration mit zunehmender Sedimenttiefe, so daß die Methanogenese erst in tieferen Sedimentschichten auftreten kann. Im ersten Fall ist die Menge der organischen Substanz, die die Zone der Desulfurikation passiert, groß und bildet die Grundlage für eine hohe Methanbildung. Im zweiten Fall steht wesentlich weniger organisches Material für die Methanbildung zur Verfügung und führt daher zu entsprechend geringen Raten. Bei einer extremen Substratlimitation der Desulfurikation kann das Sulfat bis zu mehreren Metern tief in das Sediment eindringen. Zum Beispiel wurde in den Sedimenten des Santa Barbara Basin erst in einer Sedimenttiefe zwischen 3 und 4 m die Sulfatkonzentration von 1 mmol/l unterschritten (Oberflächenkonzentration: 28,3 mmol SO_4^{--}/l) (KOSIUR u. WARFORD 1979). In den sulfatreichen marinen Oberflächensedimenten ist die Methanogenese nicht vollkommen unterbunden, sondern nur quantitativ eingeschränkt. Mit empfindlichen Methoden (Einsatz radioaktiv markierter Verbindungen) kann auch in diesen Sedimenten eine geringe Methanbildung aus H_2/CO_2 und Acetat nachgewiesen werden, wobei jedoch der Anteil der Methanogenese nur 0,1—5% des Gesamtumsatzes ausmacht. Bei Zufuhr von sehr großen Mengen organischer Substanz findet auch bei hohen Sulfatkonzentrationen eine intensive Methanbildung statt, weil durch den Substratüber-

schuß die Konkurrenz zwischen sulfatreduzierenden und methanogenen Organismen um Acetat und H_2 teilweise aufgehoben wird.
Schließlich muß noch darauf hingewiesen werden, daß es einige Substrate gibt (Monomethylamin, Dimethylamin, Trimethylamin, Methanol[1])), die nur von den methanogenen und nicht von den sulfatreduzierenden Organismen verwertet werden können und daher auch nicht diesen konkurrierenden Wechselbeziehungen unterliegen („nicht-kompetitive Substrate"). Diese in marinen Habitaten häufigen Verbindungen werden von bestimmten methanogenen Organismen unabhängig von der Sulfatkonzentration und der Desulfurikation metabolisiert.
Aus der bisherigen Darstellung ergibt sich, daß die Abhängigkeit der Methanbildung von den ökologischen Faktoren in marinen Sedimenten nur unter Berücksichtigung der engen Wechselbeziehungen zwischen methanogenen und sulfatreduzierenden Organismen zu verstehen ist, d. h. bei der Beurteilung der Wirksamkeit eines ökologischen Faktors auf die Methanogenese muß stets der indirekte Einfluß über die Desulfurikation beachtet werden. Die Methanbildungsraten sind in marinen Sedimenten im Durchschnitt geringer als in limnischen Sedimenten, da ein großer Teil der sedimentierten organischen Substanz in den sulfatreichen Oberflächensedimenten über die Desulfurikation mineralisiert wird.
Die wichtigsten Einflußfaktoren für die Methanbildung sind:

— **Organische Substanz**

Hier gibt es sowohl direkte als auch indirekte Wirkungen (Abb. 12).
Die Menge der organischen Substanz, die das Sediment erreicht, hängt ab von der Wassertiefe (bei großen Wassertiefen ist der Anteil gering, da während der Sedimentation der Abbau stattfindet), von den Strömungsverhältnissen (Verfrachtungen) und von der Morphometrie des Meeresgrundes und der Küstenlinie (Entstehung von Sedimentfallen für das horizontal verfrachtete Material in Einsenkungen und Buchten).

— **Sulfatkonzentration**

Die regulierende Wirkung dieses indirekten Faktors auf den Kohlenstoff- und Elektronenfluß wurde bereits dargestellt. In Meeresgebieten mit einem geringeren Sulfatgehalt (Ästuare, Brackwassergebiete) sind die Bedingungen für die Methanogenese günstiger als in Gebieten mit hohem Sulfatgehalt.

---

[1]) Methanol-verwertende Desulfurizierer sind zwar kürzlich von Braun u. Stolp (1985) u. Nanninga u. Gotschal (1986) beschrieben worden; nach bisherigen Sedimentversuchen scheinen sie aber keine große ökologische Bedeutung zu haben.

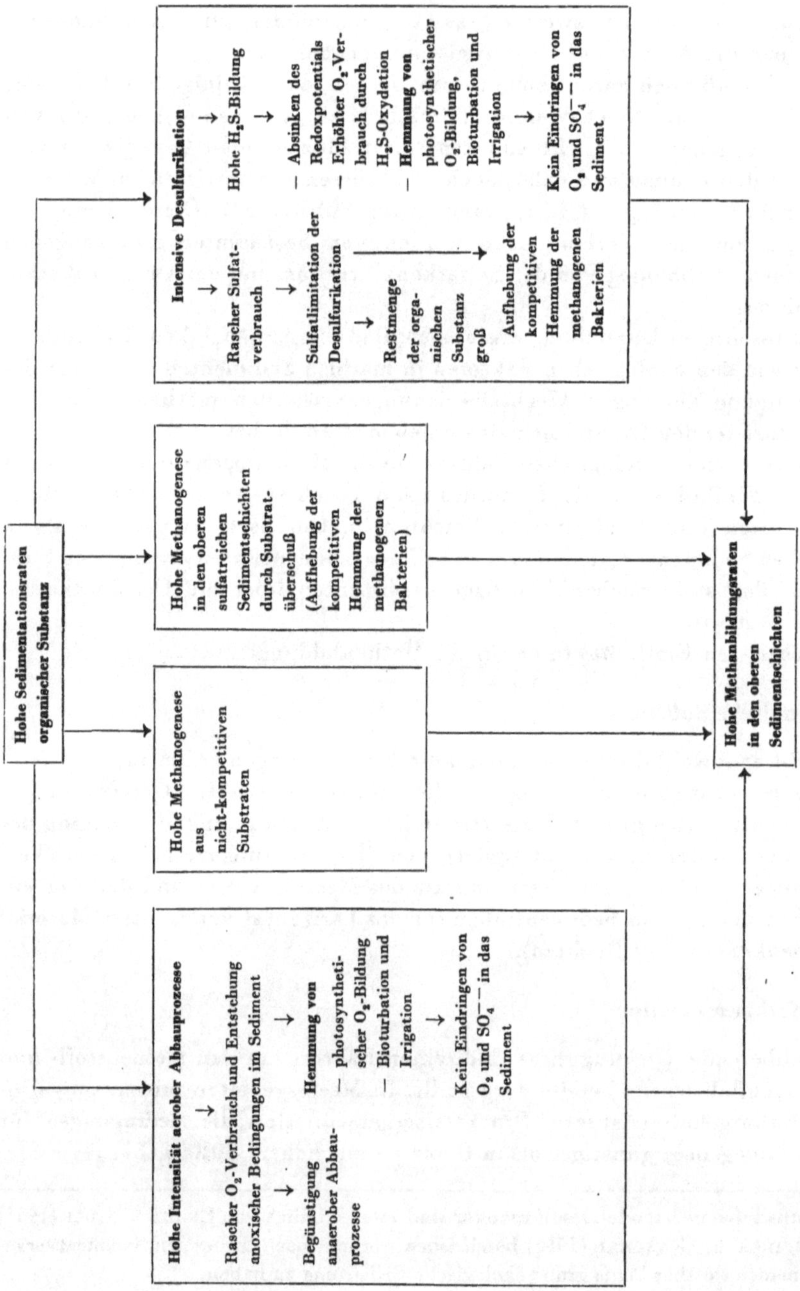

Hohe Sedimentationsraten organischer Substanz
Hohe Intensität aerober Abbauprozesse
Rascher O_2-Verbrauch und Entstehung anoxischer Bedingungen im Sediment
Begünstigung anaerober Abbauprozesse
Hemmung von
– photosynthetischer O_2-Bildung
– Bioturbation und Irrigation
Kein Eindringen von O_2 und SO_4^{--} in das Sediment
Hohe Methanogenese aus nicht-kompetitiven Substraten
Hohe Methanogenese in den oberen sulfatreichen Sedimentschichten durch Substratüberschuß (Aufhebung der kompetitiven Hemmung der methanogenen Bakterien)
Intensive Desulfurikation
Rascher Sulfatverbrauch
Sulfatlimitation der Desulfurikation
Restmenge der organischen Substanz groß
Aufhebung der kompetitiven Hemmung der methanogenen Bakterien
Hohe H_2S-Bildung
– Absinken des Redoxpotentials
– Erhöhter O_2-Verbrauch durch H_2S-Oxydation
– Hemmung von photosynthetischer O_2-Bildung, Bioturbation und Irrigation
Kein Eindringen von O_2 und SO_4^{--} in das Sediment
Hohe Methanbildungsraten in den oberen Sedimentschichten

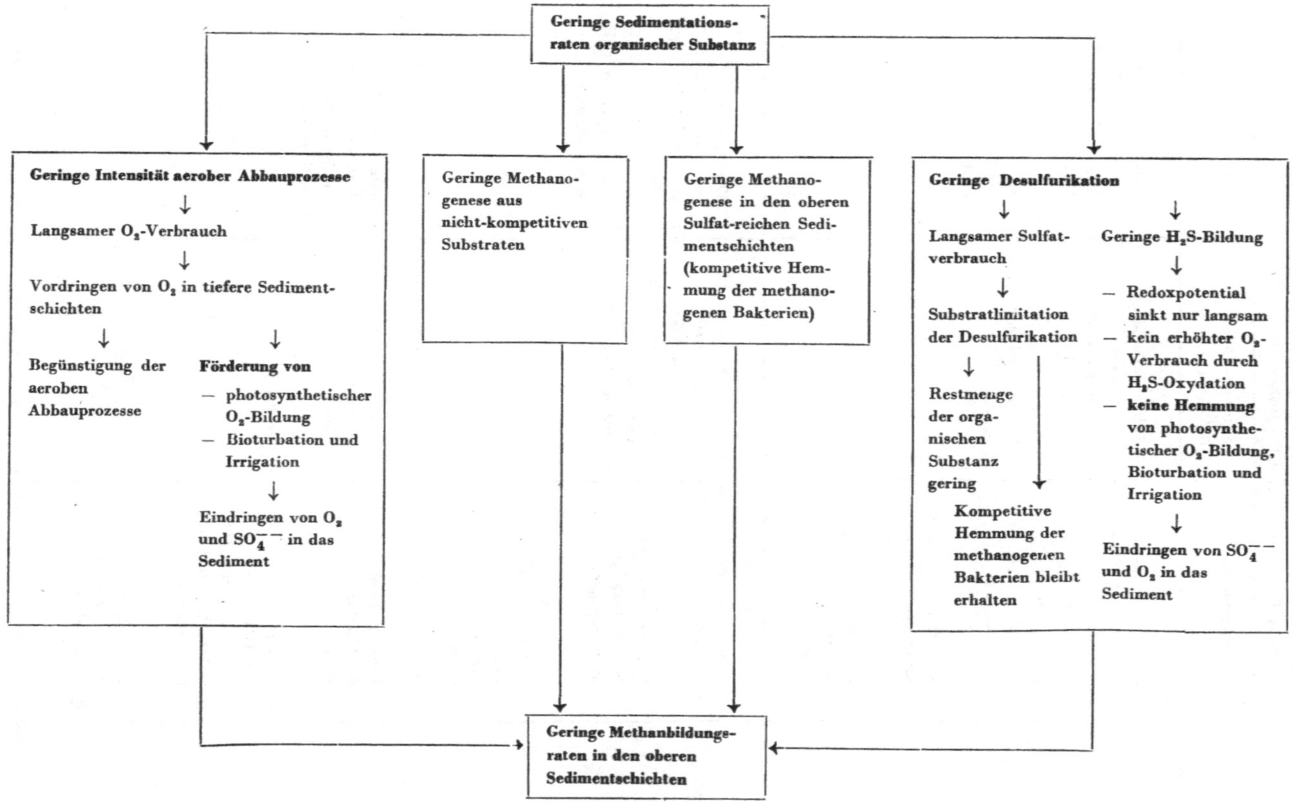

Abb. 12. Direkter und indirekter Einfluß der organischen Substanz auf die Methanogenese in marinen Sedimenten

	Förderung $\oplus$ / Hemmung $\ominus$ der Methanogenese		
	Wasserbewegung	Sedimentations-bedingungen	Licht
Offene Flachwasser-gebiete (1)	Durch Wind und Gezeiten starke Wasserbewegung --→ ↓ Ständiger Wasseraustausch an der Sedimentoberfläche ↓ Förderung von Bioturbation und Irrigation ↓ Eindringen von SO_4^{--} und O_2 in das Sediment $\ominus$	Sedimentation durch starke Wasserbewegung gestört ↓ Geringe Sedimentation organischer Substanz $\ominus$	Starke photosynthetische Sauerstoffbildung durch benthische Algen ↓ Verstärktes Eindringen von O_2 in das Sediment $\ominus$
Buchten, Einsenkungen in Flachwassergebieten (2)	Wasserbewegung vermindert --→ ↓ Wasseraustausch an der Sedimentoberfläche geringer als bei (1) ↓ Bioturbation und Irrigation nur in den obersten Sedimentschichten $\oplus$ $\ominus$	Erhöhte Sedimentation organischer Substanz, da diese Gebiete als Falle für horizontal verfrachtete organische Substanz wirken $\oplus$	Photosynthetische Sauerstoffbildung durch benthische Algen ↓ Eindringen von O_2 in das Sediment $\ominus$
Tiefe Meeresgebiete (3)	Wasserbewegung in der Tiefe stark eingeschränkt ↓ Wasseraustausch an der Sedimentoberfläche nur durch Diffusion, Bioturbation und Irrigation ↓ Eindringen von SO_4^{--} und O_2 in das Sediment geringer als bei (1) $\oplus$ $\ominus$	Langer Sedimentationsweg mit aerobem Abbau ↓ Geringe Sedimentation organischer Substanz $\ominus$	Keine photosynthetische Sauerstoffbildung auf der Sedimentoberfläche $\oplus$

	Förderung ⊕ / Hemmung ⊖ der Methanogenese		
	Wasserbewegung	Sedimentationsbedingungen	Licht
Anoxische marine Becken (4)	Wasserbewegung fehlt im Bereich der anoxischen Wasserschicht ↓ ⊕ Keine Bioturbation und Irrigation ↓ ⊕ Kein O_2 an der Sedimentoberfläche ↓ ⊕ Eindringen von SO_4^{--} durch Diffusion in das Sediment durch Konzentrationsabfall im Wasser vermindert	⊕ Ungestörte Sedimentation ohne aerobe Abbauprozesse	⊕ Keine photosynthetische Sauerstoffbildung auf der Sedimentoberfläche

Abb. 13. Einfluß verschiedener ökologischer Faktoren auf die Methanogenese in bestimmten Bereichen mariner Ökosysteme

— **Temperatur**

Die Temperatur wirkt in gleicher Weise auf die Methanbildung und auf die indirekten Prozesse. Sie ist jedoch nur für marine Flachwassergebiete, in denen genügend große jahreszeitlich bedingte Temperaturschwankungen vorkommen, ökologisch bedeutsam.

— **Verschiedene Faktoren,** die das Eindringen von Sauerstoff und Sulfat in das Sediment beeinflussen und damit indirekt auf die Methanogenese wirken (Abb. 13).

Substrate für die Methanogenese

Der Anteil der beiden wichtigsten Substrate an der Methanbildung ist in verschiedenen Meeressedimenten unterschiedlich, ohne daß es dafür bisher eine Erklärung gibt:

	% Methanbildung aus	
	H_2/CO_2	Acetat
Golf von Californien	86—99,5	0,5—14
Persischer Golf, Golf von Oman	74—100	0—26
Arabische See (St. 1960, 1961)	4—63	37—96

(Belyaev u. Laurinavichus 1978)

Beringsee	29—100	0—71
(GORLATOV et al. 1986)		
Ostsee, mehrere Stationen	94—99	1—6
Ostsee, Station 2618	55,5	44,5
(LEIN et al. 1981)		
Lowes Cove, Maine	40	0,5—5
(KING et al. 1983)		
Cape Lookout Bight		> 50
(SANSONE u. MARTENS 1981)		
Delaware Inlet 2 cm	100	0
12 cm	30	65
(MOUNTFORT et al. 1980)		
Colne Point Salzmarsch	10	
(SENIOR et al. 1982)		

In den meisten Sedimenten wird der größere Anteil des Methans durch CO_2-Reduktion mit Wasserstoff gebildet. Das Verhältnis der beiden Substrate verändert sich jedoch mit der Sedimenttiefe. Während in der Oberflächenschicht Acetat fast ausschließlich über die Desulfurikation zu CO_2 oxydiert wird, kann es in tieferen Sedimentschichten zum bevorzugten Methanprecursor werden. Bei einem Vergleich der mit Hilfe von $^{14}CO_2$ und ^{14}C-Acetat ermittelten Methanbildungsraten mit den Gesamtmethanbildungsraten (bestimmt durch die Messung der Methanzunahme in der Zeit) fanden einige Autoren (SENIOR et al. 1982, KING et al. 1983) erhebliche Differenzen, die sie mit einer Methanbildung aus „nicht-kompetitiven Substraten" erklären konnten. Von ökologischer Bedeutung scheint dabei Trimethylamin zu sein, daß nach KING et al. (1983) mit 35—64% an der Gesamtmethanbildung in sulfatreichen Sedimentschichten beteiligt war. Die Verwertung von Trimethylamin konnte durch eine Stimulation der Methanbildung nach Zugabe zu Sedimentaufschwemmungen bestätigt werden (OREMLAND et al. 1982, OREMLAND u. POLCIN 1982, WINFREY u. WARD 1983), wobei 80—90% des Substrates in Methan umgewandelt wurden. Schließlich gelang auch der Nachweis von Trimethylamin in marinen Sedimenten in geringen Konzentrationen (2—3 µmol/l KING et al. 1983). Bei einer spezifischen Hemmung der Methanogenese mit Bromethansulfonsäure wurde eine Anreicherung von Trimethylamin im Sediment beobachtet (OREMLAND et al. 1982).

Die Quellen für Trimethylamin sind vor allem:

— Trimethylaminoxid (in Fischen),

— Choline (in Membranlipiden von Bakterien, Algen, höheren Pflanzen und Tieren) und

— Glycinbetain (Osmoregulator in zahlreichen marinen Bakterien, Makroalgen, höheren Pflanzen und Tieren). Die Konzentration von Glycinbetain erreicht in den Geweben oft 100 µmol/g Trockensubstanz, in der Pflanze Spartina sogar 160—258 µmol/g Trockensubstanz.

Diese 3 Verbindungen werden durch verschiedene anaerobe Bakterien in Trimethylamin und Acetat umgewandelt.
Die Zugabe von Cholin und Glycinbetain zu sulfatreichen Sedimentansätzen führte auch zu einer raschen Erhöhung der Methanbildung (King 1984). Die bevorzugte Isolation Trimethylamin-verwertender methanogener Organismen aus marinen Habitaten spricht auch für eine ökologische Bedeutung von Trimethylamin als Precursor für die Methanbildung in marinen Ökosystemen. Da diese Verbindung nicht durch Desulfurizierer verwertet werden kann und außerdem in marinen Sedimenten weit verbreitet ist, wird sie für das wichtigste methanogene Substrat in sulfatreichen Sedimenten gehalten.
Auch Methanol kann als Substrat für die Methanogenese in sulfatreichen Sedimenten dienen. Die Zugabe zu Sedimentansätzen bewirkte eine erhebliche Steigerung der Methanbildung, wobei 80—100% des zugesetzten Substrates in Methan umgewandelt wurden (Oremland et al. 1982). Als Produkt des Lignin- und Pectinabbaus konnte Methanol in Konzentrationen von 1,5—3,3 µmol/l in Sedimenten nachgewiesen werden (King et al. 1983). Ob es in bestimmten marinen Habitaten auch von Desulfurizierern verwertet wird, die dann bei geringen Substratkonzentrationen wegen der energetisch günstigeren Umsetzung mit den methanogenen Organismen um das Substrat konkurrieren, wird zur Zeit unterschiedlich beurteilt.
Die beiden wichtigsten ökologischen Funktionen der methanogenen Organismen in anaeroben marinen Sedimenten sind:

— die Umwandlung von H_2/CO_2 und Acetat in Methan und CO_2 in den sulfatfreien Sedimentschichten und
— die Mineralisation von Trimethylamin, Dimethylamin und eventuell Methanol unter Bildung von Methan und CO_2 in den sulfatreichen Sedimentschichten.

Welchen Anteil diese Aktivitäten an der gesamten anaeroben Mineralisation haben, wird aus den nachfolgenden Bilanzierungen sichtbar.

Anteil der Methanogenese an der gesamten anaeroben Mineralisation in %:

Limfjord, Dänemark (Jörgensen 1977)	
Sulfatreiche Oberflächensedimente	0
Küstensedimente Nordfrankreich (Winfrey u. Ward 1983)	
Sulfatreiche Oberflächensedimente	0,1—1

Ostseesedimente verschiedene Stationen (LEIN et al. 1981)	
Sulfatreiche Oberflächensedimente	5
Colne Point Salzmarsch, England (SENIOR et al. 1982)	
0—20 cm Sedimentschicht	0,5—3
Schwarzes Meer (HEYER et al. in Vorber.)	
1200 m Tiefe, 0—10 cm Sedimentschicht	2,6
Cape Lookout Bight (CRILL u. MARTENS 1983)	
Winter	1—4
Sommer	18—77
1—5 cm Sedimenttiefe	1
19—23 cm Sedimenttiefe	97
Boddensedimente der Ostsee (HEYER et al. in Vorber.)	
0—10 cm Sedimenttiefe	15—67
Biscayne Bay, Florida (OREMLAND u. TAYLOR 1978)	
Sulfatreiche Oberflächensedimente	3
Delaware Inlet, Neuseeland (MOUNTFORT et a. 1980)	
2 cm Sedimenttiefe	4
8 cm Sedimenttiefe	81
Port of Concarneau, Frankreich (WINFREY et al. 1981)	
0—5 cm Sedimenttiefe	4
20—30 cm Sedimenttiefe	33

Daraus ergibt sich ein deutlicher Unterschied im Anteil der Methanogenese am anaeroben Abbau zwischen den Bereichen mit hohem Eintrag organischer Substanz in das Sediment (z. B. Cape Lookout Bight, Boddengewässer der Ostsee) und entsprechend hohen Methanbildungsraten und den Bereichen mit geringer Methanbildung. Die Bedeutung der Methanogenese nimmt mit der Menge der sedimentierten organischen Substanz zu und kann unter bestimmten Bedingungen auch in marinen Sedimenten den Anteil der Desulfurikation an der Mineralisation übersteigen. Die sehr geringen Werte (0—1%) gelten nur für die sulfatreichen Oberflächensedimente, wobei in diesen Untersuchungen die Methanbildung aus den „nicht-kompetitiven Substraten" unberücksichtigt blieb. In tieferen Sedimentschichten ohne Sulfat wird die Methanogenese zum dominierenden Prozeß.

Kalkulationen der Methanbildung in Beziehung zum gesamten Kohlenstoffkreislauf sind nur für die Chesapeak Bay publiziert worden (LIPSCHULTZ 1981). Durch die Methanogenese wurden hier 7—13% des Kohlenstoffs aus der Primärproduktion umgesetzt. Die Bezugnahme auf die Primärproduktion ist in vielen Küstenbereichen nicht sehr sinnvoll, da infolge der starken Wasserbewegung die partikuläre organische Substanz verfrachtet wird und bevorzugt in Buchten und Einsenkungen sedimentiert.

Bei der Mineralisation der in das Sediment eingetragenen organischen Substanz entscheidet die Eindringtiefe des Sauerstoffs, wieviel von der organischen Substanz aerob bzw. anaerob abgebaut wird. Je größer die Sedimentationsrate der organischen Substanz ist, desto schneller wird der Sauerstoff aufgezehrt und desto höher wird der Anteil der anaerob mineralisierten organischen Substanz sein. In Küstensedimenten werden etwa 50% der organischen Substanz anaerob mineralisiert (JOERGENSEN 1983); in tieferen Meeresgebieten nimmt dieser Anteil ab, während in Buchten und Einsenkungen zunehmend mehr organische Substanz anaerob abgebaut wird. In Gebieten mit einer anoxischen Sedimentoberfläche ist ein aerober Abbau nur noch im Wasser möglich.

2.5.4. Methanogenese im Pansen der Wiederkäuer

Der Intestinaltrakt von Wiederkäuern und von anderen pflanzenfressenden Tieren ist eine der wichtigsten Quellen des atmosphärischen Methans. Zum Unterschied von den anderen Ökosystemen wird das gebildete Methan unbeeinflußt von biologischen Oxydationsvorgängen vollständig in die Atmosphäre freigesetzt. Im Pansen von Rindern werden dabei Methanbildungsraten erreicht, die 100- bis 1000fach größer sind als jene in aquatischen Sedimenten. Der Grund dafür liegt in den spezifischen Bedingungen, unter denen sich im Verlaufe der Evolution eine komplexe anaerobe Mikrobengemeinschaft von hoher Dichte und hoher Aktivität mit zahlreichen Wechselbeziehungen herausgebildet hat. Der Pansen kann als ein semikontinuierlich betriebener Fermentor angesehen werden, in dem durch die Tätigkeit der Mikroorganismen pflanzliche Biomasse aufgeschlossen und damit für die Energiegewinnung und für die Ernährung des Rindes nutzbar gemacht wird.
Die wichtigsten Bedingungen sind:

— Hohe Konzentration organischer Stoffe;
— semikontinuierliche Zufuhr der organischen Stoffe (Nahrungsaufnahme);
— wiederholte Zerkleinerung (Wiederkäuen) der organischen Substanz (zur Vergrößerung der Angriffsfläche für den enzymatischen Aufschluß);
— ständige Durchmischung von Futter, Mikroorganismen und Speichel durch Pansenkontraktionen;
— gleichmäßige, optimale Temperatur von 39 °C;
— Redoxpotential von —350 mV;
— anaerobe Bedingungen (die mit der Nahrung aufgenommene geringe O_2-Menge der Luft wird sehr schnell durch fakultativ anaerobe Mikroorganismen verbraucht);
— konstanter pH-Wert von 6,5

(Der pH-Wert wird reguliert durch ein Puffersystem aus HCO_3^-, das mit dem Speichel und z. T. auch über das Blut in den Pansen gelangt, und CO_2 aus den mikrobiellen Umsetzungen. Durch das Puffersystem wird ein pH-Abfall als Folge der intensiven Säurebildung bei der Fermentation verhindert.);

— schnelle Resorption der gebildeten organischen Säuren durch die Pansenwand (Dadurch wird ein Anstau der Verbindungen bis zu toxischen Konzentrationen verhindert.);

— semikontinuierliche Abgabe von unverdauten Nahrungsresten und Mikroorganismen in das darauffolgende Darmsystem (Die Verweilzeit der flüssigen Phase beträgt zwischen 0,7 und 1 Tag und die der festen Bestandteile, die beim Wiederkäuen nochmals zerkleinert werden, etwa 2 Tage.).

Diese Bedingungen haben zur Selektion einer angepaßten Mikroflora geführt, die aus zahlreichen obligat anaeroben Bakterien und aus Protozoen besteht. Dabei werden Zelldichten von 10^{10}—10^{11} Bakterienzellen/ml Pansenflüssigkeit und 10^5—10^6 Protozoenzellen/ml erreicht und durch die kontinuierliche Vermehrung erhalten (WOLIN 1979).

99% der Bakterien sind obligat anaerob. Sie sind an Temperatur, pH-Wert, an das Substratspektrum im Pansen und durch eine entsprechende Vermehrungsrate an die Verweilzeit angepaßt. Die relativ konstanten Bedingungen im Pansen und die vielfältigen Wechselbeziehungen zwischen den Mikroorganismen untereinander garantieren die Erhaltung der qualitativen und quantitativen Zusammensetzung dieser spezifischen Mikroflora, obwohl es sich um ein offenes System handelt, in das von außen ständig verschiedenartige Mikroorganismen eingetragen werden. Die starke Differenzierung der Pansenmikroflora in verschiedenartige physiologische Gruppen macht es außerdem möglich, auf Veränderungen der Nahrungszusammensetzung durch Verschiebungen innerhalb der physiologischen Gruppen unter Beibehaltung der Gesamtfunktion zu reagieren. Der Wirtsorganismus ist nicht in der Lage, den Hauptteil der mit der Nahrung aufgenommenen polymeren Pflanzensubstanzen direkt zu verwerten, da ihm dazu die notwendigen Enzyme fehlen. Das gilt vor allem für das quantitativ vorherrschende Substrat Cellulose. Die Funktion der Pansenmikroflora für den Wirtsorganismus besteht (Abb. 14)

— im enzymatischen Aufschluß der polymeren Verbindungen Cellulose, Hemicellulose, Pectin, Stärke,

— in der fermentativen Umwandlung der Hydrolyseprodukte in resorbierbare niedermolekulare Fettsäuren für die Energiegewinnung und die Zellsubstanzsynthese,

— in der Synthese von mikrobiellem Eiweiß aus den Mineralisationsprodukten der Pflanzensubstanz als Eiweißquelle für den Wirtsorganismus und

— in der Bildung von Vitaminen und Wirkstoffen.

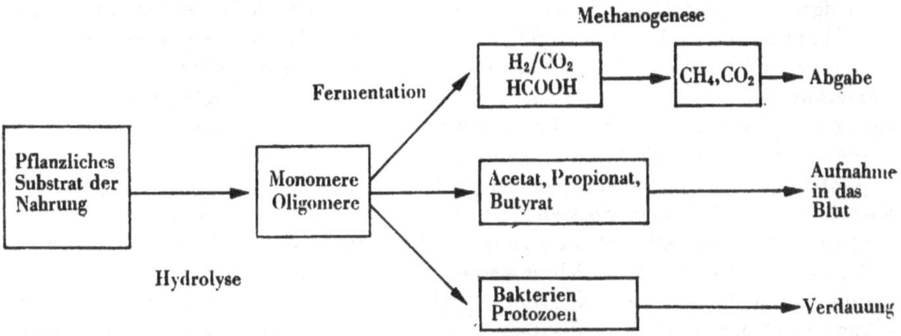

Abb. 14. Schematische Darstellung des anaeroben Abbaus der pflanzlichen Nahrung im Pansen von Wiederkäuern

Der Wirtsorganismus bietet für die Mikroorganismen optimale Bedingungen für die Aktivität und für die Vermehrung. Die methanogenen Mikroorganismen stehen auch im Pansen am Ende der anaeroben Abbaukette. Daher sollen zunächst die ersten Abbaustufen und die daran beteiligten Mikroorganismen behandelt werden, zumal für dieses Ökosystem umfassende Kenntnisse vorliegen. Die häufigsten Bakterienarten des Pansens sind in der Tabelle 17 zusammengestellt.

Tabelle 17. Beispiele für anaerobe Bakterien im Pansen (WOLIN 1979)

Organismus	**Substrate**	**Produkte**
Ruminococcus albus	Cellulose, Xylan	Acetat, Ethanol, Formiat, H_2
Ruminococcus flavefaciens	Cellulose, Xylan, Glucose	Acetat, Succinat, Formiat, H_2
Bacteroides succinogenes	Cellulose, Glucose, Pectin	Acetat, Succinat
Butyrivibrio fibrisolvens	Cellulose, Xylan, Stärke, Glucose, Pectin	Butyrat, Formiat, H_2
Selenomonas ruminantium	Stärke, Glucose	Acetat, Propionat, Lactat
Bacteroides amylophilus	Stärke	Acetat, Succinat, Formiat
Bacteroides ruminicola	Stärke, Xylan, Glucose	Acetat, Succinat, Formiat
Streptococcus bovis	Stärke, Glucose	Lactat
Succinomonas amylolytica	Stärke, Glucose	Succinat
Lachnospira multiparus	Xylan, Pectin	Acetat, Ethanol, Formiat, Lactat, H_2
Eubacterium ruminantium	Xylan, Glucose	Butyrat, Formiat, Lactat
Veillonella alcalescens	Lactat	Acetat, Propionat, H_2

Die aufgenommene, zerkleinerte und mit Speichel vermischte pflanzliche Nahrung wird im Pansen mit der Mikroflora in Kontakt gebracht. Durch extrazelluläre Enzyme werden die polymeren Substanzen in die löslichen Oligomeren und Monomeren hydrolysiert. Einige Organismen benötigen dabei den unmittelbaren Kontakt zum Substrat, so daß ein Aufwuchs der Bakterien auf den Pflanzenteilen vorkommt. Die löslichen Kohlenhydrate werden durch die gleichen Organismen oder durch andere Organismen über verschiedene anaerobe Gärungen in Acetat, Propionat, Butyrat, CO_2, H_2 und Formiat umgewandelt. Kultiviert man die Pansenorganismen als Reinkulturen, dann ist das Produktspektrum um Lactat, Succinat, Ethanol und andere Verbindungen erweitert. Warum diese Verbindungen im Pansen nicht angereichert werden, hat verschiedene Gründe:

Lactat wird im Pansen in geringer Menge gebildet, z. B. durch *Selenomonas ruminantium*; es kann aber keine hohen Konzentrationen erreichen, da es sofort von anderen Organismen, z. B. *Veillonella alcalescens*, zu Acetat umgesetzt wird. Succinat ist ein wichtiges Endprodukt des anaeroben Stoffwechsels verschiedener Pansenorganismen (*Succinomonas amylolytica*, *Bacteroides succinogenes*). Etwa 1/4 davon wird durch die Mikroorganismen zur Synthese von Glutaminsäure assimiliert, während der größte Teil durch Decarboxylierung in Propionat umgewandelt wird (*Selenomonas ruminantium*).

Ethanol wird im Pansen kaum gebildet, da trotz hoher Wasserstoffproduktion im Verlaufe der Fermentation durch intensive wasserstoffverbrauchende Stoffwechselprozesse der Partialdruck für H_2 außerordentlich gering ist (10^{-4} mol/l). Unter diesen Bedingungen werden bei der Fermentation mehr oxydierte Endprodukte wie Acetat statt Ethanol freigesetzt.

Die Hauptprodukte des Energiestoffwechsels der fermentativen anaeroben Mikrobengesellschaft des Pansens sind die Fettsäuren Essigsäure, Propionsäure und Buttersäure. Im Pansen eines Rindes werden täglich aus dem cellulosehaltigen Futter 3,7 kg Essigsäure, 1,1 kg Propionsäure und 0,6 kg Buttersäure gebildet (Wolin 1979). Das Bicarbonat-Puffersystem verhindert durch die Neutralisation der Säuren ein Absinken des pH-Wertes. Gleichzeitig entsteht dabei der Hauptteil der im Pansen erzeugten CO_2-Menge. Die Fettsäuren werden sofort durch den Wirtsorganismus resorbiert. Sie durchdringen die semipermeable Pansenwand und werden vom Blutstrom aufgenommen. Propionat kann unmittelbar zur Synthese von Kohlenhydraten genutzt werden, während Acetat und Butyrat zur Energiegewinnung oxydiert werden. Die relativ geringen Konzentrationen dieser organischen Säuren im Pansen zeigen die hohe Effektivität des Resorptionsvorganges. Auch die anderen polymeren Bestandteile der Nahrung, wie Fette und Eiweiße, werden rasch hydrolysiert. Ein kleiner Teil der Aminosäuren wird durch bestimmte Pansenorganismen assimiliert; die meisten Bakterien nehmen jedoch den Stickstoff in Form von NH_4^+ auf. Die Synthese von mikrobiellem Eiweiß bei der Vermehrung der Mikroorganismen im Pansen ist ein entscheidender Prozeß für die Versorgung des Wirtes mit Eiweiß. Nach dem Verlassen des Pansens werden die Mikroorganismen auf dem Wege durch die weiteren Darmabschnitte hydrolysiert, und die Aminosäuren werden durch den Wirt resorbiert. Unverdaute Mikroorganismen, nicht aufgeschlossene Nahrungsreste und die Mikroorganismen des letzten Darmabschnittes werden dann vom Tier ausgeschieden.

Am Aufschluß der Nahrung und an den fermentativen Prozessen im Pansen sind neben den anaeroben Bakterien auch zahlreiche anaerobe Protozoen beteiligt. Es sind vor allem 2 große Gruppen von Ciliaten, die *Holotrichia* und die *Entodiniomorpha*, die mit zahlreichen

Arten im Pansen vorkommen (HUNGATE 1975). Einige Arten sind in der Lage, Cellulose und Stärke zu hydrolysieren, andere verwerten lösliche Kohlenhydrate. Der Anteil der Protozoen am Gesamtumsatz der Cellulose als dem wichtigsten Substrat wird jedoch gering eingeschätzt, da die cellulolytischen Pansenciliaten nur einen kleinen Teil der Protozoenfauna ausmachen. Die Produkte des Protozoenstoffwechsels sind Acetat, Butyrat, Lactat, H_2 und CO_2. Bei reichlichem Angebot an löslichen Kohlenhydraten wird in den Zellen Stärke gespeichert, die nach dem Aufschluß der Protozoen in den folgenden Darmabschnitten dem Wirt als weitere Kohlenhydratquelle dient. Ein Teil der Protozoen verwertet auch Bakterien. Dieser Umwandlungsprozeß von Bakterieneiweiß in Protozoeneiweiß ist für den Wirt von Vorteil, da Protozoen leichter verdaut werden als Bakterien. Die Zahl der Protozoen im Pansen ist zwar wesentlich geringer als jene der Bakterien (s. Tab. 18), gemessen an der Zelltrockensubstanz und am Proteingehalt wird jedoch durch die Protozoen die gleiche Größenordnung erreicht.

Tabelle 18. Quantitativer Vergleich von Bakterien und Protozoen im Pansen (nach WOLIN 1979)

	Bakterien	Protozoen
Zellzahl/ml	10^{10}–10^{11}	10^{5}–10^{6}
Zellzahl/Pansen (70 l)	$7 \cdot 10^{14}$–$7 \cdot 10^{15}$	$7 \cdot 10^{9}$–$7 \cdot 10^{10}$
Gesamttrockengewicht g	399	315
Gesamtproteingehalt g	217	172

Eine wichtige Funktion in der anaeroben Abbaukette der organischen Substanzen im Pansen haben auch die methanogenen Bakterien. Die dominierende Art ist *Methanobrevibacter ruminantium*, die bereits 1958 von SMITH u. HUNGATE isoliert und beschrieben wurde. Es handelt sich um unbewegliche, lanzettförmige Kokken oder Kurzstäbchen, die oft in Paaren vorkommen und H_2 und Formiat als Energiequelle für die Methanbildung verwerten. Als Kohlenstoffquelle wird Acetat assimiliert. Der vielfach untersuchte Typus-Stamm M 1 (BRYANT 1965) kann das für die Methanbildung notwendige Coenzym M nicht synthetisieren und muß es aus dem Medium aufnehmen. Außerdem benötigt er zum Wachstum 2-Methylbutyrat, das im Pansen beim Abbau von Leucin entsteht. Aus dem Pansen sind auch andere methanogene Organismen von ähnlicher Morphologie isoliert worden, die jedoch nicht mit *Methanobrevibacter ruminantium* identisch waren und auch selbst Coenzym M synthetisieren können (LOVLEY et al. 1984, MILLER et al. 1986). Es wird vermutet, daß die wenigen bisher vorliegenden Reinkulturen methanogener Organismen aus dem Pansen bei weitem noch nicht die in diesem Ökosystem vorhandene Artenvielfalt repräsentieren. Zu den Reinkulturen aus dem Pansen gehören außerdem *Methanomicrobium mobile* (PAYNTER u. HUNGATE 1968), über dessen ökologische Bedeutung jedoch keine gesicherten Kenntnisse vorliegen, und *Methanosarcina barkeri*, die mit der Methylamin- und Methanolverwertung im Pansen in Zusammenhang gebracht wird (PATTERSON u. HESPELL 1979).

Die Ergebnisse der Keimzahlbestimmung methanogener Organismen im Pansen liegen zwischen 10^5 und 10^9 Zellen/ml:

ZAISS u. KALTWASSER (1979)	$1{,}6 \cdot 10^5 - 2{,}0 \cdot 10^7$/g
TAYLOR (1982)	10^8/ml
SMITH u. HUNGATE (1958)	$2 \cdot 10^8$/ml
BRYANT (1965)	$10^7 - 10^9$/ml

Unter Berücksichtigung der methodischen Schwierigkeiten werden wahrscheinlich die hohen Werte der Realität am nächsten kommen. Angesichts der metabolischen Aktivitäten ist ein Anteil der methanogenen Mikroflora an der Gesamtbakterienzahl von weniger als 1% nicht vorstellbar.

Das Hauptsubstrat für die methanogenen Organismen im Pansen ist H_2/CO_2. Der Wasserstoff wird von den fermentativen Organismen der anaeroben Abbaukette vor allem bei der Regeneration (Oxydation) der reduzierten Pyridinnucleotide freigesetzt, eine Gleichgewichtsreaktion, die in der angegebenen Richtung nur bei sehr geringen Wasserstoffkonzentrationen möglich ist

$$NADH + H^+ \rightarrow NAD^+ + H_2.$$

Außerdem entsteht Wasserstoff bei der Pyruvatspaltung zu Acetyl-Coenzym A und beim Abbau von Formiat. Die methanogenen Organismen haben eine hohe Affinität zum Wasserstoff (K_s-Wert für H_2 bei *M. ruminantium* 1 μmol/l HUNGATE 1975) und verhindern durch ihre Aktivität eine Anreicherung von Wasserstoff im Pansen. Der Wasserstoff wird von den wasserstoffbildenden Bakterien unmittelbar auf die methanogenen Organismen ohne intermediäre Freisetzung übertragen („interspecies hydrogen transfer"). Die Wasserstoffkonzentration beträgt im Pansen 1—15 μmol/l. In geringem Maße dient auch Formiat als Substrat für die Methanogenese. Meist wird es jedoch vorher durch andere Organismen zu CO_2 und H_2 oxydiert. Acetat als Hauptprodukt des anaeroben Stoffwechsels hat keine Bedeutung als Substrat für die Methanogenese im Pansen. Durch die langen Generationszeiten bei Verwertung von Acetat als Energie- und C-Quelle würden methanogene Organismen bei den kurzen Verweilzeiten aus dem Pansen eliminiert.

Die Umwandlung von Methanol aus dem Pectinabbau und von Methylaminen in Methan durch *Methanosarcina* kommt zwar im Pansen vor, ist aber quantitativ von untergeordneter Bedeutung. Eine Vorstellung von der hohen Aktivität der Pansenmikroflora gewinnt man, wenn man bedenkt, daß pro Tag 800 l Wasserstoff im Pansen eines Rindes gebildet werden, die zu 200 l Methan umgesetzt werden. Bei einem Panseninhalt von 70 l ergibt sich daraus eine Methanbildungsrate von 5310 μmol CH_4/l · h. WOLIN (1979) gibt eine Rate von 5500 μmol CH_4/l · h an. Das Methan wird zusammen mit dem durch Säure-

neutralisation und mikrobielle Decarboxylierungsreaktionen gebildeten CO_2 aus dem Pansen durch einen besonderen Mechanismus über den Ösophagus freigesetzt. Das Pansengas enthält etwa 35 Vol.% CH_4 und 65 Vol.% CO_2.
Die wichtigste Funktion der Methanogenese in der anaeroben Abbaukette des Pansens ist der rasche Verbrauch des Wasserstoffs und damit die Erhaltung eines geringen Wasserstoffpartialdruckes als Voraussetzung für die Oxydation der reduzierten Pyridinnucleotide durch Wasserstoffabspaltung. Bei hohen Wasserstoffkonzentrationen verändert sich das Produktspektrum der Fermentation. Zur Regeneration von NADH wird der Wasserstoff auf intermediäre Stoffwechselprodukte übertragen, so daß mehr reduzierte Endprodukte wie Propionat, Lactat, Succinat und Ethanol entstehen. Außerdem ist die Energieausbeute für die fermentativen Organismen in diesem Fall geringer als bei der Bildung von mehr oxydierten Endprodukten. Durch die regulierende Wirkung der Methanogenese ergibt sich folgende Bilanz für die Umsetzung der Kohlenhydrate im Pansen:

$$57{,}5\,(C_6H_{12}O_6) \rightarrow 65\text{ Acetat} + 20\text{ Propionat} + 15\text{ Butyrat} + 60\,CO_2 + 35\,CH_4 + 25\,H_2O$$ (Wolin 1979).

Für den Wirtsorganismus bedeutet die Methanogenese einen Energieverlust von 10—15% der Gesamtenergie des Futters. Andrerseits führt die erhöhte Energieausbeute für die fermentativen Organismen durch die Aktivität der methanogenen Organismen zu einer Steigerung der Vermehrung und damit zu mehr mikrobiellem Protein für den Wirt. Bei einer Limitierung des Wachstums des Wirtes durch die Verfügbarkeit von Protein kann daher der Gesamteffekt der Methanogenese für den Wirt auch positiv ausfallen.
Dennoch hat man versucht, durch eine Hemmung der Methanogenese diesen Energieverlust auszuschalten und ein schnelleres Wirtswachstum zu erreichen. Die Versuche zur Hemmung der methanogenen Organismen haben jedoch zu keinem sicheren Erfolg geführt, da es eine Reihe von Problemen bei der Verfütterung von Inhibitoren gab: verminderter Appetit, Adaptation der Mikroflora, Rückstände. Die erfolgreiche Anwendung des Antibiotikums Monensin bei der Tierfütterung beruht nicht auf einer Hemmung der Methanogenese, sondern auf einer Verschiebung des Produktspektrums zugunsten des Propionats.
Abschließend sollen noch einmal die Wechselbeziehungen der Mikroorganismen des Pansens untereinander zusammengefaßt werden, die neben den vielfältigen Beziehungen zwischen Wirt und Pansenmikroflora die Grundlage für die Funktion dieses Ökosystems darstellen:

— Anaerobe Bakterien, die keine extrazellulären Enzyme für die Hydrolyse der polymeren Substanzen besitzen, nutzen die „Überschußprodukte" der Hydrolyse von anderen Organismen für die Fermentation.

— Die Umwandlung von Fermentationsprodukten der einen Art erfolgt durch eine andere Art, z. B. Lactatbildung durch *Selenomonas ruminantium* und Umwandlung von Lactat in Acetat, Propionat und H_2 durch *Veillonella alcalescens*. *Bacteroides succinogenes* bildet aus Cellulose Acetat und Succinat. In Co-Kultur mit *Selenomonas ruminantium* sind die Produkte Acetat und Propionat.
— „Interspecies hydrogen transfer“ zwischen wasserstoffbildenden fermentativen Bakterien und methanogenen Bakterien findet unter Methanbildung und gleichzeitiger Regulierung des Kohlenstoff-Flusses statt; z. B. bildet *Ruminococcus albus* in Reinkultur aus Cellulose Acetat, Ethanol, CO_2 und H_2; in Co-Kultur mit einem methanogenen Organismus werden nur Acetat, CH_4 und CO_2 freigesetzt.
— Formiat wird durch *Ruminococcus albus*, *Bacteroides ruminicola* u. a. gebildet und zu Methan durch methanogene Organismen reduziert.
— Methanogene Bakterien als fakultative Episymbionten von Pansenciliaten verwerten den von den Protozoen gebildeten Wasserstoff.
— Protozoen nutzen Bakterien als Nahrungsquelle.

Neben diesen Wechselbeziehungen zwischen den verschiedenen Mikroorganismen des Pansens, die die Kohlenstoff- oder Energiequelle betreffen, gibt es noch zahlreiche andere Beziehungen, die auf der Produktion bzw. der Abhängigkeit von Vitaminen, Wirkstoffen und Coenzymen beruhen (Coenzym M, Aminosäuren, Häm, 2-Methylbutyrat u. a.).
Durch die Vielfalt von Organismen und durch das Netzwerk von Wechselbeziehungen ist eine Regulation bei Änderungen der Nahrungsqualität möglich, nicht jedoch bei plötzlichen Umstellungen. Wenn z. B. Rinder nach Fütterung mit trockenem Heu plötzlich ausschließlich mit frischem Gras versorgt werden, kommt es durch eine erhöhte Gasbildung zum Aufblähen der Rinder.
Die hier dargestellten Ergebnisse beziehen sich vor allem auf Untersuchungen am Pansen von Rindern. Man kann aber davon ausgehen, daß die Verhältnisse im Pansen anderer Wiederkäuer, wie z. B. bei Schafen, Ziegen, Hirschen, Antilopen, Giraffen, Elchen, Wisenten u. a., ähnlich sind, obwohl bei diesen Tieren nur sporadisch Untersuchungen durchgeführt worden sind.

2.5.5. Methanogenese beim Menschen

Auch im Darmsystem des Menschen kommen methanogene Bakterien vor. Jedoch nur in etwa 1/3 der menschlichen Population erreicht die Methanogenese ein solches Ausmaß, daß die Methanbildung im Darm auch gemessen werden kann (Prins 1979). Im Unterschied zu den Wiederkäuern mit pflanzlicher Nahrung sind beim Menschen der mikrobielle Aufschluß der Nahrungsbestandteile und die fermentative Umwandlung der Hydrolyseprodukte nicht die notwendige Voraussetzung für die Ernährung. Die Methanogenese findet hier nach der Hauptresorption der hydrolysierten Nahrungsbestandteile im Colon statt und basiert auf nicht-aufgeschlossenen pflanzlichen Nahrungsresten (Cellulose, Hemicellulose, Pectin), nicht-resorbierten Kohlenhydraten und auf endogenen Substraten (abgestoßene Epithelzellen). Diese Stoffe werden ähnlich wie im Pansen der Wiederkäuer durch die anaerobe Mikroflora zu niedermolekularen Fettsäuren, H_2 und CO_2 umgewandelt. 90% der Fettsäuren werden im Colon resorbiert und gelangen in das Blut. Sie bilden damit eine zusätzliche Energie- und Kohlenstoffquelle für den Menschen. Der produzierte Wasserstoff wird z. T. physikalisch entfernt und zum anderen durch methanogene und acetogene Bakterien verbraucht (Miller u. Wolin 1986). Der wichtigste methanogene Organismus im Darm des Menschen ist *Methanobrevibacter smithii* (Miller u. Wolin 1982), der Wasserstoff und CO_2 in Methan umwandelt. Die lanzettförmigen, kokkoiden Zellen oder kurzen Stäbchen sind unbeweglich, verwerten außer H_2 Formiat als Energiequelle und benötigen CO_2 und Acetat als C-Quelle. Außerdem kommt in geringer Zahl ein kokkenförmiger Organismus vor, *Methanosphaera stadtmaniae*, der Methanol aus dem Pectinabbau mit Wasserstoff zu Methan reduziert:

$H_2 + CH_3OH \rightarrow CH_4 + H_2O$ (Miller u. Wolin 1985).

In nahezu allen Menschen kommen methanogene Bakterien vor. Ihre Zahl schwankt jedoch zwischen wenigen Zellen bis zu 10^{10}/g Fäces (Trockengewicht). Nach Untersuchungen in den USA leben in etwa 1/3 der Erwachsenen 10^8–10^{10} methanogene Bakterien pro g Fäces (Miller u. Wolin 1986). Bei diesen Personen wurden Methanbildungsraten von 40 ml bis zu 4 l pro Tag erreicht, in Abhängigkeit von der Zahl der methanogenen Bakterien. Etwa 20% des Methans werden vom Blut aufgenommen und über die Lungen mit der Atemluft abgegeben. Die Methanbildung im Colon eines Menschen kann daher durch gaschromatographische Analyse der Atemluft nachgewiesen werden, wenn die Zahl der methanogenen Bakterien und damit die Methanbildungsrate genügend groß sind. 80% des Methans werden rektal als Flatus abgegeben. Die Gase im Intestinaltrakt enthalten neben Methan stets noch Wasserstoff, Kohlendioxid und Stickstoff. Die Methanogenese im Colon führt demnach nicht zu einem vollständigen Verbrauch des Wasserstoffs, wie dies im Pansen der Fall ist.

Die Methanbildung manifestiert sich zwischen dem 2. und 10. Lebensjahr und ist wahrscheinlich für das gesamte Leben stabil. Warum solche Unterschiede in der Besiedlung mit methanogenen Bakterien und damit in der Methanbildung innerhalb der menschlichen Population bestehen, konnte bisher noch nicht befriedigend geklärt werden. Es werden sowohl genetisch bedingte Unterschiede (Bildung endogener Substrate) als auch Unterschiede in der Ernährung als Ursache vermutet.

2.5.6. Methanogenese bei anderen Tieren

In ähnlicher Weise wie beim Menschen findet auch bei anderen Säugetieren, die pflanzliche Nahrung aufnehmen, aber nicht wie die Wiederkäuer einen Vormagen (Pansen) besitzen, die Methanogenese im Colon statt. Außerdem kann auch der Blinddarm von methanogenen Bakterien besiedelt sein, vor allem bei jenen Tieren (z. B. Pferde, Kaninchen), die über einen vergrößerten Blinddarm für die Celluloseverdauung verfügen. Das Ausmaß der Methanogenese wird durch die Menge der zugeführten Substrate und durch die Intensität der nicht-methanogenen Fermentation bestimmt.
Eine Isolation von methanogenen Organismen, die zur Gattung *Methanobrevibacter* gehören, gelang bei folgenden Tieren: Pavian, Rhesusaffe, grüne Meerkatze, Pinselaffe, Pandabär, schwarzes und weißes Rhinozeros, Zwergflußpferd, Pferd, Schwein, Ratte.
Methanosphaera-ähnliche Stämme wurden in Ratten und in einem Mantelpavian gefunden. Auch bei Vögeln sind methanogene Bakterien nachgewiesen worden, und zwar *Methanobrevibacter* bei Gänsen und *Methanogenium* bei Hühnern und Truthühnern (Miller und Wolin 1986).

Methanogenese bei Insekten

Bei den wenigen bisher untersuchten Insekten konnte eine Methanbildung bisher nur bei Arten gefunden werden, die sich durch eine einseitige cellulosereiche Ernährung auszeichnen, inbesondere bei xylophagen (holzfressenden) Insekten. Wie die höheren Tiere können auch die Insekten keine Enzyme für den Aufschluß der Cellulose und der Hemicellulosen bilden und sind daher auf die Symbiose mit einer komplexen anaeroben Mikrobengesellschaft in ihrem Darmsystem angewiesen. In dieses anaerobe Abbausystem sind auch methanogene Bakterien integriert. Die größte Bedeutung für die globale Methanemission in die Atmosphäre haben unter den Insekten die Termiten. Ihre Zahl auf der Erde wird auf etwa $2{,}4 \cdot 10^{17}$ ($= 4{,}4 \cdot 10^{15}$ g) geschätzt (Fraser et al. 1986). Im Jahr verwerten sie 3,4 Milliarden Tonnen Biomasse (Collins u. Wood 1984). Daher kommt ihnen vor allem in tropischen und subtropischen Gebieten eine bedeutsame Rolle bei der Mineralisation der organischen Substanz zu. Vom Kohlenstoff der mit der Nahrung aufgenommenen organischen Substanz wird zwar nur maximal 1% in Methan umgewandelt, dennoch sind die auf der Grundlage von Messungen der Methanfreisetzung einzelner Termiten oder Termitenhügel kalkulierten globalen Methanemissionsraten außerordentlich hoch:

Zimmermann et al. (1982)	150 Tg/a
Rasmussen u. Khalil (1983)	50 Tg/a (10–100)

Fraser et al. (1986)	15 Tg/a (6—42)
Seiler et al. (1984)	2—5 Tg/a

(Messungen an Termitenhügeln).

Tabelle 19. Methanemissionsraten von verschiedenen Termiten (Fraser et al. 1986)

Termitenart	Methanemissionsraten	
	mg CH_4/kg Termite · h	mg CH_4/g C der Nahrung
Mastotermes darwiniensis	5,3—15	18
Nasutitermes exitiosus	2,3—2,9	12
Coptotermes acinaciformis	1,0	4
Zootermopsis angusticollis	0,6—3,5	18
Zootermopsis nevadensis	6,5	—
Coptotermes lacteus	0,8	2
Reticulotermes tibialis	0,6—5,9	8
Reticulotermes flaviceps	0,4	0,7
Gnathamitermes perplexus	1,4—5,5	11
Coptotermes formosanus	0,06	0,2
Cryptotermes brevis	0,2	—

Die Schwierigkeiten globaler Kalkulationen beruhen vor allem darauf, daß die Methanbildungsraten nur von wenigen Arten bekannt sind (s. Tab. 19), insgesamt aber fast 2000 Termitenarten auf der Erde vorkommen. Hinzu kommt, daß die Effizienz bei der Umwandlung des organischen Kohlenstoffs der Nahrung in Methan erheblichen Schwankungen unterliegt. Die Methanbildung ist abhängig von der Inkubationstemperatur; es gibt Unterschiede im Tagesverlauf und bei der Messung von verschiedenen Tierkolonien der gleichen Art. Die deutlich geringeren Werte der Methanemission auf der Basis von in-situ-Messungen an Termitenhügeln gegenüber von Labormessungen an isolierten Tieren werden durch eine intensive Methanoxydation in Termitenhügeln und im Boden erklärt (Seiler et al. 1984). Weitere Unsicherheiten ergeben sich aus den Annahmen über die Biomassendichte der Termiten und die Biomasseverwertung durch die Termiten.

An den anaeroben Abbauprozessen im Termitendarm sind bei den niederen Termiten vor allem Protozoen und bei den höheren Termiten Bakterien beteiligt, die jeweils in einer Erweiterung des Enddarmes bei einem Redoxpotential von —230 bis —270 mV und pH 6,0—7,5 mit hohen Organismendichten vorkommen. Die Protozoen sind alle anaerob und gehören zu den Flagellaten

(Oxymonaden, Trichomonaden, Hypermastigoten). Sie nehmen die cellulosehaltigen partikulären Nahrungsbestandteile auf, hydrolysieren die Cellulose und bilden daraus Acetat, CO_2 und H_2:

$$n(C_6H_{12}O_6) + 2nH_2O \rightarrow 2nCH_3COOH + 2nCO_2 + 4nH_2.$$

Acetat wird von den Insekten resorbiert und zur Energiegewinnung genutzt. Wasserstoff und CO_2 werden entweder durch methanogene Organismen in Methan umgewandelt oder nach neuen Erkenntnissen bei einigen Arten (*Reticulitermes flaviceps*, *Prorhinotermes simplex*, *Zootermopsis angusticollis*, *Nasutitermes costalis*, *Nasutitermes nigriceps*) durch acetogene Bakterien zur Acetatsynthese verwendet. Dieser Prozeß soll dabei 1/3 der gesamten Acetatmenge liefern, die das Insekt aus dem Aufschluß der Nahrung erhält (BREZNAK u. SWITZER 1986).

Von den Bakterien sind bisher obligat und fakultativ anaerobe Arten aus dem Darm der Termiten isoliert worden, wie z. B. *Streptococcus*, *Bacteroides*, *Staphylococcus* und Spirochaeten. Wegen der Stickstoffarmut der Nahrung haben N_2-bindende Bakterienarten, wie *Enterobacter agglomerans* und *Citrobacter*, und Harnsäure-spaltende Vertreter wie *Bacteroides termitidis* eine besondere ökologische Bedeutung für diese Insekten. Im Enddarm der niederen Termiten sind methanogene Bakterien vom *Methanobrevibacter*-Typ in Konzentrationen von 10^9—10^{10} Zellen/ml nachgewiesen worden. Eine Assoziation mit den dort aktiven Protozoen, ähnlich den Episymbiosen mit Pansenciliaten, wäre denkbar. Aus dem Enddarm höherer Termiten wurden *Methanobrevibacter arboriphilus* und *Methanobacterium bryantii* isoliert (MILLER u. WOLIN 1986). Insgesamt sind jedoch die Kenntnisse über diese anaerobe Mikrobengemeinschaft der Termiten noch sehr lückenhaft.

Dies gilt auch für die vielen anderen xylophagen Insekten. Eine Methanbildung konnte in den Larven des Nashornkäfers (*Oryctes nasicornis*) bestimmt werden, die eine Ausstülpung des Darmsystems mit einer Massenansammlung von Bakterien zum Aufschluß der Nahrung besitzen (Gärkammern). Die Methanbildungsrate betrug

308—372 nmol/h · Tier (= 0,54 —0,66 mg CH_4/kg Tier · h)
(BAYON u. ETIEVANT 1980).

Aus dem Darm von Schaben wurden *Methanosphaera*-ähnliche und *Methanobacterium*-ähnliche Organismen isoliert (MILLER u. WOLIN 1986). Eine Methanfreisetzung ist auch bei der Schabe *Periplaneta americana* beobachtet worden (BREZNAK u. SWITZER 1986).

Es ist zu erwarten, daß bei einer systematischen Untersuchung von Nahrungsspezialisten unter den Insekten noch zahlreiche andere Darmsymbiosen zum Nahrungsaufschluß mit methanogenen Organismen entdeckt werden.

2.5.7. Wechselbeziehungen zwischen methanogenen und anderen Mikroorganismen

Die Methanogenese in der Natur ist nur auf der Grundlage der engen Wechselbeziehungen zwischen den Organismen der anaeroben Abbaukette und den methanogenen Organismen möglich. Davon ausgenommen sind nur jene Habitate, in denen Wasserstoff und CO_2 aus geothermen oder vulkanischen Quellen direkt in Methan umgesetzt werden können.
Das Verständnis der Ökologie der Methanogenese in allen anderen Ökosystemen setzt die Kenntnis dieser vielfältigen Wechselbeziehungen voraus. Bei der Behandlung der Methanbildung in den wichtigsten Ökosystemen ist auf grundlegende Zusammenhänge bereits hingewiesen worden. Hier sollen die Wechselbeziehungen zwischen methanogenen und anderen Organismen noch einmal zusammenfassend dargestellt werden.

Methanogene Organismen und sulfatreduzierende Bakterien

Sulfatreduzierende Bakterien (Desulfurizierer, sulfidogene Bakterien) sind eine kleine Gruppe von obligat anaeroben Eubakterien, die durch die Fähigkeit, ihre Energie durch die Oxydation organischer Verbindungen oder von Wasserstoff mit Sulfat als Elektronenakzeptor unter Bildung von Schwefelwasserstoff (dissimilatorische Sulfatreduktion) zu gewinnen, ausgezeichnet sind. Da diese Organismen die gleiche ökologische Nische am Ende der anaeroben Abbaukette der organischen Substanz wie die methanogenen Organismen beanspruchen, sind die Wechselbeziehungen sehr eng.
Zwar ist das Substratspektrum der gesamten Gruppe der sulfatreduzierenden Bakterien weitaus größer als jenes der methanogenen Organismen (s. Tab. 20), aber ihre Aktivität wird durch die Verfügbarkeit von Sulfat bestimmt.

— Konkurrenz um die verfügbaren Substrate

Die quantitativ wichtigsten Produkte des anaeroben Abbaus der organischen Substanz, H_2/CO_2 und Acetat, werden von beiden Organismengruppen beansprucht. Bei hohen Sulfatkonzentrationen werden diese Substrate über die Desulfurikation verbraucht, da dieser Prozeß thermodynamisch (höhere Energieausbeute) und kinetisch (höhere Substrataffinität, höhere turnover-Rate) günstiger ist als die Methanogenese. Sulfatreduzierende Bakterien haben geringere K_m-Werte für Wasserstoff und Acetat (WARD u. WINFREY 1985)

K_m-Werte (µmol/l) für	H_2	Acetat
Methanogene Organismen	1—80	300—500
Sulfatreduzierende Org.	0,7—1,9	67—200

Tabelle 20. Sulfatreduzierende Bakterien

Gattung (Artenzahl)	Substrate für die dissimilatorische Sulfatreduktion	Produkte
Desulfovibrio (8)	H_2 Lactat, Ethanol, Pyruvat, Fettsäuren C_4—C_{18}	Acetat, CO_2
	H_2 Fettsäure C_1—C_{18}	CO_2
Desulfotomaculum (5)	H_2 Lactat, Ethanol	Acetat, CO_2
	H_2 Fettsäuren C_1, C_2, C_{4-10}, Benzoat, Alkohole	CO_2
Desulfomonas (1)	Lactat, Ethanol, Pyruvat	Acetat, CO_2
Thermodesulfobacterium (1)	H_2 Lactat, Pyruvat	Acetat, CO_2
Desulfobacterium (4)	Fettsäuren C_1—C_4, Alkohole C_2—C_4, Pyruvat, Malat, Fumarat, Succinat, Maleinat, Phenol, Indol, Benzoat	CO_2
Desulfobulbus (2)	H_2 Propionat, Lactat, Ethanol	Acetat, CO_2
Desulfobacter (2)	Acetat	CO_2
Desulfococcus (2)	Benzoat, Fettsäuren C_1—C_{16}, Lactat, Fumarat, Alkohole, Nicotinat	CO_2
Desulfosarcina (1)	Benzoat, Fettsäuren C_1—C_{16}, Lactat, Fumarat, Alkohole	CO_2
Desulfonema (2)	Benzoat, Fettsäuren C_1—C_{14}, Lactat, Fumarat	CO_2

Darüber hinaus bilden höhere Zellausbeuten und höhere Wachstumsraten sowie geringere K_s-Werte die Grundlage für die kompetitive Hemmung der methanogenen Organismen durch Konkurrenz um die verfügbaren Substrate. Diese Konkurrenzbeziehung wird teilweise aufgehoben bei Sulfatlimitation und bei einem Substratüberschuß.

— Kommensalische Beziehungen

Ein Teil der sulfatreduzierenden Bakterien (Arten der Gattungen *Desulfovibrio*, *Desulfotomaculum*, *Desulfomonas*, *Thermodesulfobacterium* und *Desulfobulbus*) ist nicht in der Lage, die Elektronendonatoren bei der Energiegewinnung vollständig zu CO_2 zu oxydieren:

$$2\,CH_3CHOHCOOH + SO_4^{--} \rightarrow 2\,CH_3COOH + 2\,CO_2 + 2\,H_2O + S^{--}.$$

Acetat als Produkt der unvollkommenen Oxydation kann von methanogenen Organismen verwertet werden. Bei gleichzeitiger Anwesenheit acetatverwertender Desulfurizierer unterliegt dieses Substrat wiederum der Konkurrenz.
Die Freisetzung von H_2S im Prozeß der Desulfurikation führt zu einer Herabsetzung des Redoxpotentials im Ökosystem, eine wichtige Voraussetzung für die Entwicklung und Aktivität methanogener Organismen. Auch dies gilt als kommensalische Beziehung.

— Synergistische Beziehungen

In sulfatfreien Medien werden die Substrate durch die Desulfurizierer unvollkommen unter Bildung von Wasserstoff oxydiert, ähnlich wie dies für wasserstoffbildende acetogene Organismen gefunden wurde:

$$2\,CH_3CHOHCOOH + 2\,H_2O \rightarrow 2\,CH_3COOH + 2\,CO_2 + 3\,H_2.$$

Diese Reaktion ist jedoch nur bei Erhaltung eines geringen Wasserstoffpartialdruckes möglich. Der Verbrauch von Wasserstoff erfolgt durch die methanogenen Organismen: „interspecies hydrogen transfer" zwischen sulfatreduzierenden und methanogenen Organismen.
Syntrophe Assoziationen von sulfatreduzierenden und methanogenen Organismen sind in der Lage, zahlreiche nicht-methanogene Substrate vollständig zu mineralisieren:

Substrate: Lactat, Ethanol
Organismen: *Desulfovibrio desulfuricans*
Methanosarcina barkeri
Produkte: CH_4, CO_2, (McInerney u. Bryant 1981).

Dabei wird zunächst der von *Desulfovibrio* gebildete Wasserstoff durch *Methanosarcina* zur Methanbildung genutzt und erst danach Acetat.

Substrate: Cholin, SO_4^{--}
Organismen: *Desulfovibrio, Methanosarcina barkeri*
Produkte: CH_4, CO_2, H_2S, NH_3 (FIEBIG u. GOTTSCHALK 1983).
In der ersten Phase wird Cholin durch *Desulfovibrio* vollständig zu Trimethylamin, Acetat und Spuren von Ethanol abgebaut; in der zweiten Phase bildet *Methanosarcina* zunächst aus Trimethylamin und dann aus Acetat Methan und CO_2.

— **Kommensalisch/kompetitive Wechselwirkung**

Die Wasserstoffübertragung kann auch in umgekehrter Richtung verlaufen. *Methanosarcina barkeri* bildet beim Wachstum auf Acetat oder Methanol geringe Mengen von Wasserstoff, der auch wieder verwertet wird. In Co-Kultur mit *Desulfovibrio vulgaris*, der weder Acetat noch Methanol umsetzen kann, nimmt der Desulfurizierer bei hohen Sulfatkonzentrationen den Wasserstoff auf "(interspecies hydrogen transfer" von methanogenen auf sulfatreduzierende Organismen) und nutzt ihn für die eigene Energiegewinnung (PHELPS et al. 1985). Diese zunächst kommensalische Beziehung führt jedoch zu einer Veränderung des Kohlenstoff- und Elektronenflusses bei *Methanosarcina barkeri*: Es werden mehr CO_2 und weniger CH_4 gebildet; die Wasserstoffbildung nimmt zu, kann aber durch den Konkurrenzvorteil des Desulfurizierers nicht durch *Methanosarcina* verwertet werden (kompetitive Hemmung).

— **Antagonistische Beziehung**

Das bei der Sulfatreduktion gebildete H_2S kann in hohen Konzentrationen zu einer Hemmung der methanogenen Organismen führen.

— **Nebeneinander von Methanogenese und Desulfurikation (Neutralismus)**

Eine Existenz methanogener und sulfatreduzierender Populationen ohne gegenseitige Beeinflussung ist nur bei einer räumlichen Trennung im Habitat (z. B. in verschiedenen Sedimentschichten) oder bei der Verwertung von Substraten, die jeweils nur durch eine Organismengruppe genutzt werden können („nichtkompetitive Substrate"), möglich. Das betrifft z. B. die methanogenen Substrate Trimethylamin, Dimethylamin und Monomethylamin und die für sulfatreduzierende Bakterien vorbehaltenen Substrate Benzoat, Fettsäuren $> C_2$, Alkohole $> C_1$, Fumarat u. a. Verbindungen.
Die engen Beziehungen zwischen methanogenen und sulfatreduzierenden Bakterien kommen darüber hinaus zum Ausdruck
— in der Reduktion von Schwefel zu H_2S durch methanogene Bakterien (STETTER u. GAG 1983),
— in der Minimethanbildung durch sulfatreduzierende Bakterien (SCHAUDER 1986),

— in der anaeroben Methanoxydation durch Desulfurizierer (siehe Seite 183),
— in der Ähnlichkeit der autotrophen CO_2-Fixierung (Acetyl-CoenzymA-Weg) bei einigen autotrophen Desulfurizierern und methanogenen Organismen und
— in der Entdeckung eines Archaebakteriums mit der Fähigkeit zur dissimilatorischen Sulfatreduktion, mit spezifischen methanogenen Coenzymen und mit einer Minimethanbildung (STETTER et al. 1987).

Methanogene Organismen und Organismen der anaeroben Abbaukette

Durch das eingeschränkte Substratspektrum der methanogenen Organismen und ihre Stellung am Ende der anaeroben Abbaukette ist eine Methanbildung in der Natur nur dann möglich, nachdem andere anaerobe Mikroorganismen einen Aufschluß und eine Umwandlung der komplexen organischen Substanzen vollzogen haben. Mit diesen Organismen stehen die methanogenen Bakterien in vielfältigen Wechselbeziehungen, durch die sie den Kohlenstoff- und Elektronenfluß in der anaeroben Abbaukette entscheidend beeinflussen. Für eine Übersicht ist eine Einteilung der verschiedenen Organismengruppen der anaeroben Abbaukette erforderlich.

Bei der Verwendung der Substrate bzw. der Produkte der aneroben Transformationsreaktionen gibt es Überschneidungen, die vor allem beim Begriff der „acetogenen Organismen“ zu unterschiedlichen Auffassungen geführt haben. Im erweiterten Sinne müssen als acetogen alle jene Organismen betrachtet werden, die Acetat als Produkt des Energiestoffwechsels freisetzen. Dies kann jedoch unter anaeroben Bedingungen auf verschiedenen Wegen geschehen:
— beim fermentativen Abbau von Kohlenhydraten,
— bei der Umwandlung niedermolekularer Verbindungen wie Fettsäuren und Alkoholen,
— bei der Synthese aus C_1-Verbindungen,
— beim Abbau aromatischer Verbindungen.

Da die wichtigste Funktion in den Wechselbeziehungen zwischen den methanogenen Organismen und den anaeroben Bakterien der Abbaukette die Übertragung des Wasserstoffs ist, sollen zur besseren Abgrenzung dieser Organismen die Wege der Beseitigung von Wasserstoff (bzw. Elektronen), der bei der Regeneration der reduzierten Pyridinnucleotide frei wird, verwendet werden.

a. Übertragung auf intermediäre Stoffwechselprodukte unter Bildung reduzierter Endprodukte (z. B. Butyrat, Propionat, Lactat, Succinat, Ethanol): chemoorganotrophe, fermentative Bakterien;
b. Übertragung auf Protonen (H^+) unter Bildung von molekularem Wasserstoff: protonenreduzierende Bakterien (oft auch als protonenreduzierende acetogene oder wasserstoffbildende acetogene Bakterien bezeichnet);

c. Übertragung auf Sulfat unter Bildung von H_2S: sulfatreduzierende Bakterien (sulfidogene Bakterien). Diese Gruppe wurde bereits behandelt.
d. Übertragung auf CO_2 unter Bildung von Acetat: acetogene Bakterien im engeren Sinne.

a. Chemoorganotrophe, fermentative Bakterien

Hierzu gehören die Organismen der ersten beiden Stufen des anaeroben Abbaus, die die Makromoleküle hydrolysieren und fermentieren. Ein Teil von ihnen verwertet die polymeren Substanzen wie Cellulose, Hemicellulose, Pectin, Stärke, Chitin, Eiweiße und Fette, und ein weiterer Teil ist auf die löslichen oligomeren oder monomeren Verbindungen angewiesen. Die Produkte sind entsprechend der zahlreichen unterschiedlichen Fermentatonswege außerordentlich vielfältig und umfassen z. B. Acetat, Propionat, Butyrat, Valerat, Lactat, Succinat, Ethanol, Propanol, Formiat, Methanol sowie CO_2 und H_2. Die methanogenen Organismen nutzen den Wasserstoff zur Reduktion von CO_2 zu Methan und bewirken damit eine Verminderung der Wasserstoffkonzentration. Unter diesen Bedingungen wird ein großer Teil des Wasserstoffs nicht auf die intermediären Stoffwechselprodukte übertragen, sondern durch die Oxydation der reduzierten Pyridinnucleotide freigesetzt und sofort von den methanogenen Organismen aufgenommen („interspecies hydrogen transfer“). In Co-Kultur mit wasserstoffverbrauchenden Organismen ist also eine Protonenreduktion möglich. Daher sprechen wir bei diesen fermentativen Organismen auch von fakultativ Protonen-reduzierenden Bakterien. Die Folge des veränderten Elektronenflusses ist eine quantitative und qualitative Veränderung des Fermentationsablaufes, wobei jetzt der Anteil der oxydierten Endprodukte gegenüber den reduzierten Verbindungen zunimmt (s. Tab. 21).

Besonders eindrucksvoll ist dies beim Pectinabbau durch *Clostridium butyricum*, das in Reinkultur Ethanol und Butyrat bildet und in Co-Kultur mit *Methanosarcina barkeri* intermediär H_2/CO_2, Methanol und Acetat produziert, die dann durch den methanogenen Organismus vollständig zu CH_4 und CO_2 umgewandelt werden.

Die Grundlage für diese synergistischen Beziehungen zwischen fermentativen und methanogenen Bakterien ist der „interspecies hydrogen transfer“. Der Vorteil für die fermentativen Bakterien besteht in erster Linie in einer höheren Energieausbeute bei dem veränderten Ablauf des anaeroben Abbaus, für den methanogenen Organismus in der Nutzung von Substraten für die Energiegewinnung und C-Assimilation. Die syntrophe Assoziation ist für die fermentativen Organismen nicht obligatorisch. Außerdem können die Partner dieser Gemeinschaft wechselseitig ausgetauscht werden.

Die Nutzung der anderen, von den fermentativen Organismen gebildeten Substrate durch die methanogenen Organismen (Acetat, Formiat, Methanol) hat

Tabelle 21. Produkte des Energiestoffwechsels von chemoorganotrophen, fermentativen, H_2-bildenden Organismen in Reinkultur und in Mischkultur mit methanogenen Organismen
(MAH 1982)

H_2-bildender fermentativer Organismus	Substrat	Produkte in Reinkultur	Produktveränderung bei Co-Kulturen	H_2-verbrauchender methanogener Organismus
Ruminococcus flavefaciens	Cellulose	Acetat	→ Zunahme	*Methanobrevibacter smithii*
		Succinat	→ Abnahme	
		Formiat	→ O	
		H_2/CO_2	→ CH_4	
Clostridium thermocellum	Cellulose	Acetat	→ Zunahme	*Methanobacterium thermoautotrophicum*
		Butyrat	→ unverändert	
		Ethanol	→ Abnahme	
		Lactat	→ unverändert	
		H_2/CO_2	→ CH_4	
Eubacterium cellulosolvens	Glucose		Acetat	*Methanobrevibacter ruminantium*
		Butyrat	→ Abnahme	
		Lactat	→ Abnahme	
		H_2/CO_2	→ CH_4	
Clostridium cellobioparum	Glucose	Acetat	→ Zunahme	*Methanobrevibacter smithii*
		Formiat	→ Abnahme	
		Ethanol	→ Abnahme	
		H_2/CO_2	→ CH_4	
Clostridium butyricum	Pectin	Ethanol	CH_4, CO_2	*Methanosarcina barkeri*
		Butyrat		

eher den Charakter einer kommensalischen Beziehung. Dennoch wirkt sich der Verbrauch von Acetat positiv auf den Fortgang des anaeroben Abbaus aus, da ein Acetatanstau häufig zu einem pH-Abfall im Ökosystem führt und damit eine Hemmung der Abbaureaktionen verursacht.

b. Obligat Protonen-reduzierende Bakterien

Diese Organismen verwerten die Produkte der fermentativen Bakterien, die nicht von den methanogenen Organismen in Methan und CO_2 umgewandelt werden können, wie Fettsäuren $> C_2$ (Propionat, Butyrat, Valerat, Caproat, Lactat u. a.), Alkohole $> C_1$ (Ethanol, Propanol u. a.) und Verbindungen aus dem Abbau von Proteinen, Chitin, Lignin u. a. Polymeren. Damit haben diese Organismen eine wichtige Zwischenstellung in der anaeroben Abbaukette, die nur in sulfatreichen Ökosystemen durch Desulfurizierer mit ihrem großen Substratspektrum ersetzt werden kann. Die Hauptprodukte des Energiestoffwechsels dieser Organismen sind Acetat und H_2. Die Umsetzungen dieser niedermolekularen Verbindungen sind thermodynamisch nur dann möglich, wenn der entstehende Wasserstoff sofort abgeführt wird, d. h. bei geringem Wasserstoffpartialdruck.

$CH_3CH_2COO^- + 3\,H_2O \rightarrow CH_3COO^- + HCO_3^- + H^+ + 3\,H_2$
Propionat $\Delta G^0 + 76{,}1$ kJ

$CH_3CHOHCOO^- + 2\,H_2O \rightarrow CH_3COO^- + HCO_3^- + H^+ + 2\,H_2$
Lactat $\Delta G^0 + 4{,}6$ kJ

$CH_3CH_2OH + H_2O \rightarrow CH_3COO^- + H^+ + 2\,H_2$
Ethanol $\Delta G^0 + 9{,}6$ kJ (KIRSOP 1984).

Wie aus dem Namen hervorgeht, können diese Organismen ihre reduzierten Pyridinnucleotide jedoch nur durch Protonenreduktion unter Freisetzung von Wasserstoff regenerieren. Eine Verwertung der Substrate zur Energiegewinnung ist daher nur dann möglich, wenn sie mit wasserstoffverbrauchenden Organismen in einer obligat syntrophen Assoziation zusammenleben, d. h. sie sind vom "interspecies hydrogen transfer" abhängig. Als Partner stehen dabei die methanogenen Organismen im Vordergrund. An ihre Stelle können unter bestimmten Voraussetzungen auch sulfatreduzierende oder acetogene Bakterien treten. Da hier eine obligate Beziehung vorliegt, die beiden Partnern durch die Verwertung eines Substrates, das von den Organismen allein nicht genutzt werden kann, eine neue ökologische Nische erschließt, können wir von einer mutualistischen Beziehung zwischen den obligat Protonen-reduzierenden und den methanogenen Bakterien sprechen. Das bekannteste Beispiel ist „*Methanobacillus omelianskii*“, der bis 1967 als Reinkultur eines Ethanol-verwertenden methanogenen Bakteriums galt. Genauere Untersuchungen durch BRYANT et al.

(1967) ergaben jedoch, daß diese Kultur eine obligat syntrophe Gemeinschaft ist aus einem obligat Protonen-reduzierenden Bakterium (S-Organismus), das aus Ethanol Acetat und Wasserstoff bildet, und einem methanogenen Organismus (MoH, heute: *Methanobacterium bryantii*), der mit dem Wasserstoff CO_2 zu Methan reduziert. Der S-Organismus kann zusammen mit dem methanogenen Partner auch auf n-Propanol, n-Butanol, iso-Butanol und n-Pentanol wachsen, während mit Pyruvat als Substrat auch ein Wachstum ohne den wasserstoffverbrauchenden Oganismus möglich ist. Weitere Beispiele für derartige Organismen, bei denen die obligate Protonenreduktion und damit die Notwendigkeit einer syntrophen Assoziation mit einem wasserstoffverbrauchenden methanogenen Organismus nur auf bestimmte Substrate beschränkt ist, sind in der Tabelle 22 angegeben. Daneben gibt es aber auch Organismen, bei denen diese alternative Möglichkeit für ein Wachstum als Reinkultur nicht besteht und die Co-Kultur in jedem Falle notwendig ist.

Tabelle 22. Obligat Protonen-reduzierende Bakterien

Organismen	Energiequellen	Produkte bei Co-Kultur mit methanogenen Organismen
1. Obligate Protonenreduktion bei allen Substraten (Wachstum nur in Co-Kulturen)		
Syntrophobacter wolinii (BOONE u. BRYANT 1980)	Propionat	Acetat, CH_4
Syntrophomonas wolfei (MCINERNEY et al. 1981)	Fettsäuren C_4-C_8	Acetat, Propionat, CH_4
Syntrophomonas sapovorans (ROY et al. 1986)	Fettsäuren C_4-C_{18}	Acetat, Propionat, CH_4
Clostridium bryantii (STIEB u. SCHINK 1985)	Fettsäuren C_4-C_{11}	Acetat, Propionat, CH_4
Syntrophus bushwellii (MOUNTFORT et al. 1984)	Benzoat	Acetat, CH_4
2. Obligate Protonenreduktion nur bei bestimmten Substraten (Wachstum auch in Reinkultur mit anderen Substraten)		
S-Organismus (BRYANT et al. 1967)	Ethanol, höherere Alkohole	Acetat, CH_4
Thermoanaerobium brockii (BEN-BASSAT et al. 1981)	Ethanol	Acetat, CH_4
Desulfovibrio desulfuricans (ohne Sulfat im Medium) (BRYANT et al. 1977)	Lactat, Ethanol	Acetat, CH_4

c. Acetogene Bakterien

Die acetogenen Bakterien im engeren Sinne sind nach FUCHS (1986) obligate Anaerobier, die CO_2 als terminalen Elektronenakzeptor im Energiemetabolismus verwenden unter Bildung von Acetat und anderen Fettsäuren. Der entscheidende Unterschied zu anderen Acetat-bildenden Organismen ist hier, daß die Acetatsynthese aus C_1-Verbindungen erfolgt:

$$2\,CO_2 + 4\,H_2 \rightarrow CH_3COOH + 2\,H_2O$$

$$4\,CH_3OH + 2\,CO_2 \rightarrow 3\,CH_3COOH + 2\,H_2O.$$

Bei der Verwertung von Hexosen als Substrat für die Energiegewinnung wird der oxydative Abbau zu Acetat verknüpft mit einer Übertragung des Wasserstoffs (bzw. Elektronen) auf CO_2 unter Bildung von Acetat:

$$C_6H_{12}O_6 + 2\,H_2O \rightarrow 2\,CH_3COOH + 2\,CO_2 + 4\,H_2$$

$$2\,CO_2 + 4\,H_2 \rightarrow CH_3COOH + 2\,H_2O.$$

Das Substratspektrum der acetogenen Bakterien ist sehr vielfältig und umfaßt neben den C_1-Verbindungen CO_2/H_2, CO, Methanol, Formiat, Hexosen, Pentosen und andere Verbindungen, deren Verwertung oft artspezifisch ist (s. Tab. 23).

Hauptprodukt des Energiestoffwechsels ist Acetat und bei einigen Arten außerdem Formiat, Butyrat, Propionat und CO_2/H_2. Von besonderer Bedeutung ist die Entdeckung, daß die Mehrzahl der acetogenen Organismen autotroph mit CO_2 und Wasserstoff wachsen kann, wobei die CO_2-Fixierung über einen nicht-cyclischen Weg unter Bildung von Acetyl-Coenzym A als erstem Produkt erfolgt (Acetyl-CoA-Weg, „WOOD-pathway"). Dieser Soffwechselweg wurde für *Clostridium thermoaceticum* durch Bestimmung aller beteiligten Enzyme vollständig aufgeklärt (WOOD et al. 1986, FUCHS 1986, LUNGDAHL 1986). Das Schlüsselenzym ist dabei die Kohlenmonoxiddehydrogenase. Es wurde bereits darauf hingewiesen, daß der autotrophe Weg der CO_2-Fixierung bei den methanogenen Bakterien in gleicher Weise wie bei den acetogenen Bakterien verläuft. Während bei den methanogenen Organismen Methanofuran und Tetrahydromethanopterin als Trägersysteme für die C_1-Reduktionsschritte fungieren, wird diese Funktion bei den acetogenen Organismen durch die strukturanaloge Tetrahydrofolsäure erfüllt. Da die acetogenen Organismen die Fähigkeit besitzen, H_2 auf CO_2 zu übertragen, besteht für eine Wechselbeziehung mit methanogenen Bakterien zur Wasserstoffübertragung keine Notwendigkeit. Bei gemeinsamem Auftreten dieser Organismengruppen kann es jedoch zur Konkurrenz um den verfügbaren Wasserstoff kommen. Durch die höhere Energieausbeute bei der Reduktion von CO_2 zu Methan ($\Delta G^0 = -138{,}8$ kJ) gegenüber der Reduktion zu Acetat ($\Delta G^0 = -95$ kJ KIRSOP

Tabelle 23. Acetogene Bakterien

Organismen	Substrate
Acetoanaerobium noterae (SLEAT et al. 1985)	CO_2/H_2
Acetobacterium woodii (BALCH et al. 1977)	CO_2/H_2, CO, Methanol, Formiat, Hexosen, Lactat, Glycerin, Methoxylgruppen
Acetobacterium carbinolicum (EICHLER u. SCHINK 1984)	CO_2/H_2, Methanol, Formiat
Acetobacterium wieringae (BRAUN u. GOTTSCHALK 1982)	CO_2/H_2, Formiat
Acetogenium kivui (LEIGH et al. 1981)	CO_2/H_2, Formiat, Pyruvat, Hexosen
Butyribacterium methylotrophicum (ZEIKUS et al. 1980)	CO_2/H_2, CO, Methanol, Formiat, Hexosen, Lactat, Glycerin
Clostridium aceticum (BRAUN et al. 1981)	CO_2/H_2, Formiat, Hexosen
Clostridium barkeri (STADTMAN et al. 1972)	Hexosen, Lactat, Hypoxanthin, Nicotinsäure
Clostridium formicoaceticum (ANDREESEN et al. 1970)	Methanol, Hexosen, Lactat, Glutamat
Clostridium pfennigii (KRUMHOLZ u. BRYANT 1985)	CO, Pyruvat, Ferulat, Vanillin
Clostridium thermoaceticum (FONTAINE et al. 1942)	CO_2/H_2, CO, Methanol, Formiat, Hexosen, Pentosen
Clostridium thermoautotrophicum (WIEGEL et al. 1981)	CO_2/H_2, CO, Methanol, Formiat, Hexosen, Pentosen, Lactat
Desulfotomaculum orientis (KLEMPS et al. 1985)	CO_2/H_2, CO, Methanol, Formiat
Desulfovibrio baarsii (JANSEN et al. 1984)	CO_2/H_2, CO, Formiat
Eubacterium limosum (GENTNER et al. 1981)	CO_2/H_2, CO, Methanol, Hexosen, Lactat, Betain
Sporomusa ovata (MÖLLER et al. 1984)	CO_2/H_2, Methanol, Formiat
Sporomusa spheroides (MÖLLER et al. 1984)	CO_2/H_2, Methanol, Formiat
Sporomusa acidovorans (OLLIVIER et al. 1985)	CO_2/H_2, Methanol, Formiat
Peptostreptococcus productus (LOROWITZ u. BRYANT 1984)	H_2/CO_2, CO, Glucose

1984) ist die Methanogenese begünstigt, so daß die methanogenen Organismen die acetogenen durch Substratkonkurrenz kompetitiv hemmen können.
In einer Co-Kultur eines methanogenen Bakteriums mit *Acetobacterium woodii* auf Glucose nutzt der methanogene Organismus den intermediär gebildeten Wasserstoff (s. o.) zur Methanogenese, wodurch die freigesetzte Acetatmenge gegenüber einer Monokultur von *Acetobacterium* abnimmt. Diese Form der Konkurrenzbeziehung ist von HEIJTHUSEN u. HANSEN (1986) als Energieparasitismus bezeichnet worden.
Ökologisch bedeutsam für den anaeroben Abbau insgesamt und für die Methanbildung ist die Leistung der acetogenen Bakterien bei der Umwandlung zahlreicher organischer Verbindungen in Acetat. Die Verwertung von Acetat durch die methanogenen Bakterien hat offenbar auch hier zu keinen syntrophen Beziehungen zu den acetogenen Bakterien geführt (wahrscheinlich durch zu hohe K_m-Werte der methanogenen Bakterien für Acetat) und muß wie bei den anderen acetatbildenden Organismengruppen als eine kommensalische Wechselbeziehung mit positiver Auswirkung auf den Gesamtverlauf des anaeroben Abbaus angesehen werden.

3. Aerobe Methanoxydation

Überall dort, wo rezent gebildetes Methan, fossiles oder abiogenes Methan in die aeroben Bereiche der Biosphäre gelangt, finden eine aerobe Oxydation des Methans zu CO_2 und eine Assimilation des Methankohlenstoffs in die organische Substanz durch die Aktivität einer Gruppe von weit verbreiteten Bakterien statt. Vor allem in aquatischen Ökosystemen und im Boden wirken diese Organismen als Barriere für den Übertritt des in den anaeroben Bereichen dieser Habitate gebildeten Methans in die Atmosphäre.

3.1. Eigenschaften methanotropher Bakterien

Die Fähigkeit, Methan als einzige Kohlenstoff- und Energiequelle zu verwerten, ist im wesentlichen auf eine kleine Gruppe von spezialisierten Bakterien, die methanotrophen Bakterien, beschränkt.

Als Synonyme werden verwendet: Methan-assimilierende, Methan-oxydierende, Methanverwertende Bakterien und Methanbakterien. Der letzte Begriff sollte jedoch unbedingt vermieden werden, da er zu Verwechslungen mit den methanogenen Bakterien führt.

Von der Existenz dieser Organismen wissen wir bereits seit Beginn dieses Jahrhunderts (Söhngen 1906, Kaserer 1905); eine intensive Erforschung ihrer Biologie begann jedoch erst in den siebziger Jahren, nachdem die Möglichkeit zur biotechnologischen Nutzung dieser Bakterien für die Herstellung von Futtereiweiß (single cell protein = SCP) auf der Basis von Erdgas erkannt worden war.

Söhngen, der als erster einen methanotrophen Organismus isolierte, nannte ihn *Bacillus methanicus*. Nach unseren heutigen Kenntnissen müssen wir jedoch annehmen, daß der zuerst beschriebene methanotrophe Organismus keine Reinkultur war. Dies wird auch von mehreren Organismen angenommen, die in der Folgezeit von verschiedenen Autoren isoliert und charakterisiert worden sind. Außerdem muß die Möglichkeit in Betracht gezogen werden, daß die Kulturen Organismen enthielten, die sich auf Kosten von Verunreinigungen des Methans (Ethan, Propan) vermehren konnten. Bis zum Jahre 1970 waren nur 4 ausreichend beschriebene Reinkulturen methanotropher Bakterien bekannt:

— *Pseudomonas methanica*
(Reisoliert von Dworkin u. Foster 1956; entspricht *Bacillus methanicus* von Söhngen; heutige Bezeichnung: *Methylomonas methanica*);
— *Methanomonas methanooxidans*
(Stocks u. McCleskey 1964, Brown et al. 1964);
— *Pseudomonas methanitrificans*
(Davis et al. 1964);
— *Methylococcus capsulatus*
(Foster u. Davis 1966).

Im Jahre 1970 publizierte eine Gruppe von englischen Mikrobiologen um Whittenbury die Ergebnisse der Isolierung und Charakterisierung von mehr als 100 Reinkulturen methanotropher Bakterien, durch die die Kenntnisse über Biologie, Taxonomie und Ökologie dieser Organismen auf eine vollkommen neue Stufe gehoben wurden und die auch heute noch die Grundlage für die Einteilung dieser Organismen bilden.
Die wichtigsten Eigenschaften der methanotrophen Bakterien sind:

— Gramnegativ;
— Aerob;
— Oxidase-positiv;
— Catalase-positiv;
— Cytochrome c, a und o oder b;
— Bildung intracytoplasmatischer Membransysteme von paarigen Membranen in bestimmter Anordnung (Tafel 5, 6);
— Bildung von unterschiedlichen Ruhestadien (Exosporen, Cysten);
— Obligat methylotroph: Verwertung von Methan, Methanol als einzige C- und Energiequelle; kein Wachstum auf organischen Verbindungen mit C—C-Bindung; eine Verwertung von Methylformiat, Dimethylcarbamat und Formaldehyd ist möglich;
— Verwertung von NH_4^+ als N-Quelle; die Mehrzahl der Organismen kann auch NO_3^- und NO_2^- nutzen, seltener dagegen organische N-Quellen;
— Fixierung von molekularem Stickstoff (bei der Mehrzahl der Arten);
— Reduktion von NO_3^- zu NO_2^-;
— Oxydation von Methan, Methanol, Formaldehyd;

— Co-Oxydation von NH_4^+, CO, Dimethylether, Formiat und einer großen Zahl verschiedenster organischer Verbindungen;
— Heterotrophe Fixierung von CO_2 und Assimilation zusätzlicher C-Quellen (z. B. Acetat und einige Aminosäuren) beim Wachstum auf Methan.

Durch eine Reihe von wichtigen Merkmalen werden die obligat methanotrophen Bakterien in 2 große Gruppen unterteilt, die Organismen des Typ I und die Organismen des Typ II (s. Tab. 25).

Auf einige charakteristische morphologische und physiologische Eigenschaften der methanotrophen Bakterien soll im folgenden näher eingegangen werden:

a. Morphologie der Zellen (Tafel 7)

Aus dem mikroskopischen Bild ergeben sich keine auffallenden Unterschiede zu anderen Gruppen der Eubakterien. Wir finden gerade, kurze oder längere Stäbchen (*Methylomonas*, *Methylobacter*), Kokken (*Methylococcus*), gebogene Stäbchen (*Methylosinus*, *Methylocystis*), birnenförmige Zellen (*Methylosinus*) und kokkoide Zellen verschiedener Größe (*Methylocystis*). In der Regel besitzen alle methanotrophen Bakterien einen kräftigen, dunklen Phasenkontrast. Die Zellen kommen einzeln und in Paaren, seltener in Ketten vor (*Methylomonas*, *Methylobacter*). Charakteristisch für die meisten Stämme der Gattung *Methylosinus* und für einige Vertreter von *Methylocystis* ist die Anordnung der Zellen in regelmäßigen Rosetten. Während die monotrich polar begeißelten Zellen von Methylomonas eine hohe Geschwindigkeit der Bewegung, ähnlich der von *Pseudomonas*, besitzen, bewegen sich die Zellen von *Methylobacter* und *Methylosinus* langsamer, wobei für die Vertreter der letzten Gruppe mit polaren Geißelschöpfen eine taumelnde Bewegung typisch ist.

An mikroskopisch sichtbaren Zellinhaltsstoffen fallen bei den Arten des Typs II kuglige Einschlüsse mit hoher Lichtbrechung auf, die sich als Reservestoffe aus Poly-β-hydroxybuttersäure erwiesen. Bei wenigen Stämmen aus der *Methylocystis*-Gruppe wurden auch Gasvakuolen nachgewiesen, die mikroskopisch durch einen hellen (negativen) Phasenkontrast sichtbar sind.

Fast alle Arten bilden eine Schleimkapsel von unterschiedlicher Dicke aus, die sich bei den Organismen des Typs II durch radiär angeordnete Fasern auszeichnet.

b. Ruhestadien (WHITTENBURY et al. 1970)

Alle methanotrophen Bakterien können im Verlaufe ihres Lebenszyklus Ruhestadien ausbilden, die sie in die Lage versetzen, ökologische Stress-Situationen zu überdauern.

Exosporen (REED u. DUGAN 1979, REED et al. 1980)

Exosporen werden durch die Vertreter der Gruppe *Methylosinus* gebildet. Es sind kuglige oder becherförmige, dickwandige Zellen mit einer erhöhten Lichtbrechung, die am Ende der logarithmischen Wachstumsphase durch Knospung am zugespitzten Zellende der gebogenen (*Methylosinus sporium*) oder birnenförmigen Zellen (*Methylosinus trichosporium*) entstehen. Vor der Exosporenbildung werden die Zellen unbeweglich, verlängern sich und verjüngen sich an jenem Zellende, das dem Geißelpol gegenüber liegt. Danach setzt die Knospenbildung ein, und es entwickelt sich eine meist becherförmige Exospore, die durch eine Einschnürung von der vegetativen Zelle abgetrennt wird. Bei *Methylosinus trichosporium* bilden die Exosporen bereits in den ersten Entwicklungsstadien eine dicke Schleimkapsel aus, die sowohl ultrastrukturell als auch durch ihre Antigeneigenschaften deutlich von jener der vegetativen Zellen unterschieden ist. Die Kapsel verzögert die Abtrennung der Exosporen von den vegetativen Zellen. Bei der Reifung der Exosporen entstehen kuglige Zellen mit einer dicken Exosporenmembran. Dieser Prozeß wird mikroskopisch sichtbar durch die Veränderung der Lichtbrechung der Exosporen. Die reifen Zellen haben die Färbeeigenschaften von Bakterienendosporen oder von säurefesten Zellen und können daher mit einer Sporenfärbung (z. B. Malachitgrünfärbung) nachgewiesen werden.

Ultradünnschnitte reifer Exosporen zeigen von außen nach innen:

Kapsel,
Zellwand,
Exosporenwand (elektronendicht mit lamellenartiger Struktur; analog dem Cortex von Endosporen),
Cytoplasmamembran,
Intracytoplasmatische Membranen,
Cytoplasma.

Für die Keimung der Exosporen ist Methan notwendig. Sie erfolgt innerhalb von 2—15 Tagen, abhängig vom Alter und der Behandlung der Sporen. Erste Anzeichen der Keimung sind Verlust der Lichtbrechung und der Säurefestigkeit; dann wächst ohne Quellung der Spore ein Stäbchen heraus und beginnt sich zu teilen.

Gegenüber den vegetativen Zellen zeichnen sich die Exosporen durch Austrocknungsresistenz und durch Hitzeresistenz aus. Sie können mehr als ein Jahr im getrockneten Zustand überleben und vertragen eine Temperatureinwirkung von maximal 85°C 15 Minuten. Diese Eigenschaften der Exosporen sind ähnlich denen der Endosporen von Eubakterien. Das Fehlen der Dipicolinsäure, die Ultrastruktur und ihre Morphogenese zeigen jedoch grundsätzliche Unterschiede. Eine strukturelle Übereinstimmung wurde bei den Exosporen von *Methylosinus* und dem photoautotrophen Purpurbakterium *Rhodomicrobium vannielii* nachgewiesen (Reed et al. 1980).

Lipidcysten

Diese Ruheformen kommen bei den Vertretern der Gruppe *Methylocystis* vor. Es handelt sich um vergrößerte Zellformen, die größere Mengen von Lipideinschlüssen und Poly-β-hydroxybuttersäure enthalten. Im Gegensatz zu vegetativen Zellen sind in den Lipidcysten keine intracytoplasmatischen Membranen zu erkennen. Ausgereifte, 7—14 Tage alte Lipidcysten können mit einer Säurefest-Färbung nachgewiesen werden. Lipidcysten sind resistent gegenüber Austrocknung, zeigen jedoch keine wesentlich höhere Hitzeresistenz als vegetative Zellen.

***Azotobacter*-Typ-Cysten**

Diese Art der Ruheformen ist charakteristisch für die Vertreter der Gruppe *Methylobacter*. Es sind relativ große, kuglige bis elliptische Zellen mit einer dicken äußeren Wand; im Phasenkontrastmikroskop fallen sie durch eine starke Lichtbrechung auf. Wie bei *Azotobacter* können auch hier mehr als eine Zelle in der Cyste eingeschlossen sein.
Die Bildung der *Azotobacter*-Typ-Cysten beginnt mit der Verkürzung, Abrundung und Vergrößerung der stäbchenförmigen Zellen, die dabei auch ihre Beweglichkeit verlieren. Die Cystenbildung wird oft begleitet von der Bildung eines braunen oder gelben Farbstoffes. Die Cysten bestehen aus einem Zentralkörper, einer dicken inneren Wand und aus einer äußeren Wand, auf der oft Anhänge oder Schleimhüllen aufgelagert sind. Die Cysten sind austrocknungs-, aber nicht hitzeresistent.

Unreife *Azotobacter*-Typ-Cysten

Diese Cysten werden durch die beiden restlichen Gruppen der obligat methanotrophen Bakterien, *Methylomonas* und *Methylococcus*, gebildet. Sie unterscheiden sich morphologisch nur wenig von den vegetativen Zellen. Meist sind diese etwas vergrößert, abgerundet und mit einer dickeren Zellwand ausgestattet, ähnlich wie unreife Cysten des vorhergehenden Typs. Diese Cysten können 5—6 Wochen ohne Methan überleben, während vegetative Zellen häufig schon nach 2—3 Tagen ohne Methanversorgung absterben. Hitze- und Austrocknungsresistenz sind hier nicht vorhanden.

c. Intracytoplasmatische Membranen
(Davies u. Whittenbury 1970)

Ähnlich wie bestimmte chemolithoautotrophe Bakterien (Nitrifizierer), die photolithoautotrophen Bakterien (Schwefelpurpurbakterien, Chlorobakterien) und Cyanobakterien haben alle methanotrophen Bakterien komplexe intracytoplasmatische Membransysteme, durch die die Oberfläche der Cytoplasma-

membran auf das 4—8fache vergrößert wird. Nach der Anordnung der Membranen wird zwischen 2 Typen unterschieden (s. Tafel 5, 6).
Typ I—Methanotrophe (*Methylomonas*, *Methylococcus*, *Methylobacter*) besitzen Stapel von abgeflachten, scheibenförmigen Vesikeln, die durch die gesamte Zelle verteilt sind. Die Vesikel werden durch eine ,unit'-Membran von 7,5—8 nm Dicke begrenzt, die einen Raum von 15—20 nm umschließt. Der Abstand zum nächsten Vesikel beträgt 2 nm (SMITH et al. 1970). Die Membranstapel entstehen durch Invagination der cytoplasmatischen Membran. Diese regelmäßige Anordnung der Membranen kann in Abhängigkeit von den Kulturbedingungen und vom Zellalter stark verändert werden. In Zellen aus der stationären Wachstumsphase nimmt die Zahl und Regelmäßigkeit der Membranen schnell ab.
Die Membranen der Methanotrophen vom Typ II (*Methylosinus*, *Methylocystis*) sind paarig angeordnet und verlaufen hauptsächlich parallel zur Zellperipherie. Auch ihre Ausbildung ist abhängig von den Kulturbedingungen. So wird z. B. bei *Methylosinus trichosporium* die Membranentwicklung durch geringe Sauerstoffkonzentrationen gefördert, während bei hohen Sauerstoffkonzentrationen nur wenige Membranen gebildet werden (SCOTT et al. 1981). Unter bestimmten Bedingungen sind auch bei kontinuierlicher Kultur statt der peripheren Membranen membranumhüllte Vesikel bei den Typ II Organismen beobachtet worden. Insgesamt muß die Ausbildung der Membranen als ein dynamischer Prozeß betrachtet werden, der von den ökologischen Bedingungen beeinflußt wird.
Die Funktion der Membranen wird mit der Leistung der Methanoxydation in Zusammenhang gebracht, wobei dies für den ersten Schritt, die Oxydation des Methans zum Methanol, gilt. Obligate und fakultative Methanol-verwertende Bakterien bilden keine intracytoplasmatischen Membranen aus. Methano trophe Bakterien verlieren auch beim Wachstum auf Methanol die Membranen, bilden sie aber nach Kontakt mit Methan erneut aus. Letzteres gilt jedoch nicht für alle Methanotrophen. Bei einigen Stämmen bleiben die Membranen auch beim Wachstum auf Methanol erhalten.

d. Physiologische Merkmale

C-Quellen

Der überwiegende Teil der bisher beschriebenen Reinkulturen methanotropher Bakterien ist obligat methanotroph, d. h. für Wachstum und Vermehrung sind diese Organismen auf Methan als einzige Kohlenstoff- und Energiequelle angewiesen. Die meisten methanotrophen Bakterien können außerdem Methanol assimilieren. Der Nachweis dieser Eigenschaft erfordert jedoch vielfach die Anwendung sehr geringer Konzentrationen wegen der toxischen Wirkung von Methanol. Darüber hinaus werden in unterschiedlichem Maße weitere C_1-Verbindungen wie Formaldehyd und Verbindungen mit Methylgruppen aber ohne C—C-Bindungen, wie Methylformat und Dimethylcarbamat, als C- und Energiequelle genutzt. Dagegen ist ein Wachstum auf organischen Verbindungen mit C—C-Bindungen als einzige Kohlenstoff- und Energiequellen, wie organischen Säuren, Kohlenhydraten, Aminosäuren oder komplexen organischen Verbindungen wie Pepton, nicht möglich. Ein großer Teil dieser organischen Verbindungen verursacht in Konzentrationen über 0,1% eine Hemmung des Wachstums der methanotrophen Bakterien.

N-Quellen

Als N-Quellen werden von fast allen methanotrophen Bakterien NH_4^+ und NO_3^- assimiliert; z. T. kann auch NO_2^- verwertet werden. Einige Methanotrophe können auch organische N-Quellen, wie Harnstoff und Aminosäuren, oder komplexe Gemische, wie Hefeextrakt und Casamino acids, verwerten.

pH-Wert

Als optimaler pH-Wert für das Wachstum der Mehrzahl methanotropher Bakterien wird 6,6—6,8 angegeben. Die pH-Grenzwerte für die Aktivität und für die Vermehrung dieser Organismen liegen auf Grund ökologischer Untersuchungen extremer Habitate zwischen 4 und 9 und sind damit viel weiter als die bisher durch die Untersuchung weniger Reinkulturen bekannten Werte.

Temperatur

Die Mehrzahl der methanotrophen Bakterien kann im Temperaturbereich zwischen 20 und 37 °C wachsen und sich vermehren, wobei die optimalen Temperaturen um 30 °C liegen (mesophile Stämme). Daneben gibt es auch thermotolerante Stämme, deren Maximaltemperaturen für das Wachstum bei 50 °C (*Methylococcus capsulatus*) bzw. bei 55 °C (*Methylobacter*) liegen. Ausgesprochen thermophil ist *Methylococcus thermophilus* (MALASHENKO et al. 1975) mit einer Optimaltemperatur von 55 °C und einem Temperaturbereich von 37—62 °C. Nach den Ergebnissen ökologischer Untersuchungen wird auch das Vorkommen von psychrophilen Stämmen methanotropher Bakterien (Temperaturoptimum unter 20 °C) angenommen.

Die unter optimalen Kulturbedingungen bestimmten Generationszeiten der methanotrophen Bakterien sind mit 2 bis 5 Stunden deutlich länger als bei vielen anderen heterotrophen Bakterien.

Wenig ausgeprägt ist bei dieser Organismengruppe das Vermögen zur Bildung von Sekundärmetaboliten. Als Farbstoffe treten bei der Gruppe *Methylomonas* häufig Carotinoide auf. Bei *Methylobacter* werden vor allem in Zusammenhang mit der Cystenbildung gelbe und braune Farbstoffe produziert. *Methylosinus sporium* scheidet einen dunklen, wasserlöslichen Farbstoff in das Medium aus. Eine Ausnahme stellt die Beobachtung eines leuchtend roten, Prodigiosin-

artigen Pigmentes bei einem Stamm von *Methylosinus trichosporium*, der in der Regel keine Farbstoffe bildet, dar (STRAUSS u. BERGER 1983). Von biotechnologischem Interesse ist die Bildung von Exopolysacchariden durch methanotrophe Bakterien.
Als Besonderheit gelten auch der Nachweis von Squalen bei *Methylococcus capsulatus* (BIRD et al. 1971) und das Auftreten von C_{29}- und C_{30}-Hopanoiden bei methanotrophen Bakterien (ZUNDEL u. ROHMER 1985).

Fakultativ methanotrophe Bakterien

Neben den beschriebenen obligat methanotrophen Bakterien sind in den letzten 10 Jahren 4 Organismen beschrieben worden, die sowohl Methan als Kohlenstoff- und Energiequelle als auch organische Substanzen mit C—C-Bindungen verwerten können (PATT et al. 1974, PATEL et al. 1978, LYNCH et al. 1980). Für diese fakultativ methanotrophen Bakterien, die in der Gattung *Methylobacterium* (PATT et al. 1976) zusammengefaßt sind, gelten folgende Merkmale:

- Methan und organische Verbindungen mit C—C-Bindung werden als C- und Energiequelle verwertet;
- gramnegativ;
- kurze oder pleomorphe Stäbchen;
- beweglich mittels polarer Geißel;
- Bildung von intracytoplasmatischen Membranen vom Typ II beim Wachstum auf Methan;
- Assimilation von Methan und anderer C_1-Verbindungen auf dem Serinweg;
- G + C-Gehalt 66 mol%;
- Kolonien rot, weiß, gelb oder braun;
- Tricarbonsäurecyclus vollständig ausgebildet;
- aerob;
- Catalase-positiv;
- Oxidase-positiv.

Bei einer der 4 beschriebenen fakultativ methanotrophen Bakterienarten, *Methylobacterium ethanolicum*, konnte inzwischen festgestellt werden, daß sie aus einer stabilen Assoziation von 2 Bakterienarten besteht, und zwar aus einem obligat methanotrophen Bakterium (*Methylocystis*) und einem methylotrophen Bakterium (*Xanthomonas*) ohne Methanverwertung (LIDSTROM-O'CONNOR et al. 1983). Diese Entdeckung und die Beobachtung über den Verlust der Methanverwertung bei *Methylobacterium organophilum* während der Kultur lassen Zweifel am Konzept der fakultativen Methanotrophie aufkommen.

3.2. Methoden zur Kultur, Anreicherung, Gewinnung von Reinkulturen und zur quantitativen Erfassung

Die wichtigsten Voraussetzungen für die Kultur der methanotrophen Bakterien sind ein Mineralmedium mit einer Stickstoffquelle, Phosphat, Mineralstoffen und Spurenelementen und ein Methan-Luft-Gasgemisch. Beispiele für verschiedene Mineralmedien sind in der Tabelle 24 angegeben.
Das genaue Verhältnis der Gase im Gemisch ist nicht von entscheidender Bedeutung. Methan-Luftgemische von 20:80 bis 50:50 vol.% können mit Erfolg verwendet werden. Oft wirkt sich ein Zusatz von CO_2 günstig auf das Wachstum

Tabelle 24. Mineralmedien für die Kultur von methanotrophen Bakterien

	LEADBETTER u. FOSTER 1958	WHITTENBURY et al. 1970	MALASHENKO et al. 1978	HEYER u. SUCKOW 1985
Mineralstoffe in g/l Aqua dest.				
NH_4Cl	—	—	—	0,5
KNO_3	—	1,0	1,0	—
$NaNO_3$	2,0	—	—	—
$MgSO_4 \cdot 7\,H_2O$	0,2	1,0	0,3	0,1
KH_2PO_4	—	—	0,4	0,3
K_2HPO_4	—	—	0,4	—
Na_2HPO_4	0,21	0,4	—	0,56
$CaCl_2$	0,015	0,2	0,02	0,005
$FeSO_4 \cdot 7\,H_2O$	0,001	—	—	0,005
Sequestrene Fe-Komplex	—	0,004	—	—
NaCl	—	—	0,3	—
$FeCl_3$	—	—	0,001	—
NaH_2PO_4	0,09	—	—	—
KCl	0,4	—	—	—
Spurenelemente in µg/l Aqua dest.				
Cu^{++}	5	Spurenelement-		50
B^{3+}	10	lösung nach		20
Mn^{++}	10	PFENNIG 1962		50
Zn^{++}	70			100
Mo^{6+}	10			40
Co^{++}	—			20
pH-Werte	7,0	6,8		7,2–7,4

der Organismen aus (z. B. 20 Vol.% CH_4, 75 Vol.% Luft, 5 Vol.% CO_2). Da sich die Kohlenstoff- und Energiequelle in der Gasphase befindet, sind für die Kultur von methanotrophen Bakterien in Anlagen ohne kontinuierliche Gaszufuhr gasdichte Systeme mit einem möglichst großen Gasraum erforderlich. Für Ruhekulturen in flüssigen Medien geschieht dies am einfachsten in großen Exsikkatoren, Anaerobentöpfen oder anderen, gasdicht abschließbaren Gefäßen, in denen eine größere Zahl von mikrobiologischen Kulturgefäßen, wie Röhrchen, Bechergläser mit Glasdeckel, Erlenmeyer, jeweils mit der Mineralnährlösung und gasdurchlässigen Verschlüssen (Wattestopfen, Kapsenbergkappen) gleichzeitig inkubiert werden kann. Das gewünschte Gasgemisch wird in einem Gasometer hergestellt und nach dem Evakuieren in das Gefäß geleitet. Auch mit Durchleiten des Gasgemisches kann man einen Gasaustausch erreichen. Wenn man gasdichte Kulturgefäße verwendet, die einzeln mit Gas versorgt werden, kann man auf den Begasungsbehälter verzichten. Eine Möglichkeit ist auch die Injektion von Methan mit einer Spritze in mit Serumkappen verschlossene Gefäße nach der Beimpfung der Mineralnährlösung. Das älteste Verfahren ist die SÖHNGEN-Flaschen-Methode:

2 mit Nährlösung gefüllte Flaschen sind miteinander verbunden. Die gasdicht abgeschlossene Kulturflasche enthält das Impfmaterial in der Nährlösung und ein Methan-Luft-Gasgemisch in der Gasphase. Beim Wachstum der Methanassimilierenden Bakterien werden Methan und Sauerstoff verbraucht, wodurch aus der 2. Flasche, der Reservoirflasche, die über einen Wattefilter mit der Atmosphäre in Verbindung steht, Nährlösung in die Kulturflasche strömt. Der Niveauabfall der Flüssigkeit in der Reservoirflasche ist damit ein Maß für den Gasverbrauch durch die methanotrophen Bakterien. Der Vorteil dieser etwas aufwendigeren Methode liegt in der Aktivitätsmessung.

Die makroskopischen Kennzeichen der Entwicklung methanotropher Bakterien in den Ruhekulturansätzen sind vor allem die Bildung von mehr oder weniger dicken Häuten an der Flüssigkeitsgrenzfläche zur Gasphase, Trübung der Nährlösung und Sedimentbildung, je nachdem welche Organismen kultiviert werden. Für Ruhekulturen sind Inkubationszeiten von mindestens 1—2 Wochen erforderlich. Enthalten die Ansätze nur einzelne Zellen von Dauerformen (Exosporen oder Cysten), dann kann eine makroskopisch sichtbare Massenentwicklung auch erst nach 4—6 Wochen Kulturzeit auftreten.

Eine bessere Gasversorgung der Zellen und damit auch ein schnelleres Wachstum wird im Schüttelkulturverfahren erreicht. Dafür sind gasdichte Kulturflaschen erforderlich, deren Gasphase im Verlaufe der Inkubation entsprechend der Wachstumsintensität der Organismen mehrmals ausgetauscht werden muß. Je nach der Menge des Impfmaterials ist die Vermehrung der methanotrophen Bakterien in Schüttelkultur, sichtbar an der Trübung, nach 2—7 Tagen abgeschlossen.

Für die Gewinnung größerer Mengen von Zellmaterial wird in Fermentoren mit intensiver Rührung und ständiger Begasung mit dem Methan-Luft-Gasgemisch kultiviert.

Zur Kultur auf festen Medien muß Agar von hohem Reinheitsgrad dem Mineralmedium zugesetzt werden, da organische Verunreinigungen bei zahlreichen Stämmen eine Wachstumshemmung verursachen. Für besonders empfindliche Arten empfiehlt sich die Präparation von Silicagelplatten (GALCHENKO et al. 1975). Petrischalen, Röhrchen und andere, mit den festen Medien gefüllte Kulturgefäße werden in Exsikkatoren unter dem Methan-Luft-Gasgemisch 7—14 Tage inkubiert.

Zur Erhaltung der Reinkulturen methanotropher Bakterien ist die regelmäßige Überimpfung in 14tägigen Abständen die sicherste Methode, die vor allem bei den empfindlichen Stämmen der *Methylomonas*-Gruppe notwendig ist. Bei Stämmen von *Methylosinus*, *Methylocystis* und *Methylobacter* mit ausgeprägter Ruheformbildung genügen auch Überimpfungsperioden von 2—6 Monaten, wenn die angewachsenen Kulturen in der Zwischenzeit im Kühlschrank aufbewahrt werden. Bei diesen Stämmen gelingt auch die Konservierung durch lyophile Trocknung, nicht dagegen bei *Methylomonas*. Gute Erfahrungen bei fast allen Stämmen sind mit der Aufbewahrung über flüssigem Stickstoff gesammelt worden.

Bei besonders empfindlichen Stämmen gelingt die Erhaltung als künstlich syntrophe Assoziation mit einem nicht-methanotrophen Organismus (Ammenkultur), der sich morphologisch und durch seine Koloniefarbe möglichst gut von dem methanotrophen Organismen unterscheiden sollte (MALASHENKO et al. 1978). Die Aufgabe des nicht-methanotrophen Partners ist es, die von dem methanotrophen Bakterium ausgeschiedenen Stoffwechselprodukte (Methanol, organische Verbindungen) aufzunehmen und damit die Eigenhemmung des methanotrophen Organismus aufzuheben.

Für den spezifischen Nachweis der methanotrophen Bakterien in Probematerial aus der Natur, wo neben dem gesuchten Organismus noch zahlreiche andere Bakterien vorkommen, bedient man sich der Anreicherungstechnik, bei der durch die Wahl selektiver Kulturbedingungen eine ausschließliche Vermehrung der gewünschten Organismengruppe angestrebt wird. Durch die hohe Selektivität von Methan als C- und Energiequelle ist das Anreicherungsverfahren für methanotrophe Bakterien recht einfach: Das Probematerial wird in eine mineralische Nährlösung eingeimpft und unter einer Gasatmosphäre von Methan und Luft inkubiert. Dabei kann man sich der verschiedenen, oben beschriebenen Kulturverfahren bedienen. Bei der Gewinnung einer großen Vielfalt von Organismen sind Ruhekulturverfahren, in denen sich Gradienten der Methan- und Sauerstoffkonzentrationen in der Flüssigkeit einstellen können, dem Schüttelkultur- oder Rührkulturverfahren vorzuziehen. Für die Gewinnung

biotechnologisch aussichtsreicher Stämme zur Biomasseproduktion mit hoher Wachstumsgeschwindigkeit wird die Anreicherung im Fermentor bei kontinuierlicher Kultur durchgeführt.
Je nachdem, ob man mesophile, thermotolerante oder thermophile Stämme anreichern will, wird bei Temperaturen von 30 °C, 45 °C oder 55 °C bebrütet. Wichtig ist, daß bereits für die Anreicherungskulturen Methan von hoher Reinheit benutzt wird. Verwendet man z. B. Erdgas, das stets einen Anteil von Ethan und Propan enthält, so können sich Ethan- bzw. Propan-assimilierende Organismen entwickeln und anreichern.
Die Kulturzeiten für die 1. Anreicherungskulturen sind sehr verschieden und reichen von 3—4 Tagen bis zu 6 Wochen, in Abhängigkeit von der Menge des eingeimpften Probematerials, der Zahl der darin befindlichen Keime und ihrem physiologischen Zustand. Trotz der streng selektiven Bedingungen, die nur eine Vermehrung der methanotrophen Bakterien zulassen sollten, enthalten die Anreicherungskulturen stets große Mengen von Begleitorganismen, die sich zunächst auf Kosten des mit dem Probematerial eingebrachten organischen Materials und bei den Subkulturen von den Stoffwechsel- und Autolyseprodukten der methanotrophen Bakterien vermehren können. Häufigste Begleitorganismen sind oligocarbophile Bakterien wie *Hyphomicrobium* und *Caulobacter*, fakultativ methylotrophe Bakterien und Pseudomonaden.
An die Anreicherung schließt sich die Isolation von Reinkulturen an. Ist die Zahl der methanotrophen Bakterien in der Anreicherungskultur größer als die Zahl der Begleiter, dann kann eine Isolation über Verdünnungsreihen in flüssigen Medien zum Erfolg führen. In den meisten Fällen erfolgt jedoch die Isolation durch Ausstriche der verdünnten Anreicherungskulturen auf Mineralagarplatten, die in Exsikkatoren unter Methan-Luft-Gasgemischen bebrütet werden. Die ersten Kolonien erscheinen in der Regel nach 5—7 Tagen und erreichen nach 14 Tagen ihre endgültige Größe. Liegen Dauerformen in den Anreicherungskulturen vor, können die Kolonien auch erst nach 2—3 Wochen auftreten. Zur Reinigung werden die in der Bakteriologie üblichen Techniken mit Verdünnungsreihen und Ausstrichen auf Mineralagarplatten angewendet, wobei die Zwischenschaltung von Flüssigkeitskulturen von Vorteil sein kann.

Beim Isolationsverfahren müssen folgende Schwierigkeiten beachtet werden:
Die Begleitorganismen bilden auf den Agarplatten ebenfalls Kolonien, die jedoch infolge Nährstofflimitation sehr klein und transparent sind oder in Form von außerordentlich dünnen und vollkommen durchsichtigen Filmen auf der Agaroberfläche auftreten. Übersieht man diese Begleitorganismen, wie dies in der Vergangenheit oft geschehen ist, dann kommt man zu Mischkulturen, die beim Wachstum auf Methan stets einen geringen Anteil an Begleitorganismen enthalten. Überträgt man solche Kulturen auf organische Komplexmedien, auf denen obligat methanotrophe Bakterien nicht wachsen, dann vermehren sich die Begleitorganismen und täuschen eine fakultative Methanotrophie vor. Bei allen Iso-

lationsarbeiten ist daher die Verwendung eines Stereomikroskopes unerläßlich. Dies ist auch deshalb notwendig, weil die Abimpfung der Kolonien der methanotrophen Bakterien so früh wie möglich, am besten bei einer Koloniegröße von 0,2—0,5 mm, erfolgen sollte.
Weitere Schwierigkeiten bei der Isolation von Reinkulturen werden durch Pilze, die sich bei der hohen Luftfeuchtigkeit in den Exsikkatoren rasch ausbreiten können, und durch Protozoen verursacht, die sich von den Bakterien ernähren. Abhilfe kann hier durch Gasfiltration, Exsikkatorsterilisation bzw. durch Verdünnungsreihen und kurze Kulturzeiten geschaffen werden.

Eine Koloniebildung wird auch auf Membranfiltern erreicht, die mit einer Mineralnährlösung getränkt und unter einem Methan-Luft-Gasgemisch bebrütet werden.
Bei Proben mit einem sehr hohen Gehalt an methanotrophen Bakterien ist auch eine Direktisolation auf Mineralagarplatten ohne Zwischenschaltung von Anreicherungskulturen möglich.
Für ökologische Untersuchungen ist die quantitative Bestimmung der methanotrophen Bakterien in natürlichen Ökosystemen neben zahlreichen anderen Bakterien von großer Bedeutung. Dafür macht man sich das selektive Anreicherungsverfahren mit flüssigem Mineralmedium und Methan als einziger Kohlenstoff- und Energiequelle zunutze. Beim Membranfilterverfahren werden Wasserproben oder suspendierte und verdünnte Erdproben durch Membranfilter filtriert, die danach auf mit Mineralnährlösung getränktem Filterpapier unter Methan-Luft-Atmosphäre bis zur Bildung von Mikrokolonien bebrütet werden (Cappenberg 1972). Nach der mikroskopischen Auszählung der angefärbten Mikrokolonien und dem Vergleich mit entsprechenden Kontrollen ohne Methan ergibt sich der Keimgehalt. Die Membranfiltermethode ist nicht anwendbar, wenn die Boden- oder Sedimentproben nur wenige Keime enthalten, weil dann bei der geringen Verdünnung die Membranfilter mit Partikeln der Probe beladen werden, die eine Auszählung der Kolonien unmöglich machen. Vielseitiger anwendbar ist die MPN (most probable number)-Methode. Nach entsprechender Verdünnung des Probematerials und Beimpfung 5—10 paralleler Kulturgefäße mit flüssigem Mineralmedium pro Verdünnungsstufe wird die makroskopisch sichtbare Massenentwicklung nach einer Inkubationsdauer von 3—6 Wochen unter den selektiven Kulturbedingungen als Kriterium für das Vorhandensein der Keime in der Verdünnungsstufe gewertet und daraus die wahrscheinliche Keimzahl ermittelt.
Voraussetzungen für beide Methoden ist, daß sich jede Zelle der methanotrophen Bakterien der Probe unter den Kulturbedingungen vermehrt und dabei entweder eine Kolonie auf den Membranfiltern oder eine makroskopisch erkennbare Massenansammlung (Haut, Membran, Trübung, Sediment) im flüssigen Medium der MPN-Kulturansätze bildet. Für junge vegetative Zellen trifft dies

im wesentlichen zu. Unsicher ist jedoch, ob bei den Zellen im Probematerial mit unterschiedlichem physiologischen Zustand (Cysten, Exosporen) diese Voraussetzung gegeben ist.

3.3. Taxonomie methanotropher Bakterien

Die derzeitige taxonomische Situation bei den methanotrophen Bakterien ist vollkommen unbefriedigend. Nach der Erstbeschreibung eines methanotrophen Organismus im Jahre 1906 durch SÖHNGEN (*Bacillus methanicus*) folgten weitere Isolationen durch STÖRMER (1908), MÜNZ (1915), TAUZ und DONATH (1930), HUTTON und ZOBELL (1949), NECHAEVA (1949) und andere. Jedoch waren die Beschreibungen nicht ausreichend für eine taxonomische Einordnung. Die ersten Reinkulturen mit einer umfassenden Merkmalscharakteristik gehen auf DWORKIN und FOSTER (1956) zurück, deren Stämme von *Pseudomonas methanica* dem von SÖHNGEN beschriebenen Organismus sehr ähnlich waren und daher als Reisolate aufgefaßt werden. Weitere Isolationen führten zu Neubeschreibungen: *Methanomonas methanooxidans* (BROWN et al. 1964), *Pseudomonas methanitrificans* (DAVIS et al. 1964), *Methylococcus capsulatus* (FOSTER u. DAVIS 1966). Nach der Isolierung und Charakterisierung von mehr als 100 Reinkulturen obligat methanotropher Bakterien legten WHITTENBURY et al. (1970) ein Einteilungsschema für diese Organismengruppe vor, das auch heute noch die Grundlage für die Differenzierung dieser Organismen bildet. Die meisten darin enthaltenen Taxa sind jedoch nicht den Regeln des „International Code of Nomenclature of Bacteria“ entsprechend beschrieben worden und haben damit formal keine Gültigkeit. Demzufolge enthält „Bergey's Manual of Systematic Bacteriology Vol. 1“ (KRIEG u. HOLT 1984) nur 2 Arten methanotropher Bakterien: *Methylococcus capsulatus* (FOSTER u. DAVIS 1966) und *Methylomonas methanica* (ex LEADBETTER 1974) nom. rev., die in der Familie der *Methylococcaceae* vereinigt sind, während alle anderen beschriebenen Organismen als Arten und Gattungen von unsicherer Zuordnung aufgeführt werden. Ein Grund für diese Situation ist sicher die geringe Anzahl von Merkmalen, die zum Zeitpunkt der Entdeckung dieser Organismen für eine Differenzierung zur Verfügung standen. Dadurch ist die Unterscheidung einzelner Arten in dem vorläufigen Klassifikationsschema von WHITTENBURY et al. (1970) nicht immer sicher möglich. Trotz dieser Schwierigkeiten hat sich das Einteilungsschema, insbesondere für die höheren Taxa, zur Differenzierung zahlreicher neu isolierter, obligat methanotropher Bakterien wiederholt bewährt und konnte durch die Einführung neuer Merkmale bestätigt werden (Tab. 25).

Tabelle 25. Unterscheidungsmerkmale für die Gruppen methanotropher Bakterien

Merkmal	**Organismen vom Typ I**			**Organismen vom Typ II**	
	Methylomonas	*Methylobacter*	*Methylococcus*	*Methylosinus*	*Methylocystis*
Anordnung der intracytoplasmatischen Membransysteme	Stapel von scheibenförmigen Membranvesikeln in der gesamten Zelle verteilt			Periphere, parallel zur Zellwand verlaufende Membranen	
Rosettenbildung	fehlt			vorhanden	
Hauptweg der Kohlenstoffassimilation	Ribulosemonophosphatweg			Serinweg	
Tricarbonsäurecyclus	unvollständig (keine Oxoglutaratdehydrogenase)			vollständig	
Glucose-6-phosphatdehydrogenase und 6-Phosphogluconatdehydrogenase	vorhanden			fehlen	
Kettenlängen der Hauptfettsäuren	C_{16}			C_{18}	
Pentosephosphatisomerase	geringe Menge			große Menge	
Ribulosebiphosphatcarboxylase	fehlt		vorhanden	fehlt	
Phosphoribulokinase	fehlt		vorhanden	fehlt	
Malatdehydrogenase	hohe Aktivität		geringe Aktivität	hohe Aktivität	

Tabelle 25 (Fortsetzung)

Merkmal	Organismen vom Typ I			Organismen vom Typ II	
	Methylomonas	*Methylobacter*	*Methylococcus*	*Methylosinus*	*Methylocystis*
DNS-Basenverhältnis mol% G + C	50—54	48—52	62,5	60—65	58—62
Morphologie	Stäbchen	Stäbchen	Kokken	gebogene Stäbchen oder birnenförmige Zellen	Stäbchen, gebogene Stäbchen oder kokkoide Zellen
Ruhestadien	unreife Cysten	*Azotobacter*-Cysten	unreife Cysten	Exosporen	Lipidcysten
Beweglichkeit Geißelanordnung	+ polar monotrich	+/− polar monotrich	−/+	+ polar polytrich	−/+

Tabelle 26. Methanotrophe Bakterien

Methylomonas methanica (SÖHNGEN 1906, WHITTENBURY u. KRIEG 1984)
(*„Bacillus methanicus“, „Pseudomonas methanica“, „Methanomonas methanica“*)
„Methylomonas albus“ (WHITTENBURY et al. 1970)
„Methylomonas gracilis“ (ROMANOVSKAYA et al. 1978)
(*„Methylococcus gracilis“*)
„Methylomonas pelagica“ (SIEBURTH et al. 1987)
„Methylobacter chroococcum“ (WHITTENBURY et al. 1970)
(*„Methylococcus chroococcus, „Methylovarius chroococcus“*)
„Methylobacter bovis“ (WHITTENBURY et al. 1970)
(*Methylococcus bovis, „Methylovarius bovis“*)
„Methylobacter capsulatus“ (WHITTENBURY et al. 1970)
(*Methylococcus whittenburyi, „Methylovarius whittenburyi“*)
„Methylobacter vinelandii“ (WHITTENBURY et al. 1970)
(*Methylococcus vinelandii, „Methylovarius vinelandii“*)
Methylococcus capsulatus (FOSTER u. DAVIS 1966)
Methylococcus thermophilus (MALASHENKO et al. 1975)
Methylococcus luteus (ROMANOVSKAYA et al. 1978)
(*„Methylovarius luteus“*)
„Methylococcus minimus“ (WHITTENBURY et al. 1970)
(*„Methylovarius minimus“*)
„Methylococcus ucrainicus“ (MALASHENKO et al. 1972)
(*„Methylobacter ucrainicus“, „Methylovarius ucrainicus“*)
Methylococcus mobilis (HAZEU et al. 1980)
„Methylosinus trichosporium“ (WHITTENBURY et al. 1970)
„Methylosinus sporium“ (WHITTENBURY et al. 1970)
„Methylocystis parvus“ (WHITTENBURY et al. 1970)
„Methylocystis methanolicus“ (GALCHENKO et al. 1977)
„Methylocystis echinoides“ (GALCHENKO et al. 1977)
„Methylocystis minimus“ (GALCHENKO et al. 1977)
„Methylocystis piriformis“ (GALCHENKO et al. 1977)
Methylobacterium organophilum (PATT et al. 1974)
„Methylobacterium hypolimneticum“ (LYNCH et al. 1980)

„Arten“ mit unzureichender Beschreibung oder Abgrenzung

„Methylomonas streptobacterium“ (WHITTENBURY et al. 1970)
„Methylomonas agile“ (WHITTENBURY et al. 1970)
„Methylomonas rubrum“ (WHITTENBURY et al. 1970)
„Methylomonas rosaceus“ (WHITTENBURY et al. 1970)
„Methylococcus fulvus“ (MALASHENKO et al. 1972)
„Methanomonas margaritae“ (TAKEDA et al. 1974)
(*„Methylomonas margaritae“*)
„Polysporobacterium arenarium“ (CHEN ZI-YING 1980)

Tabelle 26 (Fortsetzung)

„*Polysporobacterium chromoflavum*“ (CHEN ZI-YING 1980)
„*Echinosporobacterium album*“ (JIA-YNA et al. 1983)

Organismen mit Beziehungen zu anderen Gruppen

„*Methanomonas methanooxidans*“ (BROWN et al. 1964)
= „*Methylosinus*“
„*Methylovibrio soehngenii*“ (HAZEU u. STEENNIS 1970)
= „*Methylosinus*“
„*Pseudomonas methanitrificans*“ (DAVIS et al. 1964)
(„*Methylomonas methanitrificans*“)
= „*Methylosinus*“
„*Methylomonas flagellata*“ (MORINAGA et al. 1976)
= „*Methylosinus*“
„*Methylocystis fistulosa*“ (HAUBOLD 1977)
= „*Methylocystis echinoides*“

Entsprechend dem Vorschlag von FOSTER u. DAVIS (1966) enthalten alle Gattungsnamen die Vorsilbe ‚Methylo‘, um eine Verwechslung mit den methanogenen Organismen (Vorsilbe ‚Methano‘) zu vermeiden.
Tabelle 26 enthält die bisher publizierten Namen von Reinkulturen methanotropher Bakterien, wobei jedoch Organismen, für deren Einordnung berechtigte Zweifel bestehen, nicht mit aufgeführt wurden (z. B. *Methylobacterium ethanolicum* = Mischkultur aus 2 Arten s. o.). Da über die Abgrenzung der „Arten“ in einigen Fällen kontroverse Auffassungen bestehen, wurde auf eine nähere Charakterisierung hier verzichtet. Mit der Einführung neuer Merkmale für die Differenzierung, der Nutzung der Methode zur Bestimmung der DNS-DNS, Homologie und der Anwendung der numerischen Taxonomie zur Aufklärung der verwandtschaftlichen Beziehungen wird in naher Zukunft eine Revidierung und Validierung des Klassifikationsschemas für methanotrophe Bakterien zu erwarten sein. Alle in dieser Aufstellung enthaltenen Organismen sind gramnegativ und, mit Ausnahme von *Methylobacterium*, obligat methylotroph. Berichte über die Methanassimilation durch grampositive Bakterien (*Mycobacterium*, *Bacillus*) (NECHAEVA 1949, LOPATIK 1964, KERSTEN 1964, BOGDANOVA 1966, WOLNAK 1967) fanden bisher keine Bestätigung. Die Eigenschaft der Methanverwertung ist also auf eine taxonomisch geschlossene Gruppe von Bakterien beschränkt.
Die Stellung der methanotrophen Bakterien im System ergibt sich aus ihren physiologischen und morphologischen Besonderheiten. Der Nachweis der Energiegewinnung durch Ammoniumoxydation, das Vorkommen intracytoplasmatischer Membransysteme und die Hemmung durch organische Substan-

zen weisen auf eine verwandtschaftliche Beziehung zu den nitrifizierenden Bakterien hin. Dies wird unterstützt durch die Entdeckung, daß auch *Nitrosomonas* und *Nitrosococcus* zur Oxydation und Assimilation von Methan befähigt sind (JONES u. MORITA 1983). Ein Wachstum der Ammonium-oxydierenden Bakterien auf Methan als einziger C- und Energiequelle ist jedoch nicht möglich. Der Stoffwechselweg zur Assimilation reduzierter C_1-Verbindungen durch die methylotrophen Mikroorganismen nimmt eine Übergangsstellung zwischen heterotrophem und autotrophem Stoffwechsel ein. Diese Tatsache und die Beobachtung, daß das Schlüsselenzym der autotrophen CO_2-Fixierung (CALVIN-Cyclus), die Ribulosebiphosphatcarboxylase, auch bei einem methanotrophen Bakterium gefunden wurde (*Methylococcus capsulatus*) (TAYLOR 1977), sprechen auch für eine enge phylogenetische Beziehung der methanotrophen zu den autotrophen Bakterien.

3.4. Methanotrophe Hefen

Bisher sind wir davon ausgegangen, daß die Verwertung von Methan als einzige Kohlenstoff- und Energiequelle eine besondere Leistung einer spezialisierten Gruppe von prokaryotischen Mikroorganismen ist. Es gab nur eine unbestätigte Publikation über die Methanverwertung durch einen eukaryotischen Mikroorganismus, die Grünalge *Chlorella* (ENEBO 1967). 1979 wurden durch WOLF und HANSON Methan-verwertende Hefen aus der Sprungschicht verschiedener Seen isoliert, in der bereits vorher andere Autoren hefeartige Organismen bei der Untersuchung der Methanoxydation beobachtet hatten. Die zu den Gattungen *Sporobolomyces* und *Rhodotorula* gehörenden Hefen bilden relativ kleine, stäbchenförmige bis ovale Zellen von $3 \times 5-7$ µm. Das Wachstum mit Methan erfordert einen verminderten Sauerstoffpartialdruck (20 Vol.% Luft) und einen erhöhten CO_2-Gehalt (10 Vol.%). Unter diesen Bedingungen lagen die kürzesten Generationszeiten zwischen 2 und 7 Tagen. Methan wird zu CO_2 oxydiert; eine Inkorporation in die Zellsubstanz konnte nur bei sehr geringen CO_2-Konzentrationen gemessen werden. Die Hefen sind fakultativ methanotroph, da sie auch auf anderen organischen Substraten wie Ethanol, Acetat, Glucose oder Succinat wachsen können. Von den anderen C_1-Substraten wurde nur Methylamin, nicht jedoch Methanol, Formaldehyd oder Formiat als C- und Energiequelle assimiliert. Beim Wachstum auf Methan, nicht jedoch beim Wachstum auf Glucose, bilden die Hefen ‚microbodies' aus, die als Träger der Methanoloxydase und Catalase bei methanolverwertenden Hefen beschrieben worden sind.

3.5. Physiologie und Biochemie methanotropher Bakterien

3.5.1. Methanassimilation und Methylotrophie

Die methanotrophen Bakterien gehören zu den methylotrophen Mikroorganismen und bilden hier eine gut abgegrenzte Gruppe. Als methylotrophe Mikroorganismen werden im weitesten Sinne all jene bezeichnet, die reduzierte C_1-Verbindungen oder organische Verbindungen mit mehr C-Atomen, aber ohne C—C-Bindungen als einzige Kohlenstoff- und Energiequelle verwerten können (ANTHONY 1982). Da die meisten dieser Verbindungen Methylgruppen enthalten, wurde der Begriff methylotrophe Organismen geprägt und für die Fähigkeit, auf solchen Verbindungen zu wachsen, der Begriff Methylotrophie. Welche Substrate methylotrophe Organismen nutzen können, ist in Tabelle 27 zusammengestellt.

Tabelle 27. Organische C_1-Verbindungen und Verbindungen mit mehr C-Atomen, aber ohne C—C-Bindung

1. C_1-Verbindungen	
Methan	CH_4
Methanol	CH_3OH
Formaldehyd	$HCHO$
Ameisensäure	$HCOOH$
Methylamin	CH_3NH_2
Formamid	$HCONH_2$
Methanthiol	CH_3SH
2. Verbindungen mit 2 C-Atomen	
Dimethylether	CH_3OCH_3
Dimethylamin	CH_3NHCH_3
Dimethylsulfid	CH_3SCH_3
Dimethylsulfoxid	CH_3SOCH_3
Dimethylsulphon	$CH_3SO_2CH_3$
Methylformat	$HCOOCH_3$
3. Verbindungen mit 3 C-Atomen	
Trimethylamin	$(CH_3)_3N$
Trimethylamin-N-oxid	$(CH_3)_3NO$
Dimethylcarbamat	$(CH_3)_2CO_3$
Trimethylsulphonium	$(CH_3)_3S^+$

Wir unterscheiden zwischen obligat und fakultativ methylotrophen Organismen. Die ersteren können nur eines oder mehrere der in der Tabelle angegebenen Substrate verwerten, die anderen haben dagegen die Fähigkeit, außerdem alternative Substrate und Stoffwechselwege für die Energiegewinnung und Kohlenstoffassimilation zu nutzen.
Die Tabelle 28, in der für jede Gruppe nur wenige Beispiele aufgeführt sind, vermittelt einen Eindruck von der Vielfalt der Organismen, die zu einer methylotrophen Ernährungsweise fähig sind. Hinzu kommt, daß die metabolische Basis für die einzelnen Gruppen unterschiedlich ist. Insbesondere bei den fakultativ Methanol-verwertenden Organismen wird eine starke taxonomische Heterogenität sichtbar.
Nach der ursprünglich von COLBY u. ZATMAN (1972) gegebenen Definition der Methylotrophie — Energiegewinnung durch Oxydation von reduzierten C_1-Wachstumssubstraten (einschließlich der organischen Verbindungen mit mehr C-Atomen aber keiner C—C-Bindung) und Kohlenstoffassimilation als Formaldehyd oder als ein Gemisch von Formaldehyd und CO_2 über Stoffwechselwege, die sich vom CALVIN-Cyclus (Ribulosebiphosphatweg) unterscheiden — würden nur die ersten beiden Gruppen zu den methylotrophen Mikroorganismen im engeren Sinne gehören. Sie assimilieren alle die C_1-Verbindungen auf der Oxydationsstufe des Formaldehyd nach einem der 3 folgenden cyclischen Stoffwechselwege:
a. Ribulosemonophosphat-Weg,
b. Serin-Weg,
c. Dihydroxyaceton-Weg (Methanol-verwertende Hefen).
Die meisten Autoren verwenden jedoch die eingangs gegebene, erweiterte Definition, die als entscheidendes Kriterium das Wachstum der Organismen auf den reduzierten C_1-Verbindungen und nicht den Stoffwechselweg der Kohlenstoff-Fixierung ansieht.
Die autotrophen methylotrophen Mikroorganismen können entweder photo- oder chemolithoautotroph leben und dabei die Energie zur autotrophen CO_2-Fixierung aus dem Licht bzw. der Oxydation einer anorganischen Verbindung (H_2, reduzierte Schwefelverbindungen) gewinnen, als auch methylotroph, wobei eine reduzierte C_1-Verbindung unter Energiegewinnung vollkommen zu CO_2 oxydiert und CO_2 anschließend über den Ribulusebiphosphat-Weg assimiliert wird (chemoorganoautotroph). Diese Organismen sind also fakultativ methylotroph.
Die Kohlenstoffassimilation der anaeroben methylotrophen Mikroorganismen (methanogene, acetogene Organismen) erfolgt durch eine Kondensation von 2 C_1-Verbindungen unter Bildung von Acetyl-Coenzym A. Zur Energiegewinnung werden die C_1-Substrate zu CO_2 oxydiert, zu CH_4 reduziert oder in Acetat umgewandelt.

Tabelle 28. Beispiele für die verschiedenen Gruppen methylotropher Mikroorganismen

Gruppe	Organismen	C_1-Substrat
A. Methanotrophe Mikroorganismen		
1. Obligat methanotrophe Bakterien	*Methylomonas methanica*	Methan, Methanol
	Methylococcus capsulatus	Methan, Methanol
	Methylosinus trichosporium	Methan, Methanol
2. Fakultativ methanotrophe Bakterien	*Methylobacterium organophilum*	Methanol, Methan
3. Fakultativ methanotrophe Hefen	*Sporobolomyces*	Methan
	Rhodotorula	Methan
B. Aerobe Methanol- oder Methylamin-verwertende Organismen		
1. Obligat Methanol-verwertende Organismen	*Methylophilus methylotrophus*	Methanol, Methylamin
	Methylobacillus glycogenes	Methanol, Methylamin
	Methylomonas clara	Methanol
2. Fakultativ Methanol- oder Methylamin-verwertende O.		
a. Rosagefärbte gramnegative Bakterien	*Protaminobacter ruber*	Methanol, Formiat
	Pseudomonas extorquens	Methanol, Formiat
b. Nichtgefärbte Pseudomonaden	*Pseudomonas aminovorans*	Methylamin
c. Gramvariable oder gramnegative unbewegliche Bakterien	*Arthrobacter rufescens*	Methanol
	Arthrobacter globiformis	Methanol, Methylamin
d. Gramnegative, bewegliche Stäbchen	*Acetobacter methanolicus*	Methanol
e. Gramnegative, unbewegliche Stäbchen	*Klebsiella*	Methanol
	Alcaligenes	Methanol
f. Grampositive Bakterien	*Streptomyces*	Methanol
	Corynebacterium	Methanol
	Bacillus	Methylamin
g. Hyphomicrobien	*Hyphomicrobium vulgare*	Methanol, Methylamin, Formiat
h. Methanol-verwertende Hefen	*Candida boidinii*	Methanol
	Pichia pinus	
i. Methanol-verwertende Pilze	*Paeciliomyces varioti*	Methanol
C. Autotrophe methylotrophe Organismen		
1. Phototrophe Bakterien	*Rhodopseudomonas acidophila*	Methanol, Formiat

Tabelle 28 (Fortsetzung)

Gruppe	Organismen	C_1-Substrat
2. Fakultativ chemolitho-autotrophe Bakterien	*Thiobacillus novellus*	Methanol, Formiat
	Microcyclus aquaticus	Methanol, Formiat
	Paracoccus denitrificans	Methanol, Methylamin, Formiat
	Blastobacter viscosus	Methanol
D. Anaerobe methylotrophe Bakterien		
1. Sulfatreduzierende Bakterien	*Desulfovibrio desulfuricans*	Formiat
2. Methanogene Organismen	*Methanosarcina barkeri*	Methanol, Methylamin
	Methanobacterium formicicum	Formiat
3. Acetogene Organismen	*Acetobacterium woodii*	Methanol, Formiat
	Clostridium thermoautotrophicum	Methanol

Welche Gründe haben dazu geführt, das Wachstum auf reduzierten C_1-Verbindungen als eine Besonderheit des Stoffwechsels anzuerkennen?

— Der energieliefernde Stoffwechselweg, die Oxydation der reduzierten C_1-Wachstumssubstrate, verläuft nicht über den Tricarbonsäurecyclus.

— Die Kohlenstoffassimilation des Wachstumssubstrates verläuft über einen cyclischen Stoffwechselweg (Ausnahme: anaerobe methylotrophe Organismen).

— Mikroorganismen, die auf C_1-Verbindungen wachsen, müssen alle C—C-Bindungen neu synthetisieren.

Die beiden letzteren Merkmale und die Ähnlichkeit des Ribulosemonophosphatweges der Kohlenstoffassimilation mit dem CALVIN-Cyclus (Ribulosebiphosphat-Weg) rücken die methylotrophen Mikroorganismen in die Nähe der autotrophen Organismen. Während jedoch die autotrophen Organismen CO_2 als Kohlenstoffquelle verwerten und außerdem eine Energiequelle brauchen, verwenden die methylotrophen Mikroorganismen eine organische C-Quelle gleichzeitig als Energie- und Kohlenstoffquelle. Damit sind sie heterotrophe Organismen. Dennoch zeigt diese Gegenüberstellung die Grenzposition der methylotrophen Organismen zwischen autotrophen und heterotrophen Organismen.

Im folgenden wollen wir uns auf die Darstellung der Kohlenstoffassimilationswege der methanotrophen Bakterien beschränken. 2 Assimilationswege sind für diese Organismen beschrieben, der Ribulosemonophosphat-Weg und der Serin-Weg, deren Vorkommen bei den verschiedenen taxonomischen Gruppen für die Differenzierung genutzt wird. Alle Vertreter des Typs I (*Methylomonas*,

Methylobacter, *Methylococcus*) assimilieren den größten Teil des Kohlenstoffs über den Ribulosemonophosphat-Weg, während die Vertreter des Typs II (*Methylosinus*, *Methylocystis*, *Methylobacterium*) dazu den Serin-Weg nutzen.

Ribulosemonophosphat-Weg (Kemp u. Quayle 1967, Anthony 1982)

(Synonyme: Hexulosephosphatcyclus, Allulosephosphat-Weg, Ribosephosphatcyclus, Quayle-Cyclus)

Der cyclische Stoffwechselweg der Formaldehydfixierung läßt sich in 3 Abschnitte einteilen (Abb. 15).

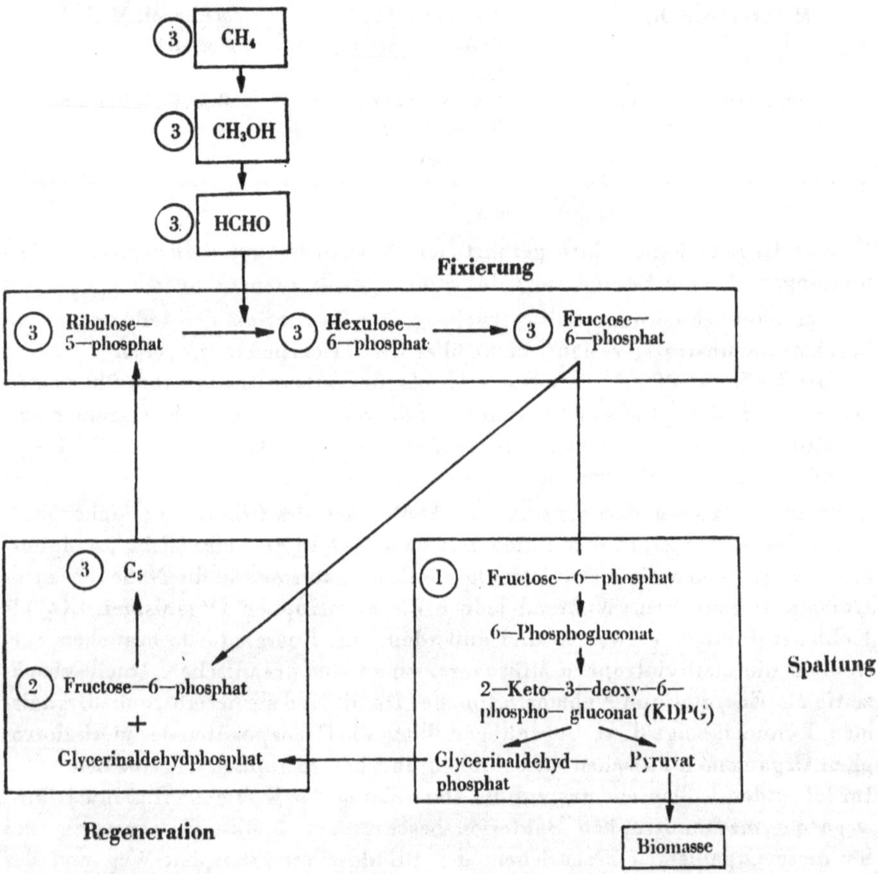

Abb. 15. Ribulosemonophosphatweg der Formaldehydfixierung mit der KDPG-Variante der Spaltungsreaktion

In der ersten Phase erfolgt die Fixierung von 3 Molekülen Formaldehyd durch 3 Moleküle Ribulose-5-phosphat in einer Kondensationsreaktion, katalysiert durch das Enzym Hexulosephosphatsynthase, wobei 3 Moleküle D-erythro-L-glycero-3-hexulose-6-phosphat entstehen. Durch Isomerisierung werden daraus 3 Moleküle Fructose-6-phosphat gebildet, katalysiert durch das Enzym Hexulosephosphatisomerase.

In der zweiten Phase wird 1 Molekül Fructose-6-phosphat in 2 C_3-Körper gespalten. Dabei gibt es 2 Varianten:

Entweder wird Fructose-6-phosphat in Fructose-1,6-biphosphat durch die Phosphofructokinase umgewandelt und dann in Glycerinaldehydphosphat und Dihydroxyacetonphosphat gespalten (Abb. 16) (EMBDEN-MEYERHOF-Sequenz)

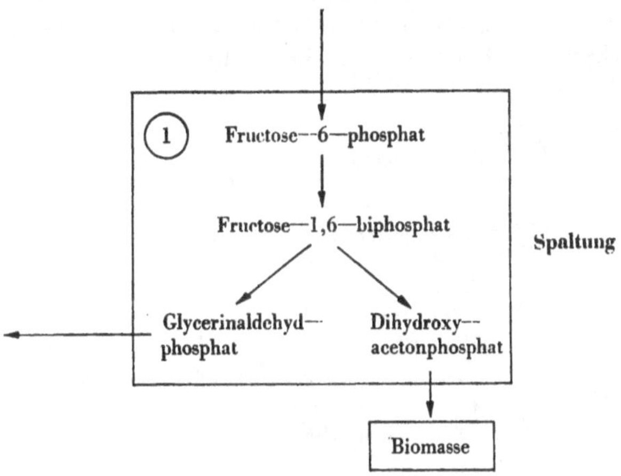

Abb. 16. FBP-Variante der Spaltungsreaktion des Ribulosemonophosphatweges

oder es erfolgt eine Umwandlung von Fructose-6-phosphat in 2-Keto-3-deoxy-6-phosphogluconat über die Stufen Glucose-6-phosphat und 6-Phosphogluconat und die Spaltung in Glycerinaldehydphosphat und Pyruvat (ENTNER-DOUDOROFF-Sequenz). Die Spaltung der C_6-Körper wird durch die Enzyme Fructose-1,6-biphosphataldolase bzw. 2-Keto-3-deoxy-6-phosphogluconataldolase katalysiert, wobei von den Produkten Dihydroxyacetonphosphat bzw. Pyruvat die Zellbestandteile aufgebaut werden.

In der dritten Phase werden dann die beiden restlichen Moleküle Fructose-6-phosphat zusammen mit dem 2. C_3-Körper der Spaltungsreaktion (Glycerinaldehydphosphat) über verschiedene Reaktionen wieder zu 3 Molekülen Ribulose-5-phosphat umgewandelt, die dann für eine erneute Fixierung zur Verfügung stehen. Auf die einzelnen Reaktionen bei der Regeneration von Ribulose-5-phosphat, von denen wieder 2 Varianten bekannt sind (Sedoheptulosebisphosphatase-Variante, Transaldolase-Variante), soll hier nicht näher eingegangen werden.

Serin-Weg (LAWRENCE u. QUAYLE 1970, ANTHONY 1982)

Vollkommen anders verläuft dagegen die Formaldehydfixierung im Serin-Weg. Die Intermediate sind organische Säuren und Aminosäuren. Serin als erstes Produkt der Fixierung hat dem Cyclus seinen Namen gegeben. Zum Unterschied vom Ribulosemonophosphat-Weg findet hier eine zusätzliche Fixierung von CO_2 statt, so daß nur etwa 70% der Zellsubstanz aus dem Formaldehyd stammen (Abb. 17).

Formaldehyd verbindet sich zunächst mit Tetrahydrofolsäure. In dieser Form reagiert es mit Glycin unter Bildung von Serin. Das Enzym dieser Reaktion, die Serintranshydroxymethylase, ist gleichzeitig das Schlüsselenzym dieses

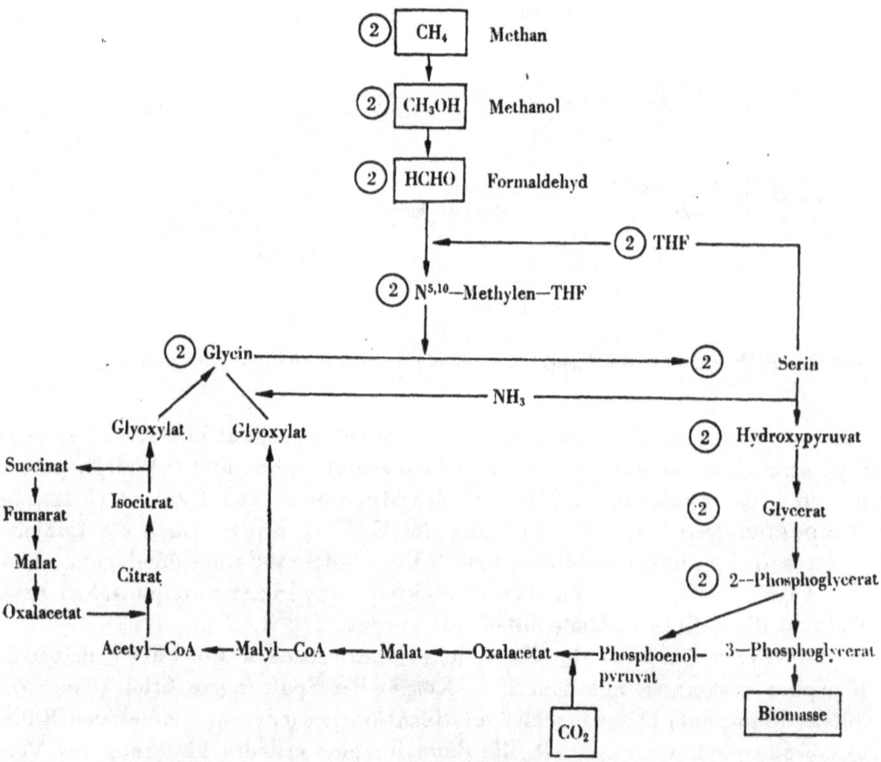

Abb. 17. Serinweg der Formaldehydfixierung (icl^{+}-Variante) THF-Tetrahydrofolsäure

Stoffwechselweges. Über Hydroxypyruvat und Glycerat wird 2-Phosphoglycerat gebildet, von dem ein Molekül aus dem Kreislauf ausgeschleust wird und zum Aufbau der Zellsubstanz dient, während das andere zu Phosphoenolpyruvat umgesetzt wird. Daraus entsteht durch den Einbau von CO_2 Oxalacetat. Die weitere Reaktionsfolge führt zu einer Regeneration von 2 Molekülen Glycin als Akzeptorsubstanz, wobei verschiedene Stoffwechselwege beschritten werden können (icl^+-Variante, icl^--Variante). Als Summengleichung des Serin-Weges ergibt sich:

$$CO_2 + 2\,HCHO + 2\,NADH + 2\,H^+ + 3\,ATP$$
$$\rightarrow \text{Phosphoglycerat} + 2\,NAD^+ + 3\,ADP + 2\,P + 2\,H.$$

Die CO_2-Fixierung, die durch die Phosphoenolpyruvatcarboxylase katalysiert wird, kommt auch bei vielen anderen nicht-methylotrophen Organismen vor (heterotrophe CO_2-Fixierung).

3.5.2. Wege der Energiegewinnung

Aerobe methylotrophe Organismen gewinnen ihre Energie durch die Oxydation ihrer Wachstumssubstrate. Zum Unterschied von anderen heterotrophen Organismen benutzen sie dazu nicht die Sequenzen des Tricarbonsäurecyclus. Bei den methanotrophen Bakterien sind die energieliefernden Prozesse vor allem die Oxydationsreaktionen vom Methan über die verschiedenen Zwischenprodukte zum CO_2. Dabei kommt es zur Reduktion der prosthetischen Gruppen der Dehydrogenasen und zur Bildung von reduzierten Pyridinnucleotiden. Die Oxydation dieser Verbindungen mit Sauerstoff als terminalem Elektronenakzeptor über die Elektronentransportkette führt zur Bildung von ATP (Abb. 18). Der erste Schritt in der Reaktionsfolge, die Oxydation von Methan zu Methanol,

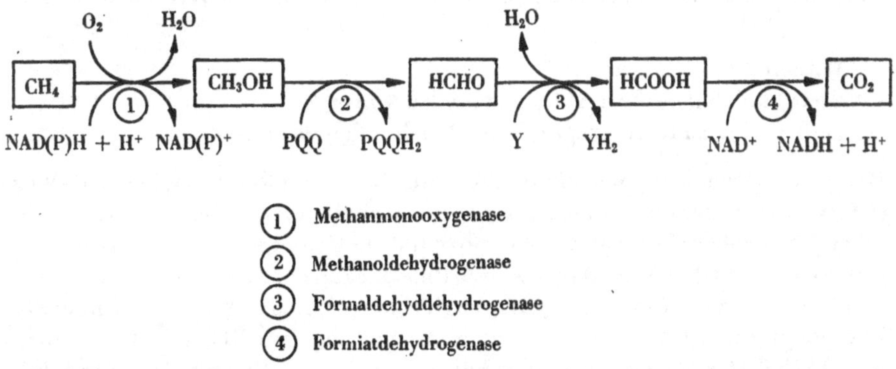

Abb. 18. Oxydationsstufen vom Methan zum Kohlendioxid PQQ – Pyrrolo-Quinolin Quinon (Methoxatin), Y – unbekannter Wasserstoffakzeptor

wird durch das Enzym Methanmonooxygenase katalysiert, eine Mischfunktionshydroxylase. Die chemische Stabilität des Methans erfordert für seine Metabolisierung die Aktivierung durch molekularen Sauerstoff. Bei der Hydroxylierungsreaktion wird ein Atom Sauerstoff auf das Substrat übertragen und das 2. Atom Sauerstoff wird mit Hilfe eines Elektronendonors zu Wasser reduziert. Als Reduktionsmittel konnte für *Methylococcus capsulatus* NAD(P)H nachgewiesen werden. Bei *Methylosinus* wird die Funktion des Elektronendonors von reduziertem Cytochrom c übernommen. Die Methanmonooxygenase ist aus verschiedenen methanotrophen Bakterien isoliert, gereinigt und charakterisiert worden. Bei *Methylococcus* besteht sie aus 3 Komponenten (Dalton 1981): Einem großen Protein (Molekulargewicht 220000) mit 2 nicht-Haem-Eisenatomen und 2 Schwefelatomen (Hydroxylasekomponente), einem kleinen Protein (Molekulargewicht 44000), das ebenfalls 2 Eisen- und 2 Schwefelatome enthält (Reduktasekomponente) und einem dritten, kleinen Protein (Molekulargewicht 15000) mit regulatorischer Funktion. In Abhängigkeit von der Kupferkonzentration des Mediums wird von dem gleichen Organismus eine lösliche Methanmonooxygenase (geringe Cu-Konzentration) oder eine partikuläre Methanmonooxygenase, die an die intracytoplasmatischen Membransysteme gebunden ist, gebildet. Beide Enzymformen unterscheiden sich hinsichtlich Stabilität, Substratspektrum und anderer Eigenschaften (Dalton u. Higgins 1986).

Der zweite Schritt in der Oxydationsreihe des Methans, die Oxydation des Methanols zu Formaldehyd, wird durch eine NAD(P)-unabhängige Methanoldehydrogenase mit einer ungewöhnlichen prosthetischen Gruppe katalysiert. Diese als Methoxatin bezeichnete Gruppe ist ein Pyrrolo-Quinolin Quinon (Duine et al. 1980). Es wird angenommen, daß die Elektronen der reduzierten Methanoldehydrogenase unmittelbar auf das Cytochrom c übertragen werden.

Die Oxydation von Formaldehyd zu Formiat ist durch verschiedene Enzyme möglich:

- Methanoldehydrogenase,
- NAD^+-abhängige Formaldehyddehydrogenase,
- Farbstoff-abhängige unspezifische Aldehyddehydrogenase.

Bei den methanotrophen Bakterien mit dem Ribulosemonophosphat-Weg (Entner-Doudoroff-Variante) kann die assimilatorische Sequenz zur cyclischen Formaldehydoxydation ohne Formiat als Zwischenstufe genutzt werden (Colby u. Zatman 1975). Dabei wird 6-Phosphogluconat nicht wie bei der Assimilation in 2-Keto-3-deoxy-6-phosphogluconat, sondern durch das Enzym 6-Phosphogluconatdehydrogenase unter Abspaltung von CO_2 und Gewinnung von NAD(P)H zu Ribulose-5-phosphat umgewandelt (dissimilatorischer Ribulosemonophosphat-Cyclus).

Die Oxydation von Formiat zu CO_2 durch die spezifische Formiatdehydrogenase ist immer gekoppelt mit einer Reduktion von NAD^+.
Die Elektronentransportkette besteht nach den Ergebnissen bisheriger Untersuchungen bei den methanotrophen Bakterien aus:

- Flavoproteinen,
- Ubiquinon-10,
- Cytochrom b,
- Cytochrom c,
- Cytochrom a/a_3 oder o (WOLFE u. HIGGINS 1979).

Im Unterschied zu anderen heterotrophen Organismen, bei denen 75–80% des Elektronentransportes zum Sauerstoff über NADH-Dehydrogenasen ablaufen, spielt die Oxydation von NADH bei methanotrophen Bakterien nur eine untergeordnete Rolle. Die Gründe dafür sind:

- Hoher NADH-Bedarf für die Hydroxylierungsreaktion des Methans und für die Biosynthese;
- nur ein Teil der Dehydrogenasen ist NAD-gebunden.

Den größten Anteil am Elektronenfluß hat die Methanoldehydrogenase. Beim Wachstum der Organismen auf Methan werden etwa 60–75% des Gesamtsauerstoffbedarfs für die erste Hydroxylierungsreaktion verbraucht und nur 25 bis 40% für die Oxydasen der Elektronentransportkette.

3.5.3. Stickstoffmetabolismus

Die ökologische Bedeutung der methanotrophen Bakterien für den Stickstoffkreislauf in der Natur beruht nicht nur auf der notwendigen Assimilation von Ammonium, Nitrat oder bestimmten organischen N-Quellen und ihrem Einbau in die Biomasse, sondern vor allem auf der Fähigkeit zur Transformation anorganischer Stickstoffverbindungen und der Fixierung von molekularem Stickstoff.

Ammoniumoxydation (DALTON 1977)

Die methanotrophen Bakterien können Ammonium zu Nitrit und/oder zu Nitrat oxydieren. Dabei treten die gleichen Zwischenprodukte auf, wie sie bei den chemolithoautotrophen ammonium-oxydierenden Bakterien (*Nitrosomonas*) gefunden wurden:

$$NH_3 \rightarrow NH_2OH \rightarrow (NOH) \rightarrow NO_2.$$

Es gilt heute als sicher, daß der erste Oxydationsschritt vom Ammonium zum Hydroxylamin bei den methanotrophen Bakterien durch die Methanmonooxy-

genase katalysiert wird. In gleicher Weise wie bei der Methanoxydation erfolgt ein Einbau von Sauerstoff und ein Reduktionsprozeß, für den NADH oder ein anderes Reduktionsmittel erforderlich ist. An der weiteren Oxydation von Hydroxylamin zu NO_2^- über (NO) als instabiles Zwischenprodukt ist eine Hydroxylaminoxydase beteiligt. Die engen verwandtschaftlichen Beziehungen der methanotrophen Bakterien zu den Ammonium-oxydierenden Bakterien finden auch darin ihre Bestätigung, daß das Ammonium-oxydierende Enzymsystem in *Nitrosomonas* ebenfalls eine Monooxygenase mit Mischfunktionscharakter ist und eine ähnliche Empfindlichkeit gegenüber den gleichen Inhibitoren wie die Methanmonooxygenase aufweist und daß die Ammoniumoxydation in *Nitrosomonas* durch Methan kompetitiv gehemmt wird. Zum anderen wird die Methanoxydation durch hohe Ammoniumkonzentrationen gehemmt. Auf die Oxydation von Methan durch Ammoniumoxydierer wurde bereits hingewiesen.
Der Prozeß der Ammoniumoxydation bei methanotrophen Bakterien ist jedoch nicht die energetische Basis für eine autotrophe Kohlenstoffassimilation, sondern kann als Co-Oxydation aufgefaßt werden, die dem Organismus die Möglichkeit zur Nutzung einer zusätzlichen Energiequelle eröffnet.
Die ökologische Dimension dieses Prozesses wird unter anderem darin sichtbar, daß in Seen während der Sommerstagnation im Bereich des Metalimnion bei einer hohen Methanoxydationsrate eine Anreicherung von Nitrit und Nitrat nachgewiesen werden konnte (Harrits u. Hanson 1980).

Stickstoffbindung (De Bont u. Mulder 1974, Dalton u. Whittenbury 1976)

Ein großer Teil der methanotrophen Bakterien (alle bisher getesteten Stämme vom Typ II und ein Teil der Stämme vom Typ I) besitzt die Fähigkeit zur Fixierung von molekularem Stickstoff und kann daher in Mineralmedien ohne N-Quelle wachsen. Beim Nachweis dieser Eigenschaft mit Hilfe der Acetylenreduktionstechnik muß jedoch folgendes beachtet werden:
Acetylen ist ein Hemmstoff der Methanmonooxygenase, unterbindet also die Oxydation des Methans und damit die Bereitstellung von Energie und Reduktionsmitteln für das Nitrogenasesystem. Unter diesen Bedingungen findet keine Reduktion des Acetylens zum Ethylen statt. Diese Schwierigkeit kann umgangen werden, wenn statt Methan andere Energiequellen, wie Methanol, Formaldehyd, Formiat, H_2 oder Ethanol verwendet werden, deren Metabolisierung nicht von der Methanmonooxygenase abhängt. Natürlich kann auch ohne Austausch von Methan als Substrat die Bestimmung der Stickstoffbindung mit ^{15}N erfolgen. Weiterhin muß bei den Experimenten mit vermindertem Sauerstoffpartialdruck gearbeitet werden, da das Nitrogenase-System der methanotrophen Bakterien ebenso wie jenes von anderen N_2-bindenden Organismen sauerstoffempfindlich ist.

3.5.4. Co-Metabolismus

Bereits 1958 hatten LEADBETTER und FOSTER beobachtet, daß *Pseudomonas methanica* (*Methylomonas methanica*) beim Wachstum auf Methan verschiedene Substrate, die nicht als C- und Energiequelle verwertet wurden, oxydieren kann. So entstanden aus Ethan Ethanol, Acetaldehyd und Essigsäure, aus Propan Propanol, Propionsäure und Aceton. Diese Bildung von oxydierten Verbindungen aus Nicht-Wachstumssubstraten in Anwesenheit des Wachstumssubstrates nannte FOSTER (1962) Co-Oxydation. Um auch andere Transformationsreaktionen einzuschließen, wurde später der erweiterte Begriff Co-Metabolismus geprägt. Nach einer Definition von STIRLING und DALTON (1979) wird darunter folgendes verstanden:
Transformation von Nicht-Wachstumssubstraten in Anwesenheit eines Wachstumssubstrates oder einer anderen transformierbaren Verbindung (Co-Substrat).
Transformationen von Nicht-Wachstumssubstraten ohne Zusatz eines weiteren Substrates wurden von diesen Autoren nicht mit in diese Definition eingeschlossen und als „zufällige" Stoffwechselreaktion bezeichnet.
Bei den methanotrophen Bakterien sind in den letzten Jahren außerordentlich viele Transformationsreaktionen von Nicht-Wachstumssubstraten entdeckt worden (Abb. 19), so z. B. bei n-Alkanen, n-Alkenen, aromatischen Kohlenwasserstoffen, alicyclischen Kohlenwasserstoffen, langkettigen und alicyclischen Alkoholen, heterocyclischen Verbindungen, Multiringsystemen und halogenierten Kohlenwasserstoffen (COLBY et al. 1977, STIRLING u. DALTON 1980). Neben Oxydationen (Hydroxylierungen) sind Dechlorierungen, Umlagerungen, Kondensationen und Abbaureaktionen möglich (siehe Seite 214f.).
Co-Metabolismus ist auch bei verschiedenen anderen Mikroorganismen nachgewiesen worden (*Mycobacterium*, *Nocardia*, *Corynebacterium*, *Pseudomonas*, *Achromobacter*), jedoch nicht in diesem Umfang. Die außerordentliche Vielfalt der Reaktionen und der Substrate bei methanotrophen Bakterien hat seine Ursache in erster Linie in der geringen Substratspezifität der Methanmonooxygenase. Dieses Enzym bindet nicht nur strukturanaloge Verbindungen wie Chlormethan, Brommethan, Ammonium, Methanthiol, Methanol und oxydiert diese durch Einführung von Sauerstoff, sondern auch wesentlich komplexere Verbindungen. Insbesondere an weiteren Umsetzungen der oxydierten Substrate sind auch andere Enzyme beteiligt (DALTON u. STIRLING 1982).
Die Transformation konnte sowohl mit Zellextrakten oder Enzympräparationen der Methanmonooxygenase als auch mit ganzen Zellen durchgeführt werden, wobei im letzteren Fall die Zahl der umgesetzten Verbindungen deutlich geringer sein kann. Eine wichtige Voraussetzung für die Funktion der

Verbindungen	Produkte	Organismen
CH_3CH_3 Ethan	CH_3CH_2OH Ethanol	Mc/E, Ms/E, Mm/E, Mc
	CH_3CHO Acetaldehyd	Ms/E, Mm/E, Ms
	CH_3COOH Essigsäure	Ms/E, Ms
$CH_3CH_2CHOHCH_3$ 2-Butanol	$CH_3CH_2COCH_3$ 2-Butanon	Ms, Mcy, Mc, Mb, Mm
$CH_3CH{=}CH_2$ Propylen	CH_3CHCH_2 (O-Brücke) Propylenoxid	Ms, Mcy, Mc, Mb, Mm
$CH_3{-}O{-}CH_3$ Dimethylether	CH_3OH Methanol CH_2O Formaldehyd	Mc
 Benzol	OH 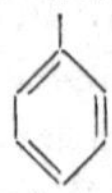 Phenol	Mc/E, Ms/E, Mc, Ms
C_2H_5 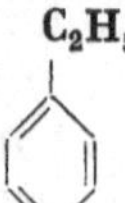 Ethylbenzol	C_2H_5 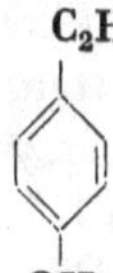 OH p-Hydroxy-ethylbenzol	Mc/E, Ms/E, Ms
	COOH 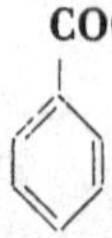 Benzoesäure	Ms
C_7H_{15}  Phenylheptan	COOH 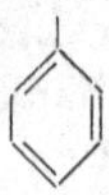 Benzoesäure	Ms
$CH{=}CH_2$ 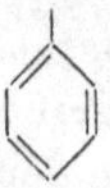 Styren	O $CH{-}CH_2$ 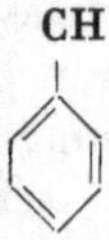 Styrenoxid	Ms/E, Mc/E, Mc

Verbindungen	Produkte	Organismen
CH_3 Toluol 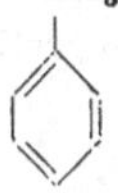	CH_2OH Benzylalkohol 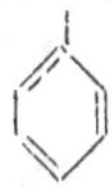	Mc/E, Ms/E, Mc
	COOH Benzoesäure 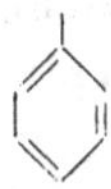	Ms
	CH_3 p-Kresol  OH	Mc/E, Ms/E, Mc, Ms
CH_3 o-Cresol 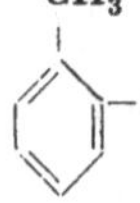 –OH	CH_3 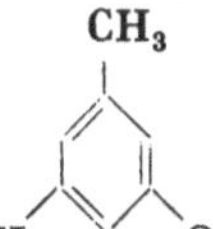 OH OH 5-Methyl-1.3-dihydroxybenzol	Ms

Abb. 19. Beispiele für Transformationsreaktionen organischer Verbindungen durch methanotrophe Bakterien
(nach HIGGINS et al. 1982, DALTON 1980)

Mm — *Methylomonas*; Mb — *Methylobacter*;
Mc — *Methylococcus*; Ms — *Methylosinus*;
Mcy — *Methylocystis*; /E — zellfreie Extrakte

Methanmonooxygenase ist die Bereitstellung von NADH. Vor allem dafür ist der Zusatz des Wachstumssubstrates oder einer anderen Verbindung, die durch den Organismus unter Gewinnung von NADH oxydiert werden kann, notwendig. Dennoch gelingt auch der Nachweis von Transformationsreaktionen mit ruhenden Zellsuspensionen von methanotrophen Bakterien ohne Zusatz einer weiteren Energiequelle. In diesen Fällen werden entweder endogene Energiequellen, wie z. B. Poly-β-hydroxybuttersäure als Reservestoff, zur Gewinnung von Reduktionskraft für die Methanmonooxygenase genutzt oder NADH wird bei der weiteren Oxydation der transformierten Verbindung gebildet. Viele der genannten Reaktionen verlaufen mit der gleichen Geschwindigkeit wie die Methanoxydation ab; nur bei komplexeren Substraten wurden geringere Umsatzraten gemessen. Zwischen den verschiedenen, bisher getesteten Organismen gab es Unterschiede im Substratspektrum. Zum Beispiel kann *Methylomonas methanica* keine aromatischen, alicyclischen und heterocyclischen Verbindungen oxydieren.

In vielen Fällen ist die co-metabolische Reaktion mit einem Nachteil für den methanotrophen Organismus verbunden, vor allem durch den Verbrauch von NADH und manchmal auch durch die Entstehung von toxisch wirkenden Produkten. Das hat dazu geführt, diese Transformationen als zufällige Begleitreaktion der Umsetzung von Methan, Methanol und Formaldehyd anzusehen. In den Fällen jedoch, wo bei entsprechenden Folgereaktionen (Umwandlung von Ethan in Essigsäure) Energie gewonnen und außerdem Kohlenstoff über Acetat zusätzlich in die Zellsubstanz inkorporiert werden kann, ist es besser, von „ergänzenden" Reaktionen zu sprechen, da sie einen Vorteil für den methanotrophen Organismus bringen.

Der Co-Metabolismus hat weitreichende Konsequenzen für Ökologie und Biotechnologie (Higgins et al. 1980), auf die in den folgenden Kapiteln noch eingegangen wird.

3.6. Ökologie der methanotrophen Mikroorganismen

3.6.1. Verbreitung in der Natur

Methanotrophe Bakterien sind in der Natur weit verbreitet. Sie konnten in fast allen aquatischen und terrestrischen Ökosystemen aus verschiedensten geographischen Gebieten der Erde nachgewiesen werden, sowohl in natürlichen als auch in vom Menschen beeinflußten oder geschaffenen Habitaten (s. Tab. 29).

Oft dringen sie bis in die Grenzbereiche der Biosphäre vor (Schichtwässer aus mehr als 1000 m Tiefe, Hydrothermalquellen der Ozeane in 2500 m Tiefe). Negative Resultate bei der Anreicherung dieser Organismen waren selten und blieben beschränkt auf Ansätze, die mit Proben aus Sandwüsten, Nadelwäldern, Dünenheiden, Salzseen (9—20% Salzgehalt), Hochgebirgsbächen und mit Steinkohlenproben beimpft worden waren. Rückschlüsse auf die ökologische Wirksamkeit ergaben sich aus der quantitativen Verteilung. Beispiele dafür sind in Tabelle 30 zusammengestellt.

Die Angaben über die quantitative Verteilung der methanotrophen Bakterien in verschiedenen Ökosystemen bestätigen einmal die weite Verbreitung dieser

Tabelle 29. Verbreitung methanotropher Bakterien: Zusammenstellung von Habitaten oder Habitatbereichen, aus denen methanotrophe Bakterien isoliert bzw. in denen sie nachgewiesen wurden

Aquatische Habitate

Wasser- und Sedimentbereiche von
- oligotrophen Seen
- eutrophen Seen
- dystrophen Seen
- Teichen
- Gräben
- Kanälen
- Stauseen
- Bächen
- Flüssen
- Limanen
- Brackwassergebieten
- Binnenmeeren
- Ozeanen
- Hydrothermalquellen der Tiefsee
- Salzseen (Salzgehalt 3–7%)

Wasserpflanzen

Abwässer

Abwasser und Klärschlamm aus
- kommunalen Kläranlagen
- industriellen Kläranlagen

Schlamm aus Faulkammern

Moore

- Hochmoore
- saure Hochmoorverlandungsseen
- Flachmoore
- Kalkmoore
- Torfstiche

Erdboden

- Ackererde
- Wiesenerde
- Gartenerde
- Laubwalderde
- Sandboden
- Tonboden
- Schwarzerde
- Reisfelder

Erdgas- und Erdölfelder

- Oberflächenwasser
- Erde
- Schlamm
- ölgetränkte Erde
- Erde mit Gaskontakt
- Bohrschlamm
- Schichtwasser
- Erdöl

Kohlengruben

- Minenwässer
- Abwässer

Verwesendes Pflanzenmaterial

- verwesende Blätter
- gärender Heuhaufen
- Dunghaufen

Wiederkäuer

- Panseninhalt einer Kuh
- Speichel einer Kuh

Wirbellose Tiere (Symbiosen)

- Muscheln
- Röhrenwürmer

Tabelle 30. Keimzahlen methanotropher Bakterien in verschiedenen Habitaten

Habitat	Keimgehalt/g Sediment	Keimgehalt/l Wasser	Literaturangabe
1. Oligotrophe Seen			
Stechlinsee, Rheinsberg, DDR	$8{,}1 \cdot 10^3 - 6{,}2 \cdot 10^5$	$1{,}2 \cdot 10^3 - 9{,}4 \cdot 10^4$	HEYER et al. 1984
Svente, UdSSR		$5 \cdot 10^5$	SARALOV et al. 1984
2. Mesotrophe Seen			
Lake Vechten, Niederlande		$1{,}0 \cdot 10^5 - 1{,}3 \cdot 10^6$	CAPPENBERG 1972
Rostovskoe, UdSSR		$8{,}3 \cdot 10^6$	SARALÓV et al. 1984
3. Eutrophe Seen			
Dagowsee, Rheinsberg, DDR	$2{,}9 \cdot 10^5 - 7{,}3 \cdot 10^5$	$3{,}3 \cdot 10^4 - 2{,}9 \cdot 10^5$	HEYER unveröffentlicht
Linajarv, UdSSR		$4 \cdot 10^9$	SARALOV et al. 1984
4. Dystrophe Seen			
Hagener Torfsee, Rügen, DDR	$2{,}9 \cdot 10^3 - 5{,}5 \cdot 10^3$	$2{,}1 \cdot 10^4 - 3{,}8 \cdot 10^5$	HEYER u. SUCKOW 1985
Fuchskuhle, Rheinsberg, DDR	$4{,}6 \cdot 10^3 - 2{,}5 \cdot 10^4$	$3{,}3 \cdot 10^3 - 1{,}9 \cdot 10^4$	HEYER et al. 1984
5. Salzseen			
Siwasch, Krim, UdSSR (Salzgehalt 3,0–3,3%)	$2{,}7 \cdot 10^2 - 3{,}9 \cdot 10^2$	$2 \cdot 10^2 - 3 \cdot 10^2$	HEYER et al. 1984
Sasyk, Krim, UdSSR (Salzgehalt 6,9%)	3	weniger als 90	HEYER et al. 1984
6. Stauseen			
Rybinsker Stausee, UdSSR		$7 \cdot 10^3 - 1{,}8 \cdot 10^9$	SARALOV et al. 1984
Bleilochtalsperre, DDR	$3{,}6 \cdot 10^6 - 9{,}0 \cdot 10^7$	$4{,}6 \cdot 10^4 - 5{,}0 \cdot 10^8$	HEYER et al. 1984
7. Brackwasserhabitate			
Boddengebiete, Hiddensee, DDR	$4 - 6 \cdot 10^5$	$8 - 1{,}4 \cdot 10^5$	HEYER et al. 1984
Ostsee, Arkonabecken	$5 \cdot 10^2$	$0 - 2{,}8 \cdot 10^2$	HEYER et al. 1984

Tabelle 30 (Fortsetzung)

Habitat	Keimgehalt/g Sediment	Keimgehalt/l Wasser	Literaturangabe
8. Marine Habitate			
Schwarzes Meer	$8-4{,}6 \cdot 10^4$	$0-2{,}4 \cdot 10^4$	HEYER et al. in Vorbereitung
Stiller Ozean	$10-2{,}5 \cdot 10^3$		NESTEROV u. IVANOV 1983
9. Flüsse			
Saale, DDR,			
Oberlauf		$4{,}7 \cdot 10^3-3{,}8 \cdot 10^6$	HEYER et al. 1984
Unterlauf	$3{,}6 \cdot 10^6-1{,}7 \cdot 10^7$	$7{,}4 \cdot 10^6-1{,}3 \cdot 10^8$	HEYER et al. 1984
Saar, BRD	$1-1 \cdot 10^4$	$10^2-3{,}2 \cdot 10^5$	ZAISS et al. 1982
10. Abwässer			
Kläranlage Taschkent, UdSSR		$9{,}2 \cdot 10^9$	HEYER et al. 1984
Kläranlage Changara, UdSSR	$1{,}7 \cdot 10^9$		HEYER et al. 1984
11. Erdboden			
Tonboden	$1{,}7 \cdot 10^4$		DEBONT 1976
Sandboden	$1{,}6 \cdot 10^4$		ADAMSE et al. 1972
Sandboden nach Erdgaskontakt	$2{,}6 \cdot 10^6-3{,}2 \cdot 10^7$		ADAMSE et al. 1972
12. Reisfelder			
Phillippinen	$4{,}8 \cdot 10^6-3{,}6 \cdot 10^7$	$7{,}9 \cdot 10^5-1{,}7 \cdot 10^6$	DEBONT et al. 1978
Krasnodarsk, UdSSR	$2{,}7 \cdot 10^5$		HEYER et al. 1984
13. Habitate mit fossilem Methan			
Steinkohlengruben			
Donezbecken, UdSSR, Minenwasser		10^4-10^9	Ivanov et al. 1978
Erdöllagerstätten			
Wolgagebiet, UdSSR, Schichtwasser		$6 \cdot 10^4-2{,}5 \cdot 10^5$	IVANOV et al. 1979
Erdgasfelder			
Poltawsker Gebiet, UdSSR Erde der Oberfläche	$7{,}0 \cdot 10^4-1{,}1 \cdot 10^5$		HEYER et al. 1984
Braunkohlegruben			
Moskauer Becken, UdSSR		$0-10^8$	NESTEROV u. IVANOV 1979

Organismen und zeigen zum anderen die große Häufigkeit in bestimmten Habitaten. Dabei kann ihr Anteil an der Gesamtmikroflora mehr als 10% betragen (ABRAMOCHKINA et al. 1987). Die höchste Anzahl von Keimen wurde in Abwässern und im Schlamm von Kläranlagen und in eutrophen Seen bestimmt; geringe Anzahlen traten dagegen im küstenfernen Wasser und Sediment der Meere, im Quellbereich der Flüsse und in Salzseen auf. Im allgemeinen enthalten stark eutrophierte Gewässer wesentlich höhere Keimzahlen als nicht verunreinigte Gewässer. Mit steigendem Salzgehalt nimmt die Zahl der methanotrophen Bakterien rasch ab. Limnische Habitate zeichnen sich in der Regel durch höhere Zellzahlen methanotropher Bakterien gegenüber marinen Habitaten aus.

Innerhalb der aquatischen Ökosysteme enthalten die Sedimente fast immer 100- bis 1000fach höhere Keimgehalte als das Wasser, ein Hinweis auf die Zone der größten Aktivität dieser Organismen in Gewässern. Eine ausgeprägte jahreszeitliche Dynamik der Keimgehalte methanotropher Bakterien ist vor allem im Wasser als Folge der hydrologischen Prozesse wie Schichtung, Zirkulation und Strömung zu beobachten, während sie im Sediment nur selten deutlich wird.

Auch in Erdproben verschiedenster Herkunft sind stets zahlreiche methanotrophe Bakterien vorhanden und können selbst in Tiefen von 1,50 m noch gefunden werden. Besonders hohe Keimzahlen wurden in überfluteten Reisfeldern, im Erdboden nach Kontakt mit Erdgas und in Böden über Erdgas- bzw. Erdölfeldern bestimmt. Daraus ergibt sich schon ein Hinweis über die wichtigste Ursache der Verbreitungsunterschiede. Bedingt durch das eingeschränkte Substratspektrum der methanotrophen Bakterien kommt der Hauptkohlenstoffquelle Methan eine entscheidende Bedeutung als limitierender Faktor für das Vorkommen und die Verbreitung dieser Organismen zu. Diese Annahme konnte experimentell bestätigt werden: Beim Durchleiten von Methan/Luftgasgemischen durch Erdproben stiegen die Keimzahlen der methanotrophen Bakterien von 10^4 auf 10^7 Zellen pro g an (ADAMSE et al. 1972). Eine intensive Entwicklung methanotropher Bakterien wird vor allem an solchen Standorten auftreten, wo eine Anreicherung von Methan stattfindet, entweder aus fossilen Quellen (Erdgas, Erdöl, Kohle) oder durch rezente Methanbildung, und gleichzeitig Sauerstoff zur Verfügung steht. Die Übereinstimmung der Habitate mit hohen Methanbildungsraten (siehe Abschnitt 2.5.) in den anaeroben Bereichen und hohen Keimzahlen methanotropher Bakterien in den aeroben Bereichen ist offensichtlich.

Neben Methan als C- und Energiequelle ist das Vorhandensein von Sauerstoff zur Oxydation des Methans Voraussetzung für die Aktivität und damit auch für die Verbreitung der methanotrophen Bakterien. Dabei können geringste Sauerstoffkonzentrationen bis zu 0,1 mg/l von diesen Organismen ausgenutzt werden. Dadurch sind sie in der Lage, Grenzbiotope im Bereich der Übergangszone von aeroben zu anaeroben Schichten zu besiedeln und hier zu einer Massenentwicklung zu gelangen. Die hohen Zahlen der methanotrophen Bakterien in der Oberflächenschicht der Sedimente von Gewässern weisen auf optimale Bedingungen hin. Das in den tieferen Sedimentschichten gebildete Methan gelangt durch Diffusion an die Sedimentoberfläche; Sauerstoff wird aus dem darüberstehenden Wasser herangeführt oder wird durch benthische, photosynthetische Organismen gebildet; Mineralstoffe (NH_4^+, PO_4^{3-}) stehen in ausreichender Menge zur Verfügung; partikuläres Material bietet die Möglichkeit zum Aufwuchs. Ist die Sedimentoberfläche ständig anoxisch (z. B. Schwarzmeersedimente unter 150 m Wassertiefe), dann fehlen trotz Vorhandensein von Methan die methanotrophen Bakterien.

In geschichteten, eutophen Seen, in denen sich während der Stagnationsphase eine anoxische Hypolimnionschicht unter Anreicherung von Methan entwickelt, sind die methanotrophen Bakterien auf die Grenzschicht zum sauerstoffhaltigen Epilimnion (Metalimnion) konzentriert, weil hier Sauerstoff und Methan gleichzeitig zur Verfügung stehen. Das nahezu methanfreie Epilimnion und das sauerstofffreie Hypolimnion enthalten deutlich weniger, meist passiv verfrachtete methanotrophe Bakterienzellen.

Diese Beispiele zeigen, daß Methan und Sauerstoff die beiden wichtigsten determinierenden Faktoren für die Verbreitung der methanotrophen Bakterien in der Natur sind.

Die Häufigkeit der Bindung von molekularem Stickstoff bei methanotrophen Bakterien und die Tatsache, daß neben verschiedenen anorganischen auch organische N-Quellen genutzt werden können, machen es wenig wahrscheinlich, daß Stickstoffverbindungen als limitierende Faktoren in Betracht kommen können. Das trifft auch für die anderen Mineralstoffe zu.

Wie bei allen anderen Organismen, so setzt auch bei den methanotrophen Bakterien die Temperatur Grenzen für die Verbreitung. Zwar können die Exosporen von *Methylosinus* kurzzeitig Temperaturen von 80 °C überleben, die obere Grenze für die Vermehrung thermophiler Arten (*Methylococcus thermophilus*) liegt derzeit bei 62 °C (Malashenko et al. 1975). Thermotolerante Stämme der Gruppe *Methylobacter* waren besonders häufig in Erdproben aus Erdölgebieten und in den Sedimenten eutropher Gewässer. Insgesamt sind sie jedoch weniger verbreitet als mesophile Stämme und konnten nur in 10% der untersuchten Proben gefunden werden. Für das Vorkommen psychrophiler Formen gibt es zahlreiche Hinweise; die untere Grenze für die Vermehrung dieser methanotrophen Bakterien wird wahrscheinlich nahe 0 °C liegen. Ein Überleben der in Eis eingeschlossenen Zellen konnte nachgewiesen werden.

Bezüglich des pH-Wertes zeigen die hohen Keimzahlen dieser Organismen in sauren Moorseen mit pH-Werten zwischen 4 und 5 und in den Boddensedimen-

ten mit pH-Werten über 8 die große physiologische Toleranzbreite und die Anpassungsfähigkeit der Gruppe der methanotrophen Mikroorganismen.
Die Toleranz gegenüber erhöhten Salzkonzentrationen ist bei methanotrophen Bakterien geringer als bei anderen Bakteriengruppen, wobei jedoch deutliche Unterschiede zwischen den verschiedenen Gruppen und zwischen Stämmen verschiedener Herkunft bestehen. Die Mehrzahl der methanotrophen Bakterien in den elektrolytarmen, dystrophen Moorseen wurde bereits durch 0,5% NaCl im Medium gehemmt, während sich die methanotrophe Mikroflora der Brackwasserhabitate noch bei Salzkonzentrationen bis 1,2% ungehindert vermehren konnte.
Die meisten methanotrophen Bakterien, insbesondere die Vertreter der Gruppen *Methylosinus* und *Methylocystis*, können bei NaCl-Konzentrationen über 2% nicht mehr wachsen. Nur wenige Stämme von *Methylomonas* und *Methylobacter* vermehren sich noch bei 5% NaCl. Einzelne angepaßte Stämme unbekannter Zugehörigkeit aus Salzseen erreichen als oberste Grenze für ein langsames Wachstum 10% NaCl. Da eine Abhängigkeit vom NaCl-Zusatz nachgewiesen werden konnte, sind diese Stämme als mäßig halophile methanotrophe Bakterien einzuordnen.
Von besonderer Bedeutung für die Verbreitung der methanotrophen Bakterien ist die Ausbildung von Ruhezellen (Exosporen, *Azotobacter*-Cysten, unreife *Azotobacter*-Cysten, Lipidcysten). Die vegetativen Zellen sind nach den Erfahrungen an Reinkulturen sehr empfindlich und sterben bereits nach wenigen Tagen ab, wenn die Energiequelle erschöpft ist. Derartige Substratmangelsituationen können die methanotrophen Bakterien ebenso wie das Fehlen von Sauerstoff durch die Ausbildung von Ruhezellen überleben. Wichtig für ihre Verbreitung durch die Luft und das Überleben im Boden bei Trockensituationen ist die Austrocknungsresistenz der meisten Dauerformen (Exosporen, *Azotobacter*-Cysten, Lipidcysten).
Von gleicher Relevanz für das Überleben methanotropher Bakterien unter Bedingungen der Substratlimitation ist die Fähigkeit zum Co-Metabolismus. Da bestimmte Nicht-Wachstumssubstrate unter Energiegewinnung oxydiert und zum Teil in die Zellsubstanz inkorporiert werden können, ist ein Überleben aktiver vegetativer Zellen auch bei unzureichender Methanzufuhr möglich.
Wenige Angaben sind über die Verbreitungsunterschiede der einzelnen Gruppen der methanotrophen Bakterien vorhanden. Auch hier gilt grundsätzlich, daß Habitate mit extremen ökologischen Bedingungen eine geringere Artenvielfalt aufweisen als Habitate mit Bedingungen, die dem Optimum der Mehrzahl dieser Organismen nahe kommen. So enthalten die sauren Moorseen nur Vertreter der beiden Gruppen *Methylosinus* und *Methylocystis*, während in Flußsedimenten und im Wasser einer Kläranlage Vertreter aller 5 Gruppen von obligat methanotrophen Bakterien nachgewiesen werden konnten. Die rot gefärbten

Vertreter der Gruppe *Methylomonas* sind wahrscheinlich charakteristische Bewohner eutropher Gewässer; *Methylobacter* kommt bevorzugt im Erdboden vor. Am weitesten verbreitet waren kokkoide Stäbchen, Kurzstäbchen und unregelmäßige Zellformen vom Typ II, die zunächst in der heterogenen Gruppe *Methylocystis* eingeordnet werden mußten. Diese Organismen sind auch als die zahlenmäßig häufigsten anzusehen. Spezifische Anreicherungsmethoden und die Anwendung der Technik mit fluoreszierenden Antikörpern sollten hier in der Zukunft zu neuen und detaillierteren Erkenntnissen führen.

3.6.2. Aktivität in natürlichen Habitaten in Abhängigkeit von den ökologischen Faktoren

Eine Einschätzung der ökologischen Bedeutung der methanotrophen Mikroflora für den Stoffkreislauf eines Habitates setzt die Kenntnis ihrer Aktivität unter natürlichen Bedingungen (in-situ-Aktivität) voraus.

Für die Bestimmung der Methanverbrauchsrate im Wasser sind 2 Methoden entwickelt und mit gutem Erfolg angewendet worden.

a. Gaschromatographische Methode (SARALOV 1979)

Durch die Möglichkeit einer exakten quantitativen Bestimmung von Methan in sehr geringen Konzentrationen in Wasser- und Gasproben mit Hilfe der Gaschromatographie kann die Methanverbrauchsrate durch eine Messung der Abnahme der Methankonzentrationen im Wasser in abgeschlossenen Systemen innerhalb einer bestimmten Zeit (meist 24 Stunden) bei Inkubation unter in-situ-Bedingungen ermittelt werden. Zu diesem Zweck werden Serumflaschen mit den Wasserproben unmittelbar nach der Entnahme gefüllt, luftfrei verschlossen und in den Wasserhorizonten aufbewahrt, aus denen die Proben stammten. Aus der Differenz der Methankonzentrationen zum Zeitpunkt 0 und nach Ablauf der Inkubationszeit oder aus der Differenz von Versuchsflaschen und vergifteten Kontrollflaschen ergibt sich die Methanverbrauchsrate. Je nach Versuchsdauer und Empfindlichkeit des Gaschromatographen liegt die Nachweisgrenze dieser Methode zwischen 0,002 und 0,0005 μmol CH_4/l · h.

b. Methode mit $^{14}CH_4$ (RUDD et al. 1974, BELYAEV et al. 1975)

Bei dieser Methode wird den Wasserproben in einem geschlossenen System eine kleine Menge von $^{14}CH_4$ zugesetzt. Nach einer Inkubationszeit von 1—5 Stunden werden die Mengen von $^{14}CO_2$ (Methanoxydation) und von ^{14}C in der organischen Substanz der Bakterien bzw. in den extrazellulären Stoffwechselprodukten (Methanassimilation) gemessen. Aus der Kenntnis der Gesamtmethankonzentration (in-situ CH_4 + zugesetztes $^{14}CH_4$) kann dann die Methanverbrauchsrate berechnet werden. Der Vorteil dieser Methode gegenüber der gaschromatographischen besteht in der Differenzierung zwischen Oxydation und Assimilation und in einer höheren Empfindlichkeit. Dadurch wird es möglich, mit sehr kurzen Inkubationszeiten zu arbeiten und auf diese Weise Verfälschungen der Ergebnisse durch Methan- und Sauerstofflimitationen nahezu auszuschließen.

Weitaus schwieriger ist die Bestimmung der in-situ-Aktivität methanotropher Bakterien in den Sedimenten von Gewässern, da hier steile, gegenläufige Konzentrationsgradienten der beiden wichtigsten, die Methanoxydation determinierenden Faktoren Methan und Sauerstoff bestehen, deren Verlauf außerdem erheblichen Schwankungen unterliegt.
Durch die gaschromatographische Bestimmung des Methanverbrauches von Sedimentproben aus der aeroben Oberflächenschicht in Serumflaschen mit Standortwasser bei verschiedenen Methankonzentrationen (Zugabe von methangesättigtem Wasser) werden zunächst Kurven aufgestellt, die die Abhängigkeit der Methanverbrauchsraten von der Methankonzentration wiedergeben und aus denen die potentielle Sedimentaktivität (Methanverbrauchsrate bei Substratsättigung = V_{max}) hervorgeht. Nach Bestimmung der Methankonzentration im Oberflächensediment kann auf der Grundlage dieser Beziehung eine in-situ-Methanverbrauchsrate kalkuliert werden.
Schließlich muß noch darauf hingewiesen werden, daß auch die Massenspektrometrie zur Bestimmung von Umsatzraten methanotropher Bakterien angewandt werden kann (JOERGENSEN u. DEGN 1983).

Tabelle 31. Methanverbrauchsraten im Wasser aquatischer Ökosysteme

Ökosystem	Wasserschicht	Methanverbrauchsrate µmol CH_4/l · h	Literaturangabe
1. Limnische Gewässer			
Lake Erie	3–4 m	0,05–1,47	HOWARTH et al. 1971
Lake 120	Thermokline	0,15	RUDD et al. 1974
Lake 227	Thermokline	1,0	RUDD et al. 1974
Methansee	unter dem Eis	0,0135	WELCH et al. 1980
	über dem Sediment	0,3	
Great Kichier Lake	0,5 m	0,016	IVANOV et al. 1976
	5 m	0,089	
	6 m	0,091	
Black Kichier Lake	0,5 m	0,018	IVANOV et al. 1976
	4 m	0,083	
	4,5 m	1,21	
	5 m	0,30	
Lungernsee	über dem Sediment	0,20–1,25	BOSSARD u. GÄCHTER 1982
Marisee		0,012–0,86	BELYAEV et al. 1975
Lake Kivu	35–50 m	0,02	JANNASCH 1975
Lake Tanganyika	Thermokline	0,04–0,075	RUDD 1980
Dolgoje-See		0.0007–1,0	ABRAMOCHKINA et al. 1987

Tabelle 31 (Fortsetzung)

Ökosystem	Wasserschicht	Methan-verbrauchsrate µmol CH_4/l · h	Literaturangabe
Lake Mendota			
vor der Schichtung	über dem Sediment	0,001	HARRITS u. HANSON 1980
während der Schichtung	Thermokline	0,23	
	über dem Sediment	1,2	
Dagowsee	Oberfläche	0,015	HEYER et al. in Vorbereitung
	Thermokline	0,154	
	über dem Sediment	0	
Rybinsker Stausee	über dem Sediment	0,095–0,15	SARALOV 1979
Bleilochtalsperre	10 m	0,60	HEYER unveröffentlicht
Hagener Torfsee	Oberfläche	0,002–0,09	HEYER u. SUCKOW 1985
	über dem Sediment	0,14–0,36	
	Torfschlamm	0,44–2,37	
Fuchskuhle (Moorsee)	Oberfläche	0,002–0,003	HEYER unveröffentlicht
	über dem Sediment	0,012–0,092	
	Torfschlamm	0,26–2,50	
Netzbachteich		0,045	ZAISS 1981
Saar		0,002–0,05	ZAISS et al. 1982
Saale		0,009	BERGER u. HEYER in Vorbereitung
Kohlenminenwasser		0,067–1,84	IVANOV et al. 1978
2. Marine Gewässer			
Cape Lookout Bight	über dem Sediment	0,0022	SANSONE u. MARTENS 1978
Beringsee		$3,7 \cdot 10^{-8}$–$9,1 \cdot 10^{-5}$	GRIFFITH et al. 1982
Boddengebiete der Ostsee	0,5 m	0,002–0,023	HEYER et al. in Vorbereitung
Framvaren-Fjord	16 m	0,004–0,057	LIDSTROM 1983

Die meisten Untersuchungen der in-situ-Methanoxydation in aquatischen Ökosystemen haben sich auf das Wasser von verschiedenen Seen konzentriert. Die Tabelle 31 zeigt, daß die höchsten Raten des Methanverbrauches um 1 µmol pro l · h liegen. Sowohl innerhalb eines Ökosystems je nach Ort und Zeitpunkt der Messung als auch zwischen verschiedenen Ökosystemen gibt es beträchtliche Unterschiede.

Die wenigen Angaben über die Methanoxydation in marinen Ökosystemen verdeutlichen, daß hier weitaus geringere Methanverbrauchsraten erreicht werden als in limnischen Gewässern. Der Grund dafür liegt in der geringeren Methanbildung in den Oberflächensedimenten und demzufolge in den geringen Methankonzentrationen im Wasser. Nur in Küstengebieten und Bereichen mit eingeschränkter Zirkulation wurden Methankonzentrationen im Wasser von über 1 µmol/l festgestellt. Dort sind auch die höchsten Methanverbrauchsraten bestimmt worden.

In den aeroben Oberflächensedimenten von limnischen und marinen Ökosystemen wurden Methanoxydationsraten gemessen, die um das 100- bis 1000fache über denen der darüber befindlichen Wassersäule lagen (Tab. 32). Auf ähnliche Unterschiede in der quantitativen Verteilung der methanotrophen Mikroflora wurde bereits hingewiesen. Durch hohe Methankonzentrationen, op-

Tabelle 32. Methanverbrauchsraten im Sediment aquatischer Ökosysteme

Ökosystem	Dimension	Methanverbrauchsrate	Literaturangabe
1. Limnische Gewässer			
Lake Washington	µmol CH_4/l · h	0,27–2,5	LIDSTROM u. SOMERS 1984
Teich am Netzbach	µmol CH_4/kg · h	2,5	ZAISS 1981
Methansee	µmol CH_4/l · h	100–150	WELCH et al. 1980
Stechlinsee litoral	µmol CH_4/l · h	47,5–119,4	HEYER u. BABENZIEN 1985
profundal	µmol CH_4/l · h	16,9–37,6	
Lungernsee	µmol CH_4/l · h	637–911	BOSSARD u. GÄCHTER 1981
Dolgoje-See	µmol CH_4/l · h	1,0–5,05	ABRAMOCHKINA et al. 1987
Netzbach	µmol CH_4/kg · h	23	ZAISS 1981
Flußsediment	µmol CH_4/kg TS · h	41,7–111,1	TAM et al. 1981
Saale, Staubereich	µmol CH_4/l · h	20–240	BERGER u. HEYER in Vorber.
2. Marine Gewässer			
Beringsee	µmol CH_4/l · h	0,00002–0,01	GRIFFITH et al. 1982
Boddengebiete der Ostsee	µmol CH_4/l · h	0,39–26,8	HEYER et al. in Vorber.

timales Mineralstoffangebot und die Möglichkeit zur Aufwuchsbildung sind die Sedimente ein bevorzugter Standort für die methanotrophen Bakterien, die hier gleichsam als Barriere für den Übertritt des in den tieferen Sedimentschichten gebildeten Methans in das Wasser wirken. Die Methanoxydation ist jedoch nur auf die oberste, mit Sauerstoff versorgte Schicht beschränkt. Die Eindringtiefe des Sauerstoffs in das Sediment hängt von verschiedenen Faktoren ab, von denen die Intensität der sauerstoffverbrauchenden Prozesse der wichtigste ist. In Sedimenten mit einer hohen Sauerstoffzehrung, die in der Regel auf einem hohen Gehalt an leicht verwertbarer organischer Substanz beruht, wird die Grenze zwischen aerober und anaerober Zone bereits nach wenigen Millimetern erreicht, während in mineralischen Sedimenten mit sehr wenig organischer Substanz und dadurch geringer Sauerstoffzehrung noch in Sedimenttiefen von einem bis mehreren Metern Sauerstoff im Interstitialwasser nachgewiesen werden kann (z. B. Tiefseesedimente). In den letzteren Sedimenten ist jedoch die Methanbildung außerordentlich gering, so daß die Methanoxydation keine Rolle spielt. Die Eindringtiefe des Sauerstoffs unterliegt bei belichteten Sedimenten durch die Sauerstoffproduktion während der Photosynthese der Algen auf der Sedimentoberfläche einer tageszeitlichen Dynamik. Weiterhin muß darauf hingewiesen werden, daß durch die Aktivität der im Sediment lebenden Tiere (Muscheln, Würmer) sauerstoffhaltiges Wasser in tiefere Sedimentschichten gestrudelt wird und damit zu einer Ausdehnung der Zone für eine aerobe Methanoxydation beiträgt. Dies gilt auch für den Rhizosphärenbereich von Wasserpflanzen, deren Wurzeln über Gaskammern mit Sauerstoff versorgt werden.

Die erheblichen Unterschiede der Methanverbrauchsraten sowohl im Wasser als auch im Sediment beruhen einmal auf den Keimzahlunterschieden der methanotrophen Bakterien und zum anderen auf der Abhängigkeit der Methanoxydation von den ökologischen Faktoren.

Methankonzentration

Die wichtigste Voraussetzung für die Methanoxydation ist das Vorhandensein des Substrates, wobei in einem bestimmten Bereich die Umsatzrate von der Methankonzentration abhängig ist. Diese Beziehung kann durch eine Substratsättigungskurve entsprechend der MICHAELIS-MENTEN-Kinetik ausgedrückt werden. Dadurch ergibt sich die Möglichkeit, die maximale Umsatzrate bei Substratsättigung (V_{max}) zu bestimmen, die eine Vorstellung von der potentiellen Aktivität der methanotrophen Mikroflora eines Standortes vermittelt (RUDD u. HAMILTON 1975). Bei welchen Methankonzentrationen die maximale Umsatzrate erreicht wird, ist vom Standort abhängig. Im Wasser kann bereits bei einer Konzentration von 10 μmol CH_4/l eine Sättigung vorliegen, während in den Sedimenten mit viel höheren Umsatzraten die Sättigungskonzentrationen zwischen 100 und 1000 µmol CH_4/l liegen können. Daraus läßt sich ableiten, daß unter natürlichen Bedingungen die Intensität der Methanoxydation durch die Methankonzentration limitiert ist.

Sauerstoff und mineralische Stickstoffverbindungen

Die zweite wichtige Voraussetzung für die aerobe Methanoxydation ist die Verfügbarkeit von freiem Sauerstoff. Charakteristisch für die methanotrophe Mikroflora von aquatischen Ökosystemen ist ihre Fähigkeit, bei sehr geringen Sauerstoffkonzentrationen (0,1—1 mg/l) eine maximale Aktivität zu erreichen (RUDD u. HAMILTON 1975). Diese Beobachtungen haben dazu geführt, die methanotrophen Organismen als mikroaerophil zu bezeichnen und die Sauerstoffkonzentration als kontrollierenden Faktor für die Methanoxydationsrate anzusehen. Diese Abhängigkeit besteht jedoch nur bei einem Mangel an mineralischen Stickstoffverbindungen im Wasser, z. B. im Epilimnion von bestimmten Seen während der Sommerstagnation. Unter diesen Bedingungen sind die methanotrophen Bakterien in der Lage, ihren Stickstoffbedarf durch Fixierung von molekularem Luftstickstoff zu decken, ein Prozeß, der durch hohe Sauerstoffkonzentrationen gehemmt wird. Daher kann die Methanoxydation bei Stickstofflimitation nur mit geringen Sauerstoffkonzentrationen stattfinden. Diese Empfindlichkeit gegenüber Sauerstoff wird jedoch sofort nach Zufuhr von anorganischen Stickstoffverbindungen, wie Nitrat oder Ammonium, aufgehoben. Die Grenzkonzentration löslicher anorganischer Stickstoffverbindungen für die Umschaltung auf N_2-Fixierung wurde mit 10—20 µmol/l im Wasser bestimmt (RUDD et al. 1976). In dieser Beziehung wird auch der Einfluß der Stickstoffverbindungen auf die Methanoxydation sichtbar.

Temperatur

Aus den wenigen Messungen der Methanoxydationsraten bei verschiedenen Temperaturen ergibt sich, daß die optimalen Temperaturen im Wasser und im Sediment zwischen 20 und 30 °C liegen. Ökologisch von großer Bedeutung ist die Tatsache, daß sich auch bei Temperaturen unter 10 °C bis zum Gefrierpunkt eine Methanoxydation vollzieht, also auch im Wasser zugefrorener Seen oder im kalten Tiefenwasser und im Sediment geschichteter Seen während der Stagnationsphase.

pH-Wert

Der pH-Bereich für eine Methanoxydation reicht von pH 4,0 (saure Moorseen) bis pH 8,5 (Brackwassergebiete), wobei sich in den verschiedenen Ökosystemen eine angepaßte methanotrophe Mikroflora mit unterschiedlichen pH-Optima herausgebildet hat. In den meisten Gewässern wird die maximale Methanoxydation bei pH-Werten zwischen 6,5 und 7,9 erreicht; die angepaßten methanotrophen Bakterien entwickeln bei pH-Werten von 4,0 bzw. 8,0 noch mehr als 50% der maximalen Aktivität.

Hemmung und Förderung der Methanoxydation

Von den natürlich vorkommenden Hemmstoffen der Methanoxydation kann nur Ammonium unter bestimmten Bedingungen eine ökologische Bedeutung erlangen. Es wird durch die Methanmonooxygenase zu Hydroxylamin oxydiert und kann in hohen Konzentrationen eine kompetitive Hemmung der Methanoxydation verursachen. Solche Verhältnisse treten nur gelegentlich in Abwässern oder stark verunreinigten Gewässern auf.
Eine erhebliche Zunahme der Methanoxydationsrate über 100% konnte nach Zugabe von partikulärem Material wie Ton, Kohle oder Glas zu Zellsuspensionen von methanotrophen Bakterien erzielt werden, wobei eine Beziehung zur Korngröße bestand (Weaver u. Dugan 1972, Nesterov u. Nazarenko 1975). Da in flachen Gewässern durch hohe windbedingte Turbulenz oder in Gewässern mit intensiver Gaskonvektion im Wasser Sedimentteilchen suspendiert werden, hat diese Erscheinung auch eine ökologische Bedeutung. Die Ursache dürfte in erster Linie in der erhöhten Aktivität adsorbierter Zellen gegenüber frei suspendierten Zellen zu suchen sein; auch die Eliminierung von Hemmstoffen durch die Partikel wurde in diesem Zusammenhang diskutiert.

Die Kenntnisse über die Abhängigkeit der Methanoxydation von den ökologischen Faktoren bilden die Grundlage für das Verständnis der charakteristischen Verteilung der Methanoxydationszonen in verschiedenen aquatischen Ökosystemen und ihrer Dynamik.

a. Geschichtete, mesotrophe und eutrophe Seen mit anoxischem Hypolimnion während der Sommerstagnation

Die Ausbildung von stabilen Wasserschichten als Folge unterschiedlicher Temperaturen (warme, durchmischte Oberflächenschicht = Epilimnion; kalte, stagnierende Tiefenwasserschicht = Hypolimnion; Übergangsschicht zwischen beiden = Metalimnion, Temperatursprungschicht, Thermokline) ist eine typische Erscheinung in Seen der gemäßigten Klimazone während des Sommers. Durch die eingeschränkten Austauschvorgänge wird dabei der gesamte Sauerstoffvorrat im Hypolimnion von eutrophen und vielen mesotrophen Seen aufgebraucht. Dadurch kann sich das aus dem Sediment durch Diffusion in das Wasser gelangende Methan im anoxischen Hypolimnion anreichern und zu Methankonzentrationen bis 1000 μmol/l Wasser führen (s. Abb. 11). In der Temperatursprungschicht, in der Sauerstoff und Methan gleichzeitig vorhanden sind, erfolgt eine intensive Methanoxydation, die jedoch nur auf diese schmale

Zone des Metalimnions beschränkt bleibt. Diese Aktivität reicht aus, um das gesamte durch Diffusion aus dem Hypolimnion aufsteigende Methan zu oxydieren. Im Epilimnion ist die Methanoxydation entweder außerordentlich gering wegen der geringen Methankonzentrationen, oder in Seen mit einer Limitation an anorganischen Stickstoffverbindungen fehlt sie vollkommen wegen der Sauerstoffempfindlichkeit N_2-bindender, methanotropher Bakterien. Im Hypolimnion ohne Sauerstoff ist eine aerobe Methanoxydation nicht möglich (Abb. 20).

Nach der Abkühlung des Epilimnions im Herbst kommt es zu einer Vollzirkulation des gesamten Wasserkörpers, wobei sich das hypolimnische Wasser mit hohen Methan- und Mineralstoffkonzentrationen mit dem sauerstoffreichen epilimnischen Wasser vermischt. Die Folge davon ist eine intensive Methanoxydation im gesamten Wasserkörper, deren Größe von der Methankonzentration reguliert wird. In dieser Phase gelangt auch Sauerstoff an die Oberflächenschichten des Sedimentes, so daß die Methanoxydation hier wieder beginnt und einen weiteren Übertritt von Methan aus dem Sediment in das Wasser durch Diffusion verhindert.

Im Winter nach der Bildung einer Eisdecke, die den Eintrag von Sauerstoff aus der Atmosphäre und durch die Abschirmung des Lichtes die photosynthetische Sauerstoffbildung im Wasser unterbindet, kann der Sauerstoffvorrat im Tiefenwasser vor allem durch die bei den geringen Temperaturen fortgesetzte Methanbildung und Methanoxydation aufgezehrt werden. Die Methanoxydation im Sediment als Barriere für den Methanübertritt in das Wasser wird ausgeschaltet, und es kommt wiederum zu einer Anreicherung von Methan im Wasser. Die von der Methankonzentration abhängige Methanoxydation ist zunächst im Tiefenwasser am höchsten. Mit dem Verschwinden des Sauerstoffs steigt die Zone der intensiven Methanoxydation in die oberen Wasserschichten auf. Je nach der Länge der Eisperiode und der Intensität der O_2-verbrauchenden Prozesse kann ein Teil oder der gesamte Wasserkörper anoxisch werden. Ein Verbrauch des gesamten Sauerstoffvorrates im Wasserkörper ist vor allem dann zu erwarten, wenn das während der Sommerstagnation im Wasser angehäufte Methan im Verlaufe der Herbstzirkulation vor der Eisbildung nicht vollkommen oxydiert wurde (Rudd u. Hamilton 1978). Während der Frühjahrszirkulation wiederholt sich der gleiche Vorgang, wie er für die Herbstzirkulation geschildert wurde. Diese für dimiktische Seen nachgewiesene Dynamik der Methanoxydation (Abb. 20) trifft sinngemäß auch für monomiktische Seen zu, nur daß hier eine Zirkulation innerhalb eines Jahres erfolgt. In Seen mit einer stabilen Schichtung (Lake Kivu, Lake Tanganyika), die durch einen höheren Salzgehalt des Tiefenwassers bedingt ist, bleibt die in der Sprungschicht (Halokline) ausgeprägte schmale Zone der Methanoxydation von etwa 10–15 m zwischen dem methanhaltigen, aber sauerstofffreien Hypolymnion

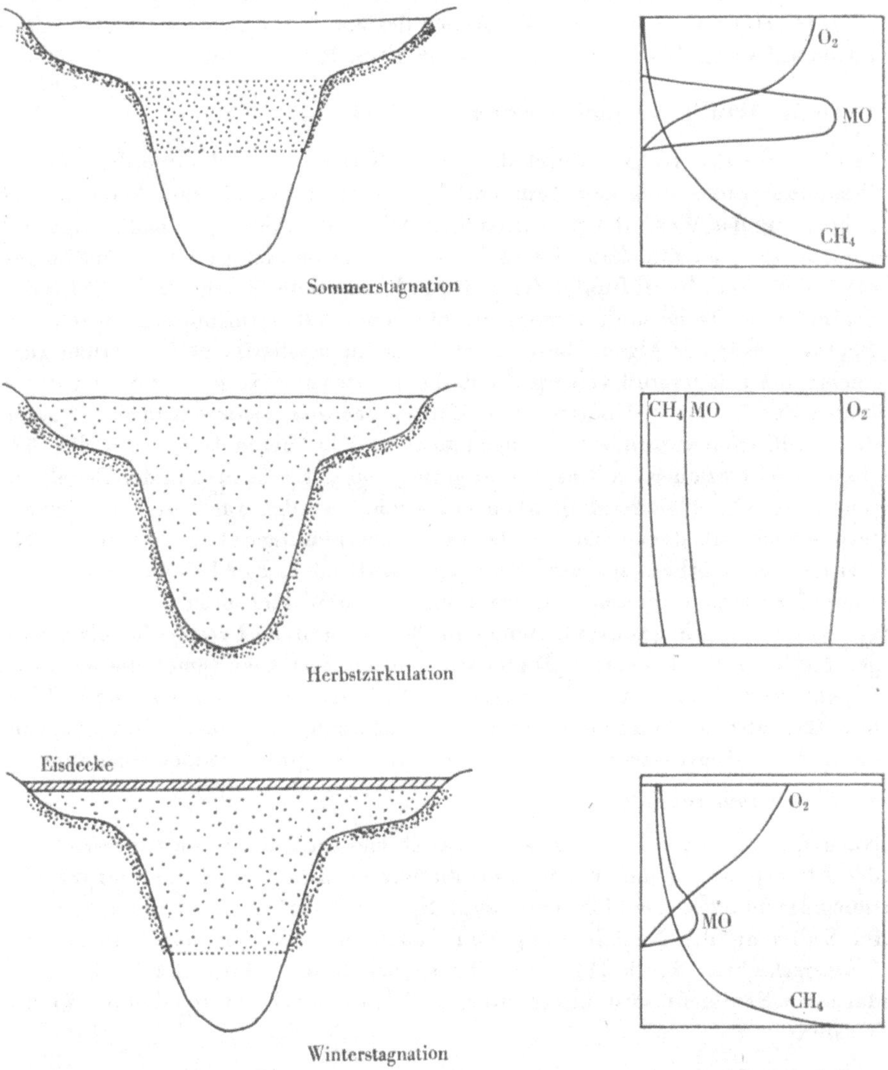

Abb. 20. Schematische Darstellung der Zonen der Methanoxydation in einem geschichteten eutrophen See. Die Kurven (rechts) zeigen die vertikalen Konzentrationsprofile von CH_4 und O_2 und die Intensität der Methanoxydation (MO) in der Wassersäule

und dem sauerstoffreichen, aber methanarmen Epilimnion ständig erhalten und sorgt für einen vollkommenen Verbrauch des aus dem Hypolimnion durch Diffusion aufsteigenden Methans (JANNASCH 1975, RUDD 1980).

b. Flache, ständig durchmischte Seen und Teiche

In diesen Gewässern kann durch die geringe Wassertiefe und durch die ständige Wasserdurchmischung kein Temperaturgradient und damit auch keine stabile Schichtung des Wasserkörpers entstehen. Die Wasserbewegung begünstigt den Eintrag von Sauerstoff aus der Luft und seine gleichmäßige Verteilung im gesamten Wasserkörper. Infolge der geringen Wassertiefe gelangt das Licht bis zur Sedimentoberfläche und ermöglicht hier eine Sauerstoffbildung durch die Photosynthese der Algen. Dadurch ist die Sedimentoberfläche fast immer ausreichend mit Sauerstoff versorgt, so daß eine intensive Methanoxydation stattfinden kann, die den Übertritt von Methan aus dem Sediment in das Wasser durch Diffusion verhindert. Infolgedessen sind in diesen Gewässern die Methankonzentrationen im Wasser sehr gering und überschreiten in der Regel nur selten 2 µmol/l. Höhere Methankonzentrationen werden nur in solchen Gewässern erreicht, in denen bei sehr hohen Methanbildungsraten eine Blasenfreisetzung von Methan aus dem Sediment stattfindet. Ein kleiner Teil des in Blasenform aufsteigenden Methans kann sich im Wasser lösen.
Die geringen Methankonzentrationen im Wasser sind die Ursache für die geringen Methanverbrauchsraten. Daher spielt in diesen Ökosystemen die Methanoxydation im Wasser gegenüber jener im Sediment eine untergeordnete Rolle und führt auch zu keiner wesentlichen Beeinflussung der Sauerstoffbilanz. Von der in diesen Gewässern vorherrschenden Situation gibt es jedoch Ausnahmen:

— **Winterstagnation**

Nach Bildung einer Eisdecke werden auch hier die Zufuhr von Sauerstoff aus der Atmosphäre in das Wasser und die photosynthetische Sauerstoffproduktion unterbunden. Der fortschreitende Sauerstoffverbrauch übersteigt zuerst im Sediment die Nachlieferung von Sauerstoff aus den darüberliegenden Wasserschichten durch Diffusion (Wasserzirkulation fehlt). Die Methanoxydation im Sediment wird unterbunden, und Methan gelangt ungehindert in das Wasser.

— **Sommerstagnation**

Bei Windstille und hohen Wassertemperaturen kann im Sommer eine ähnliche Situation entstehen. Bei fehlender Wasserbewegung wird der Eintrag von Sauerstoff aus der Atmosphäre und seine Verteilung im Wasser stark vermindert. Die hohen Wassertemperaturen führen zu einem erhöhten Sauerstoffverbrauch und zu verminderter Löslichkeit von Sauerstoff im Wasser. Die

Folge davon ist auch hier die Entstehung anoxischer Sedimente ohne Methanoxydation. Solche Phasen halten jedoch meist nur wenige Tage an.
In beiden Fällen wird durch das Fehlen von Sauerstoff die Methanoxydation aus dem Sediment in das Wasser verlagert und kann dort mit steigenden Methankonzentrationen während der Stagnationsphasen zum entscheidenden ökologischen Faktor für die Sauerstoffbilanz des Gewässers werden.

c. Oligotrophe, geschichtete Seen

In oligotrophen Seen treten auch während der Stagnationsphasen keine anoxischen Wasserschichten auf. Der Sauerstoff reicht stets bis zur Sedimentoberfläche und erlaubt dadurch eine ununterbrochene Oxydation des aus den tieferen Sedimentschichten aufsteigenden Methans in den oberen, aeroben Sedimentzonen. Ein Übertritt des Methans aus dem Sediment in das Wasser durch Diffusion wird damit ausgeschlossen. Dementsprechend enthält das Wasser oligotropher Seen nur sehr geringe Methankonzentrationen. Die Methanoxydation im Wasser und die Beeinträchtigung der Sauerstoffbilanz durch diesen Prozeß sind daher in oligotrophen Seen von untergeordneter Bedeutung. Nur im Falle einer intensiven Methanbildung im Sediment, z. B. durch den Eintrag allochthoner organischer Substanz (Laub der Bäume), kann durch Blasenfreisetzung des Methans seine Konzentration im Wasser durch Lösung beim Aufsteigen zunehmen. Jedoch wurden auch dabei nur selten Methankonzentrationen von 1 µmol/l erreicht (Heyer u. Babenzien 1985).

d. Flüsse

Die Prozesse des Methankreislaufes haben nur in jenen Abschnitten von Fließgewässern eine Bedeutung, in denen durch eine verminderte Fließgeschwindigkeit eine Sedimentation des mitgeführten partikulären organischen Materials stattfinden kann. Nur dort können Sedimente mit einer intensiven Methanbildung entstehen, z. B. im Staubereich der Wehre (Zaiss et al. 1982). Trotz der hohen Methanbildungsraten in diesen Sedimenten verhindert die fortwährende Wasserbewegung eine Anreicherung von Methan im Wasser. Außerdem sind im Oberflächensediment die Bedingungen für eine Methanoxydation sehr günstig, da durch das strömende Wasser eine optimale Versorgung mit Sauerstoff gewährleistet ist. Die hohen Methanoxydationsraten im Sediment verhindern einen Übertritt von Methan aus dem Sediment in das Wasser durch Diffusion. Dennoch werden nur etwa 10% des gebildeten Methans durch Methanoxydation in den Kohlenstoffkreislauf des Fließgewässers zurückgeführt. Der größte Teil des Methans gelangt durch Blasenbildung und Wirbeldiffusion in die Atmosphäre.

e. Methanoxydation im Brackwasser und in Meeresgebieten

Die für viele Ökosysteme charakteristische Abhängigkeit der Methanoxydation vom Prozeß der Methanbildung in den anaeroben Habitatbereichen führt in den marinen und Brackwasser-Ökosystemen mit einer geringeren Methanbildung gegenüber limnischen Gewässern und demzufolge geringeren Methankonzentrationen zu einer eingeschränkten ökologischen Bedeutung der aeroben Methanoxydation. Nur in den Küstenbereichen der Meere, in Ästuaren, Buchten und Einsenkungen, die durch eine hohe Methanbildung in den oberen Sedimentschichten ausgezeichnet sind (siehe Abschnitt 2.5.3.), spielt auch die Methanoxydation eine wichtige Rolle. Wie in den flachen, ständig durchmischten Seen wird auch in diesen Meeresgebieten das aus dem Sediment aufsteigende Methan in der aeroben Oberflächenschicht des Sedimentes oxydiert und damit am Übertritt in das Wasser gehindert. Daraus erklären sich die geringen Methankonzentrationen im Wasser dieser Habitatbereiche. Die Methanoxydation im Wasser ist ohne Bedeutung. Jedoch können auch in Meeresbuchten Stagnationsphasen auftreten (Sommerstagnation bei hohen Wassertemperaturen und Windstille; Winterstagnation bei Eisbedeckung). Dabei wurden die gleichen Beobachtungen gemacht wie in flachen Seen: Die Sedimente werden anoxisch; Methan reichert sich im Wasser an; zunehmende Methanoxydationsraten im Wasser beeinflussen die Sauerstoffbilanz. Während solche Verhältnisse in flachen Küstengewässern und Buchten nur selten auftreten und meist nur wenige Tage anhalten, hat sich in tieferen Einsenkungen, Gräben und Fjorden eine stabile Schichtung aus anoxischem Tiefenwasser mit erhöhten Konzentrationen von Methan und Schwefelwasserstoff und sauerstoffhaltigem Oberflächenwasser herausgebildet. Durch die Morphometrie dieser Gewässer und durch den erhöhten Salzgehalt des Tiefenwassers wird eine vollständige Wasserzirkulation verhindert. Nach Messungen der Methanoxydation in einem Fjord (LIDSTROM 1983) findet dieser Prozeß wie in geschichteten Seen im Grenzbereich zwischen anoxischem Tiefenwasser und sauerstoffhaltigem Oberflächenwasser statt.

3.6.3. Methanotrophe Bakterien als Symbionten

In den letzten Jahren sind methanotrophe Bakterien als Endosymbionten in marinen wirbellosen Tieren aufgefunden worden. Sichere Nachweise liegen für 2 neue Muschelarten (*Mytilidae*) aus dem Golf von Mexiko (CHILDRESS et al. 1986, CAVANAUGH et al. 1987) und für einen Röhrenwurm (*Pogonophora: Siboglinum poseidoni*) aus dem Skagerrak (SCHMALJOHANN u. FLÜGEL 1987) vor. Es gibt außerdem Hinweise, daß auch bestimmte Röhrenwürmer (*Riftia pa-*

chyptila) und Muscheln (*Calyptogena magnifica*) aus dem Bereich der Hydrothermalquellen der Tiefsee neben Schwefelwasserstoff-oxydierenden chemoautotrophen Bakterien methanotrophe Bakterien enthalten.
Die Muscheln besitzen besonders große, dicke, fleischige Kiemen, in deren Oberflächenbereich die Symbionten in besonderen Zellen, den Bakteriocyten, eingeschlossen sind. Jede dieser spezifischen Wirtszellen enthält zahlreiche Vakuolen mit einer oder mehreren Symbiontenzellen. Dabei werden Keimzahlen von ca. $3 \cdot 10^8$ Zellen/g Kiemengewebe erreicht.
Der genannte Röhrenwurm hat kein Intestinalsystem ausgebildet; statt dessen verfügt er über ein gut ausgeprägtes Trophosom — ein durch die Anpassung an die symbiontische Lebensweise speziell entwickeltes Gewebe, dessen Zellen die symbiontischen methanotrophen Bakterien beherbergen.
Die Symbiosetheorie beruht auf folgenden Untersuchungsergebnissen:

a. Der organische Kohlenstoff der Wirtstiere zeichnet sich durch einen auffallend geringen Gehalt an dem stabilen Kohlenstoffisotop ^{13}C aus, ähnlich wie dies für biologisch gebildetes Methan als Folge der Isotopenfraktionierung gefunden wurde. Wirbellose Tiere mit chemolithoautotrophen Schwefelbakterien als Symbionten haben einen deutlich höheren ^{13}C-Anteil.

b. Mit Hilfe von Ultradünnschnitten durch das symbiontenhaltige Wirtsgewebe konnte in den Bakterienzellen die für methanotrophe Bakterien charakteristische Ausbildung von intracytoplasmatischen Membranen (Membranstapel = Typ I) gezeigt werden.

c. Mit frisch isoliertem Kiemengewebe der Muscheln und mit ganzen Tieren konnte der Methanverbrauch gaschromatographisch nachgewiesen werden (1,36 μmol CH_4/g Kiemengewebe · h
Childress et al. 1986). Bei Anwesenheit von Methan kam es stets zu einer deutlichen Zunahme von Sauerstoffverbrauch und CO_2-Bildung.

d. Der Methanverbrauch wurde durch Acetylen und durch Sauerstoffmangel gehemmt.

e. Der Einbau von $^{14}CH_4$ in das Wirtsgewebe und seine Oxydation zu $^{14}CO_2$ konnte sowohl für ganze Tiere als auch für das isolierte Trophosom nachgewiesen werden.

f. Das Schlüsselenzym des Ribulosemonophosphatweges der Kohlenstoff-Fixierung bei methylotrophen Bakterien, die Hexulose-phosphatsynthase, wurde in hohen Konzentrationen im bakterienhaltigen Kiemengewebe der Muscheln bestimmt, fehlte dagegen im Fuß- und Mantelgewebe.

g. Es ist gelungen, aus dem Trophosom von *Siboglinum* methanotrophe Bakterien vom Typ I zu isolieren.

Die intrazellulär lebenden Symbionten werden durch den Wirt ständig mit Methan und Sauerstoff versorgt. Der Wirt verwertet zunächst die von den methanotrophen Bakterien ausgeschiedenen Exometabolite (z. B. Aminosäuren) und kann außerdem nach der Lyse der Bakterienzellen die gesamte akkumulierte organische Substanz assimilieren.
Vor allem auf Grund des geringen ^{13}C-Gehaltes des Wirtsgewebes wird angenommen, daß die Ernährung der Wirtstiere ausschließlich oder zum großen Teil auf der symbiontischen Methanassimilation beruht.

4. Anaerobe Methanoxydation

Da für die Oxydation des Methans molekularer Sauerstoff notwendig ist, hat man lange Zeit angenommen, daß Methan unter anaeroben Bedingungen unverändert bleibt. Seit einigen Jahren sind jedoch zahlreiche indirekte und direkte Beweise für eine anaerobe Oxydation des Methans publiziert worden. Für eine endgültige Bestätigung fehlt jedoch die Isolation von Reinkulturen mit der Fähigkeit zur Verwertung von Methan unter Ausschluß von Sauerstoff und die Aufklärung des biochemischen Mechanismus.

Untersuchungen über die anaerobe Methanoxydation wurden hauptsächlich in marinen Sedimenten durchgeführt, daneben im Wassser anoxischer mariner Becken, im sauerstofffreien Hypolimnionwasser über dem Sediment von Seen, im Abwasserschlamm und in künstlichen Gasspeichern.

Der erste indirekte Hinweis auf eine anaerobe Methanverwertung ergab sich aus der Methanverteilung in marinen Sedimenten. Die Konzentrationsprofile von Methan zeigten immer eine konkav aufwärts gerichtete Kurve. Bei der Anwendung von Diffusionsmodellen konnte ein derartiger Kurvenverlauf nur durch die Annahme eines Methanverbrauches erklärt werden. Mit Hilfe von solchen Modellen war auch eine Kalkulation der Methanverbrauchsrate möglich (Reeburgh 1976, Martens u. Berner 1977, Barnes u. Goldberg 1976).

Ein weiterer Hinweis auf die anaerobe Methanoxydation ergab sich aus der Verteilung von ^{13}C im Methan und im CO_2 der Sedimente. Bei der biochemischen Umsetzung von Methan in CO_2 wird stets das leichtere Isotop ^{12}C bevorzugt, so daß das entstehende CO_2 einen größeren Anteil des leichteren Isotopes und das verbleibende Methan einen höheren ^{13}C-Anteil besitzt. Tasächlich konnten im Sedimentprofil Unterschiede im ^{13}C-Gehalt von CO_2 und CH_4 nachgewiesen werden, wobei in der vermuteten Zone der anaeroben Methanoxydation CO_2 einen deutlich geringeren und CH_4 einen höheren Gehalt an ^{13}C aufwiesen (Alperin u. Reeburgh 1984).

Direkte Beweise für die anaerobe Methanoxydation ergaben sich aus Versuchen mit radioaktiv markiertem Methan ($^{14}CH_4$). Nach Injektion von $^{14}CH_4$ in

Sedimentkerne und Inkubation unter in-situ-Bedingungen unter Ausschluß von Sauerstoff konnte die Oxydation des Methans durch die Bestimmung von $^{14}CO_2$ bewiesen und quantifiziert werden (IVERSEN u. BLACKBURN 1981, DEVOL 1983, IVERSEN u. JOERGENSEN 1985). Die Zone der intensivsten Methanoxydation war in den Sedimentschichten zu finden, wo Methan und Sulfat gleichzeitig vorkamen. In Sedimenten mit einer anoxischen Oberfläche wurde diese Zone bei wesentlich geringeren Sedimenttiefen erreicht (10—30 cm) als bei Sedimenten mit einer aeroben Oberflächenschicht (1—2 m). In welcher Sedimenttiefe diese Übergangszone von der sulfatreichen und methanarmen Oberflächenschicht zur sulfatarmen und methanreichen Tiefenschicht auftritt, hängt vornehmlich von der Menge der in das Sediment eingetragenen organischen Substanz und damit von der Intensität der Sulfatreduktion in der oberen Sedimentschicht ab. Bei hohem Eintrag organischer Substanz und damit hoher Desulfurikationsrate sinkt die Sulfatkonzentration im Sediment rasch ab.

Die Beobachtung, daß die Zone der maximalen Methanoxydation im Sediment zusammenfällt mit einem 2. Maximum der Desulfurikation, führte zu der Vermutung, daß die anaerobe Methanoxydation verknüpft ist mit der Sulfatreduktion.

Der Nachweis einer anaeroben Methanoxydation mit Hilfe von radioaktiv markiertem Methan wurde nicht nur in marinen Sedimenten, sondern auch im anoxischen Tiefenwasser unmittelbar über dem Sediment von marinen (LIDSTROM 1983) und limnischen Habitaten (PANGANIBAN et al. 1979) erbracht. Auch durch gaschromatographische Methoden konnte ein Verbrauch von Methan in anaerob inkubierten Sedimentproben aus anoxischen marinen Becken demonstriert werden (KOSIUR u. WARFORD 1979). Die Ergebnisse der Messungen und die Kalkulationen der Raten vermitteln eine Vorstellung von der ökologischen Bedeutung der anaeroben Methanoxydation (Tab. 33).

Der Vergleich mit den Methanbildungsraten in marinen Sedimenten macht deutlich, daß die anaerobe Methanoxydation eine wichtige Barriere für den Methanfluß von den Zonen der Methanbildung in den tieferen, sulfatfreien Sedimentschichten zur Grenzfläche zum Wasser darstellt. In bestimmten marinen Sedimenten können 90—100% des aufwärts diffundierenden Methans durch die anaerobe Methanoxydation in CO_2 umgewandelt werden (REEBURGH u. HEGGIE 1977, IVERSEN u. JOERGENSEN 1985). In globaler Hinsicht muß daher die anaerobe Methanoxydation als ein ökologisch bedeutsamer Prozeß für den Stoffkreislauf angesehen werden.

Wenn man davon ausgeht, daß Methan unter anaeroben Bedingungen mit Sulfat als Elektronenakzeptor oxydiert wird, so kann der Anteil der Methanoxydation an der Gesamtsulfatreduktion kalkuliert werden. Für Sedimente aus dem Kattegat und Skagerrak ergab dies 10% für die gesamte Sedimentsäule und in der Zone der maximalen Methanoxydation 89 bzw. 61% bei 153

Tabelle 33. Methanverbrauchsraten unter anaeroben Bedingungen in marinen Ökosystemen

Untersuchungsgebiet	Habitatbereich	Methanverbrauchsrate µmol CH_4/l · h	Literaturangabe/ Methode
Cariaco Trench	Tiefenwasser	$0{,}13 \cdot 10^{-6} - 1{,}74 \cdot 10^{-6}$	REEBURGH 1976/
	Sediment	0,063–0,182	Diffusionsmodell
Santa Barbara Basin	Sedimente aus 2–3 m	0,0265	BARNES u. GOLDBERG 1976/Diffusionsmodell
Santa Barbara Basin	Sedimente aus 30–35 cm	0,041	KOSIUR u. WARFORD
	120–130 cm	0,016	1979/
	150–160 cm	0,00095	Gaschromatographie
Skan Bay Unalaska Island	Sedimente aus 15–25 cm	0,16–0,33	ALPERIN u. REEBURGH 1984/$^{14}CH_4$-Methode
Saanich Inlet	Sediment 15 cm	0,31–1,42	DEVOL 1983/$^{14}CH_4$-Methode
Kysing Fjord Jütland	Sedimente aus 1–12 cm	0,0038–0,011	IVERSEN u. BLACKBURN 1981/$^{14}CH_4$-Methode
Kattegat	Sediment 153 cm	0,26	IVERSEN u. JOERGENSEN
Skagerrak	Sediment 102 cm	0,50	1985/$^{14}CH_4$-Methode
Framvaren Fjord	Wasser 177 m	0,10–0,45	LIDSTROM 1983/$^{14}CH_4$-Methode

bzw. 102 cm Sedimenttiefe. In der sulfatreichen und methanarmen Oberflächenschicht mit hohen Desulfurikationsraten und geringen Methanoxydationsraten war der Anteil der anaeroben Methanoxydation am Gesamtsulfatverbrauch unter 0,1% (IVERSEN u. JOERGENSEN 1985). Am Vorkommen der anaeroben Methanoxydation gibt es auf Grund der dargelegten Beweise keinen Zweifel. Aber bisher fehlt die Isolation von Reinkulturen mit dieser Fähigkeit aus derartigen Habitaten. Die Korrelationen der Maxima von anaerober Methanoxydation und Sulfatreduktion in einigen marinen Sedimenten und die Konzentration dieses Prozesses auf die Sedimentzonen mit äquimolaren Mengen von Methan und Sulfat sprechen für eine Verknüpfung von Sulfatreduktion und anaerober Methanoxydation. Thermodynamisch ist diese Reaktion durchaus möglich:

$$CH_4 + SO_4^{--} \rightarrow HCO_3^- + HS^- + H_2O,$$

wobei je nach der Konzentration der Substrate ein Energiegewinn von $\Delta G^0 = -3{,}1$ bis $-22{,}8$ kcal/mol CH_4 kalkuliert werden konnte.

Aus dem anoxischen Wasser des Lake Mendota konnte eine Anreicherungskultur gewonnen werden, die radioaktives Methan zu $^{14}CO_2$ oxydieren, aber nicht in die Zellsubstanz einbauen konnte (PANGANIBAN et al. 1979). Außer

Methan und Sulfat war zur Erhaltung dieser Kultur Acetat notwendig, das in die Zellen inkorporiert wurde. DAVIS und YARBOROUGH haben 1966 über eine schwache Methanoxydation durch *Desulfovibrio* berichtet; andere Autoren konnten diese Beobachtung jedoch nicht bestätigen.

Eine Methanoxydation ist für methanogene Bakterien nachgewiesen worden, wobei Reinkulturen 0,3–0,001% des gebildeten Methans anaerob oxydieren konnten (ZEHNDER u. BROCK 1979). Unter natürlichen Bedingungen wurden 2% des gebildeten Methans in anoxischen Süßwassersedimenten und 8% im Abwasserschlamm in CO_2 überführt. Diese bisher noch nicht aufgeklärte Reaktion ist keine einfache Umkehrung der Methanbildung.

Durch Experimente mit einer spezifischen Hemmung von sulfatreduzierenden und methanogenen Organismen sind in der letzten Zeit Zweifel aufgekommen, ob die bereits bekannten Organismengruppen zur anaeroben Methanoxydation fähig sind (ALPERIN u. REEBURGH 1985). Statt dessen wird angenommen, daß bisher unbekannte Mikroorganismen oder ein Konsortium aus Organismen diese Umsetzung durchführen können. Auf die Möglichkeit einer Nutzung anderer Elektronenakzeptoren wie NO_3^-, Fe^{3+}, Mn^{4+} für die anaerobe Methanoxydation ist zwar hingewiesen worden, jedoch fehlt dafür die experimentelle Bestätigung.

5. Ökologische Bedeutung der Organismen und Prozesse des Methankreislaufes

Die ökologische Bedeutung der Organismen und Prozesse des Methankreislaufes ist unbestritten. Sie wird in der hohen globalen Methanbildung und Methanoxydation und in dem Anteil dieser Prozesse am gesamten Kohlenstoffkreislauf sichtbar und beruht auf der Einzigartigkeit dieser Umsetzungen und ihrer Funktion für die Regulierung anderer Prozesse im Stoffkreislauf.

a. Regulation des anaeroben Abbaus der organischen Substanz

In allen Bereichen der Biosphäre, die keinen Überschuß von anorganischen Elektronenakzeptoren, wie Sauerstoff, Sulfat, Schwefel, Nitrat, enthalten, wird die organische Substanz durch eine komplexe anaerobe Mikrobengemeinschaft zu Methan und CO_2 mineralisiert. Der Methanogenese als terminalem Prozeß dieser anaeroben Abbaukette kommt dabei eine entscheidende bioregulatorische Funktion zu, die durch eine enge Verknüpfung der Teilschritte und durch die vielfältigen Wechselbeziehungen zwischen den methanogenen und den anderen anaeroben Organismen wirksam wird. Der Verbrauch von Wasserstoff, Acetat, Formiat, Methanol und Methylaminen durch die methanogenen Organismen führt zu einer

— Regulation des Kohlenstoff- und Elektronenflusses (Erhöhung der thermodynamischen Effizienz, Erweiterung des Substratspektrums),
— zur Entfernung toxisch wirkender Metabolite,
— zur Protonenregulation (pH-Stabilisierung),
— zur Nährstoffregulation (Vitamine, NH_4^--Bildung) und damit zur Stimulation anderer Organismen.

Bei einer Hemmung der Methanogenese kommt es zu einem Stillstand des anaeroben Abbaus durch eine Anreicherung toxisch wirkender Stoffwechselprodukte.

b. Rückführung des organischen Kohlenstoffs aus den anaeroben Bereichen der Biosphäre

Durch den Prozeß der Methanbildung wird der sedimentierte organische Kohlenstoff in eine leicht flüchtige, nur wenig im Wasser lösliche Verbindung überführt und kann dadurch rasch aus den anaeroben Bereichen der aquatischen und terrestrischen Ökosysteme freigesetzt werden. Ist der anaerobe Abbau gestört oder verläuft er langsamer als die Zufuhr der organischen Substanz, dann verbleibt ein großer Teil der organischen Stoffe in den Sedimenten und wandelt sich zu fossilen Ablagerungen um (z. B. Torfbildung).

c. Rückführung des Methankohlenstoffs in den Kohlenstoffkreislauf

Mit der anaeroben Oxydation und der aeroben Oxydation und Assimilation wird der Methankohlenstoff in CO_2 und organische Substanz umgewandelt und gelangt damit zurück in den Kohlenstoffkreislauf. Die dabei gebildete partikuläre und lösliche organische Substanz kann unter bestimmten Bedingungen (z. B. in Seen im Winter) zu einer wichtigen Nahrungsquelle für andere Organismen der Nahrungskette werden. Die mikrobiologische Oxydation von fossilem Methan aus Erdgas- und Erdöllagerstätten, Kohlengruben und anderen Quellen trägt zu einer „Auffüllung" des aktuellen Kohlenstoffkreislaufes bei.

d. Bildung organischer Substanz aus CO_2

Die Mehrzahl der methanogenen Bakterien besitzt die Fähigkeit zur autotrophen Kohlenstoffassimilation mit CO_2 und H_2 und ist damit an der Primärproduktion organischer Substanz in Ökosystemen ohne Licht und Sauerstoff beteiligt. In den meisten Fällen beeinflußt die Zellsubstanzsynthese der methanogenen Bakterien die Bilanz der organischen Substanz nur unwesentlich, da der Wasserstoff aus dem Abbau der organischen Substanz stammt. Jedoch in Ökosystemen mit vulkanischem CO_2 und H_2 können methanogene Organismen vollkommen unabhängig (mittelbar und unmittelbar) vom Licht der Sonne organische Substanz produzieren und damit die Grundlage für die Ansiedlung anderer Organismen schaffen.
Methanotrophe Bakterien sind in besonders hohem Maße an der heterotrophen CO_2-Fixierung beteiligt, da sie bei der Methanassimilation bis zu 30% externes CO_2 aufnehmen und in die Zellsubstanz einbauen.

e. Sauerstoffverbrauch

Durch die Oxydation des Methans in den aeroben Bereichen der Ökosysteme beeinflussen die methanotrophen Bakterien entscheidend die Sauerstoffbilanz. Vor allem in aquatischen Ökosystemen mit hohen Methanbildungs- und -frei-

setzungsraten wird die Methanoxydation zum wichtigsten Prozeß für den Sauerstoffschwund im Hypolimnion und für die Entstehung anoxischer Bedingungen im Wasser unter der Eisdecke.
Die Ausbildung anaerober Wasserschichten hat wiederum eine erhöhte Nährstoff-Freisetzung aus dem Sediment zur Folge.

f. Interne Düngung (Ohle 1958)

In Gewässern mit einer hohen Methanbildungsrate wird ein großer Teil des Methans in Form von Blasen aus dem Sediment freigesetzt und entweicht in die Atmosphäre. Während dieser Prozeß eine Entlastung des Ökosystems von überschüssigem organischem Kohlenstoff bedeutet, führt die mit dem Aufsteigen der Blasen verbundene Sedimentaufwirbelung zu einer verstärkten Rückführung der Nährstoffe des Sedimentes (N-Verbindungen, Phosphat) in den Wasserkörper.

g. Einfluß auf den Stickstoffkreislauf

Die Mehrzahl der methanotrophen Bakterien und einige methanogene Organismen sind in der Lage, molekularen Stickstoff zu fixieren. Methanotrophe Bakterien können Ammonium oxydieren.
Methanogene Organismen verwerten Methylamine, die als Abbauprodukte von Glycin-Betain, Cholin und Trimethylaminoxid in marinen Sedimenten vorkommen, zu Methan und Ammonium.
Durch diese Leistungen können die Organismen des Methankreislaufes in bestimmten Ökosystemen auch eine wichtige Rolle im Stickstoffhaushalt spielen.

h. Abbau komplexer organischer Verbindungen

Auf Grund der Unspezifität des Schlüsselenzyms der Methanoxydation, der Methanmonooxygenase, können die methanotrophen Bakterien eine Vielzahl organischer Verbindungen chemisch modifizieren. Diese Fähigkeit zum Co-Metabolismus, ihre Häufigkeit und ihre weite Verbreitung in der Natur haben zu der Annahme geführt, daß diese Organismen eine wichtige Funktion beim Abbau komplexer organischer Verbindungen in der Natur haben (Higgins et al. 1980).

i. Regulation des Sauerstoffgehaltes der Atmosphäre
(Gaia-Hypothese: Watson et al. 1978)

Die Existenz der gegenwärtigen Lebensformen auf unserer Erde ist an den konstanten Sauerstoffgehalt der Atmosphäre von 21 Vol.% gebunden. Ein Anstieg des Sauerstoffgehaltes würde eine Verbrennung der Landvegetation zur Folge haben. Da Sauerstoff an zahlreichen biologischen und nicht-biologischen Reaktionen beteiligt ist, kann die über lange Zeit nachgewiesene Konstanz der Sauerstoffkonzentration in der Atmosphäre nur möglich sein, wenn ein Gleichgewichtszustand zwischen den Prozessen der Sauerstoffbildung (hauptsächlich durch die Photosynthese der aeroben Organismen) und des Sauerstoffverbrauches besteht, d. h. wenn der bei der Bildung der organischen Substanz durch Primärproduktion freigesetzte Sauerstoff beim Abbau dieser organischen Substanz wieder verbraucht wird. Der fortgsetzte Entzug von organischem Kohlenstoff, z. B. bei der Sedimentation, könnte zu einem Anwachsen der Sauerstoffkonzentration führen. Durch die Methanbildung wird jedoch der sedimentierte organische Kohlenstoff in den Kreislauf zurückgeführt, und bei der Oxydation des freigesetzten Methans wird wieder Sauerstoff verbraucht (biologische und photochemische Oxydation). Das Regulationsprinzip besteht darin, daß bei höherer Primärproduktion und damit höherer Sauerstoffbildung auch die Menge der organischen Substanz, die unter anaerobe Bedingungen kommt, zunimmt und damit auch die Methanbildung ansteigt. Die Folge davon ist eine erhöhte Methanoxydation, wodurch der „Überschußsauerstoff" wieder verbraucht wird. Da nach einer Kalkulation 4—10% des jährlich während der Photosynthese produzierten Sauerstoffs durch die Methanoxydation verbraucht werden, besitzt dieses Regulationsprinzip eine hohe Wirksamkeit. Es ist zwar nicht das einzige Regulationssystem für Kurzzeitschwankungen des atmosphärischen Sauerstoffgehaltes, aber es wird für eines der wichtigsten gehalten.

j. Methanoxydation als Barriere für den Methanfluß

Durch die aerobe Methanoxydation und wahrscheinlich auch durch die anaerobe Methanoxydation wird ein großer Teil des in den anaeroben Bereichen der Ökosysteme gebildeten Methans oxydiert. Damit sind diese Prozesse eine wichtige Barriere für den Methanfluß aus den Habitaten in die Atmosphäre. Das Fehlen der Methanoxydation würde zu einer erheblichen Zunahme der Methankonzentration in der Atmosphäre und damit zu folgenreichen Änderungen der Atmosphärenchemie führen.

6. Nutzung von Organismen und Prozessen des Methankreislaufes durch den Menschen

Bereits lange bevor die wissenschaftlichen Grundlagen des Methankreislaufes aufgeklärt und die Organismen isoliert und beschrieben waren, hat der Mensch bestimmte Prozesse, z. B. die Biogasbildung, genutzt. Die fundamentalen Erkenntnisse der letzten 10 Jahre eröffnen jetzt Möglichkeiten, die auf empirischer Basis optimierten Verfahren grundlegend zu verbessern. Darüber hinaus haben sich durch die Entdeckung neuer Organismen mit außergewöhnlichen Eigenschaften, durch die Aufklärung ihrer Stoffwechselleistungen und durch die Einsichten in die ökologische Funktion der Organismen des Methankreislaufes in der Natur eine Vielzahl von neuen Ansatzpunkten zur Nutzung auf den Gebieten

— Gewinnung von Energieträgern,
— Umweltschutz und
— Biotechnologie

ergeben. Die Aussicht auf die Erschließung neuer Nutzungsmöglichkeiten von großem Ausmaß war andrerseits der entscheidende Anstoß für eine intensive und umfassende Grundlagenforschung auf diesem Gebiet, deren Ergebnisse in den vorangegangenen Kapiteln dargestellt wurden.

6.1. Gewinnung von Energieträgern

6.1.1. Biogas

Als Biogas (Begriffe mit ähnlicher Bedeutung: Faulgas, Klärgas, Kanalgas, Dunggas, Gobargas) wird ein Gemisch aus 50—70 Vol.% CH_4 und 50—30 Vol.% CO_2 bezeichnet, das beim anaeroben Abbau organischer Substanzen in Reaktoren gebildet wird. In Abhängigkeit vom Ausgangssubstrat und vom Biogasverfahren unterliegen der Methangehalt und die Art und Menge anderer Begleitgase wie N_2, O_2, H_2S, H_2, NH_3 erheblichen Schwankungen. Dabei sollte der Begriff nur auf jene Methangemische beschränkt bleiben, die bei der bewußten Ausnutzung der anaeroben mikrobiellen Prozesse durch den Menschen entstehen, und zur Abtrennung von den in natürlichen Ökosystemen freigesetzten Gasen (Sumpfgas, Marschgas, Schlammgas, Pansengas) verwendet werden, obwohl beide Prozesse auf den gleichen mikrobiologischen Umsetzungen beruhen. Die Herstellung von Biogas ist damit ein biotechnologisches Verfahren, in dem aus einem heterogenen Substrat durch eine komplexe anaerobe Mikrobengesellschaft mit den methanogenen Bakterien als terminalen Organismen ein alternativer Energieträger gewonnen wird. Zwar ist die Erzeugung von Biogas schon seit fast 100 Jahren bekannt; eine besondere Bedeutung erhielt dieser Prozeß aber erst in den siebziger Jahren, als durch die drastische Ölpreiserhöhung eine intensive Suche nach neuen Energieträgern ausgelöst wurde. Da die fossilen Energiequellen Erdgas, Erdöl und Kohle als wichtigste Energieträger aller Industriestaaten der Gegenwart nicht unerschöpflich sind, galt die besondere Aufmerksamkeit regenerierbaren Energieträgern, die durch biologische Fixierung der Sonnenenergie entstehen. Das größte Potential stellt die Biomasse der Pflanzen der Erde dar, aus der auch die fossilen Brennstoffe vor Millionen von Jahren durch mikrobiologische, chemische und physikalische Konversionsprozesse entstanden sind. In jedem Jahr werden 0,1% der gesamten Strahlungsenergie der Sonne, die die Erdoberfläche erreicht, durch die Photosynthese in energiereiche Biomasse der Pflanzen umgewandelt ($3 \cdot 10^{21}$ J), eine Menge, die dem 10fachen jährlichen Energiebedarf der Welt entspricht (PANKHURST 1983). Nur ein geringer Teil der gesamten Biomasse wird bisher vom Menschen für Nahrungsmittel-, Futtermittel-, Energie-, Faser- und Baustoffproduktion genutzt, wobei bei Transport und Verarbeitung Verluste von nahezu 50% auftreten.

Für die Umwandlung von Biomasse in einen geeigneten Energieträger sind thermochemische (hohe Temperaturen, hoher Druck: Pyrolyse, Dampfvergasung, Hydrogenierung) und biologische Verfahren (geringe Temperaturen, niedriger Druck: Ethanolerzeugung, Biophotolyse, Biogaserzeugung) entwickelt worden. Vor allem für jene Biomasse mit einem hohen Wassergehalt ist eine Umwandlung in Biogas die beste Möglichkeit, zumal der große Vorteil dieses Verfahrens darauf beruht, daß mehrere Ziele gleichzeitig erreicht werden können:

- **Gewinnung eines Energieträgers (Biogas),**
- **Beseitigung organischer Abfallstoffe der Land- und Forstwirtschaft**

Die anaeroben Verfahren stellen eine ökonomisch vorteilhafte Alternative zu den aeroben Verfahren dar.

— **Reinigung von organisch belasteten Abwässern der Industrie**

Die zahlreichen neuen Verfahren zur anaeroben Abwasserreinigung unter gleichzeitiger Gewinnung und Nutzung von Biogas sind vor allem für die Nahrungsmittel-verarbeitende Industrie kostengünstiger als die bisher eingesetzten Belebtschlammverfahren.

— **Gewinnung eines organischen Düngers**

Der nach Ablauf der anaeroben Fermentation verbleibende Rest enthält schwerer abbaubare organische Substanzen mit Lignocellulose als Hauptbestandteil, sowie Ammonium, Phosphat und andere Mineralstoffe und ist damit in Abhängigkeit vom Ausgangsmaterial ein wertvoller Dünger.

— **Schlammstabilisierung**

In Abwasserreinigungsanlagen werden die abgetrennte partikuläre Schmutzfracht und der Bioschlamm aus Belebtschlammbecken zur Stabilisierung einem anaeroben Ausfaulungsprozeß unterworfen, wobei das entstehende Biogas aufgefangen und genutzt werden kann. Danach läßt sich der Schlamm leicht entwässern und wird als Dünger verwendet.

— **Geruchsbeseitigung**

In großen Anlagen zur Tierproduktion führt der hohe Anfall von Gülle (Gemisch aus Tierexkrementen und Wasser) und deren Beseitigung oder Verwertung zu einer erheblichen Geruchsbelästigung der Umwelt. Nach der Passage der Biogasanlage entstehen fast geruchlose Produkte.

— **Trennung von flüssiger und fester Phase**

Es wird im allgemeinen angestrebt, die Gülle aus der Tierproduktion als Düngemittel auf die Felder zurückzubringen. Wegen der hohen Energiekosten und der Geruchsbelästigung wird einer direkten Ausbringung der gesamten Gülle heute eine Verregnung der flüssigen Phase und eine Ausbringung der abgetrennten festen Phase vorgezogen. Vor allem bei unbehandelter Rindergülle gelingt diese Trennung nur mit energieaufwendigen Verfahren (Separatoren); nach Durchlaufen einer Biogasanlage erfolgt dieser Trennprozeß ohne zusätzliche Verfahren durch einfache Sedimentation.

— **Teilhygienisierung**

Die Abtötung von pathogenen Bakterien, Viren und Wurmeiern während der anaeroben Fermentation ist ein wichtiges Ziel beim Betrieb von kleinen, einfachen Biogasanlagen in ländlichen Gebieten (China, Indien), in die auch menschliche Exkremente eingebracht werden.

— **Verminderung der Zahl keimfähiger Unkrautsamen**

Die bei der Verwendung von organischen Abfallstoffen mit einem hohen Anteil von Unkrautsamen als Dünger auftretenden Probleme werden nach der anaeroben Fermentation, insbesondere im thermophilen Bereich, weitgehend eingeschränkt.

— Umwandlung von Synthesegas aus der Dampfvergasung der Biomasse

Zur restlosen Umsetzung von Biomasse in Methan sind Kombinationsprozesse entwickelt worden, bei denen nach einer anaeroben Fermentation mit der Entstehung von Biogas aus den unverbrauchten Resten durch Vergasung mit Wasserdampf bei 750—950 °C Synthesegas (H_2, CO, CH_4, CO_2) erzeugt wird. Die Produkte können unmittelbar durch methanogene Organismen zur Methanbildung verwendet werden.

Entsprechend der wichtigsten Zielstellung erfolgt die Ausrichtung des Verfahrens, wobei durch eine optimale Kombination mehrerer Ziele die Ökonomie des Prozesses entscheidend mitbestimmt wird.

Die Ausgangsmaterialien, die bisher mit Erfolg für den Biogasprozeß verwendet wurden, sind vielfältig:

a. **Abfälle aus der Land- und Forstwirtschaft**

Schweinegülle
Rindergülle
Geflügelgülle
Stroh
Reste der Pflanzenproduktion (Gemüseabfälle, Rübenblätter)
Silageabfälle
Holzreste (Äste, Unterholz, Rinde)
Reste der Holzverarbeitung (Späne)

b. **Abfälle und Abwässer der Nahrungsmittelindustrie**

Abwässer und Abfälle von Schlachthöfen
Abwässer von Molkereien
Abwässer von Zuckerfabriken
Abwässer von Kartoffel-verarbeitenden Betrieben
Abwässer von Obst- und Gemüse-verarbeitenden Betrieben
Abwässer von Konservenfabriken
Abwässer von Fermentationsbetrieben
Abwässer der Getränkeindustrie

c. **Kommunale Abwässer und Abfälle**

Kommunale Abwässer
Abwasserschlamm
Klärschlamm
Hausmüll

d. **Industrieabwässer**

Kondensat der Sulfitablaugenverbrennung

e. **Energiepflanzen**

Nutzpflanzen (Getreide, Mais, Zuckerrüben, Kartoffeln, Luzerne, Zwischenfrüchte, Grasarten)
Waldenergiepflanzen (schnell wachsende Bäume, wie Pappel, Eukalyptus, Schwarzerle, Ahorn)
Wasserpflanzen (Wasserlattich, Wasserhyazinthe, Wasserdost)
Makroalgen (*Laminaria*, *Macrocystis*, *Sargassum*, *Gracilaria*, *Ulva*)
Mikroalgen (*Scenedesmus*)

Die Verwendung von Abfällen oder Abwässern ist besonders vorteilhaft, weil hier die Notwendigkeit der Beseitigung umweltbelastender organischer Abfallstoffe mit der Möglichkeit der Energiegewinnung verknüpft werden kann. Günstige Bedingungen für die Errichtung von Biogasanlagen bieten Großanlagen zur industriemäßigen Tierproduktion, größere Industriebetriebe zur Nahrungsmittelverarbeitung und kommunale Kläranlagen von Städten vor allem durch die kontinuierliche Verfügbarkeit des Ausgangsmaterials in entsprechender Menge ohne Transportaufwand. Schwierig ist dagegen eine ökonomische Prozeßdurchführung mit Stroh, Holzresten und ähnlichem Material, da neben dem Transport zusätzliche Aufwendungen für Zerkleinerung und für chemische oder enzymatische Vorbehandlung des Materials entstehen.
Die Erzeugung von Biogas aus Abwasserschlamm und Klärschlamm ist die älteste Form der Nutzung, wobei jedoch die Schlammstabilisierung (Ausfaulung in Faulkammern oder Faultürmen) im Vordergrund stand und das nebenher anfallende Biogas zur Energieerzeugung in den Kläranlagen verwendet wurde. Nach einer Kalkulation für die BRD (Winter u. Wiegel 1981) kann bei einer Umwandlung der gesamten Menge organischer Abfallstoffe von Landwirtschaft, Nahrungsmittelindustrie und Kläranlagen eine Biogasmenge erzeugt werden, die 7—8,5% des Erdölbedarfes entspricht. Nach Abzug der Energie für den Transport verbleibt maximal ein Anteil von 4—6% für den Ersatz herkömmlicher Energieträger durch Biogas. Eine Steigerung wird in der Zukunft durch den Einsatz geeigneter Energiepflanzen erwartet. Es gibt Vorstellungen, daß in Ländern mit einer Überproduktion von Nahrungsmitteln bis zu 10% der landwirtschaftlichen Nutzfläche für den Anbau von Pflanzen mit einer optimalen photosynthetischen Effizienz und einer hohen Biomasseproduktion verwendet werden, die dann für eine Umwandlung in geeignete Energieträger zur Verfügung stehen. Die Beurteilung der globalen Bedeutung, die die Biogasproduktion in einem Land für die Gesamtenergiebilanz erreichen kann, muß unterschiedlich ausfallen, da sie von der klimatischen, geographischen, wirtschaftlichen und strukturellen Situation abhängt.
Die mikrobiologischen Prozesse, die zur Bildung von Biogas führen, sind prinzipiell die gleichen, wie sie in natürlichen Ökosystemen, z. B. in den Sedimenten von Gewässern beim anaeroben Abbau der organischen Substanz, ablaufen.

Durch die spezifischen Bedingungen in einem Biogasreaktor (hohe Konzentration organischer Substanzen, kontinuierliche Substratzufuhr, optimale Nährstoffzusammensetzung, gleichmäßige Temperatur, gute Durchmischung, hohe Organismendichte) werden gegenüber den natürlichen Ökosystemen weitaus höhere Umsatzraten bei relativ kurzen Verweilzeiten erreicht. Auf die Zusammensetzung der methanogenen Mikroflora in Biogasreaktoren und auf die zentrale Bedeutung von Acetat als Hauptprecursor für die Methanbildung wurde bereits hingewiesen. In dem Bestreben, eine hohe Effektivität der Biogaserzeugung und damit eine Wirtschaftlichkeit des Prozesses zu erreichen, sind in den letzten Jahren verschiedene Reaktoren entwickelt und eine Vielzahl von verfahrenstechnischen Details bis zur Modellierung und zur Computersteuerung des Prozesses erarbeitet worden, jeweils in bezug auf Ausgangsmaterial und die bevorzugten Zielstellungen. Die wichtigsten Ausgangsdaten sind dabei:

— Zusammensetzung, physikalische Form und Energiegehalt des Substrates,
— Menge des zugeführten Substrates pro Zeiteinheit,
— Prozeßtemperatur,
— maximale Verweilzeit,
— geforderte Reduktion der organischen Substanz.

Die einfachsten kleinen Biogasreaktoren werden diskontinuierlich und ohne Durchmischung bei langen Verweilzeiten betrieben. Auch bei den Anlagen zur Schlammstabilisierung mit semikontinuierlichem Durchlauf erfolgt keine Rührung (Verweilzeiten 30—60 Tage); dementsprechend gering ist auch die Gasproduktionsrate. Alle neu entwickelten Reaktoren arbeiten semikontinuierlich oder kontinuierlich bei Verweilzeiten von 5—20 Tagen. Die Biogasausbeuten betragen im Durchschnitt 0,2—0,6 m^3 Biogas/kg organische Substanz bei Gasbildungsraten von 0,5—5 m^3/m^3 Reaktorvolumen · d.
Die optimale Temperatur für Verfahren im mesophilen Bereich liegt zwischen 35 und 40 °C und im thermophilen Bereich zwischen 50 und 60 °C. Als obere Temperaturgrenze gilt zur Zeit 65 °C, da bisher keine acetotrophen methanogenen Bakterien bekannt sind, die bei höheren Temperaturen wachsen können. Den Vorteilen des thermophilen Verfahrens, wie

— höhere Methanbildungsraten,
— schnellerer Umsatz und damit kürzere Verweilzeiten,
— effektivere Abtötung von pathogenen Keimen und Unkrautsamen,

steht als entscheidender Nachteil der höhere Energiebedarf gegenüber.
Die wichtigsten Verfahren sind in der Abbildung 21 skizziert.

a. Anaerobes Kontaktverfahren

In einem gasdicht abgeschlossenen Reaktor mit kontinuierlichem Zu- und Ablauf erfolgt eine ständige Durchmischung durch Rührung, hydromechani-

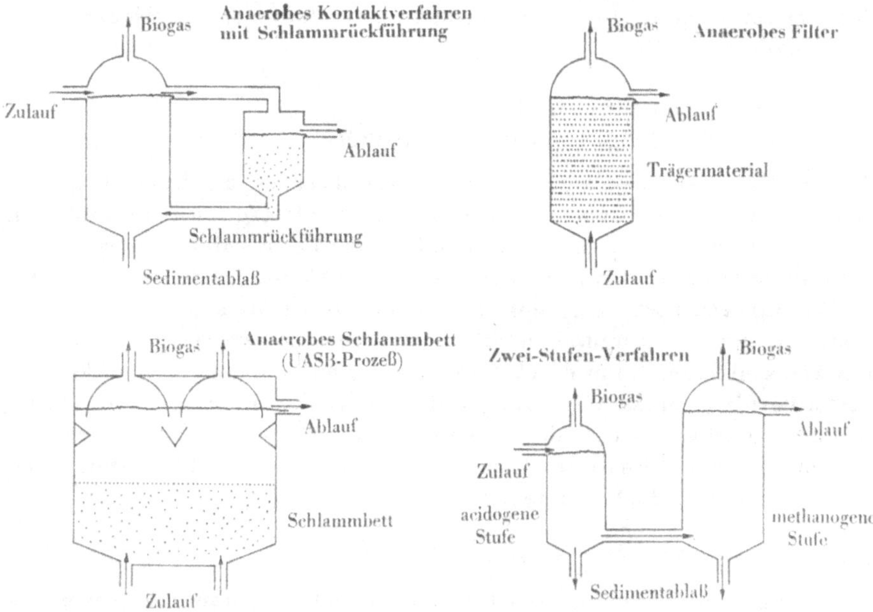

Abb. 21. Schematische Darstellung von verschiedenen Reaktortypen für Verfahren zur Biogasgewinnung und zur anaeroben Abwasserreinigung

sche Umwälzung oder dadurch, daß das gebildete Biogas durch das gärende Substrat durchgeblasen wird. Da die methanogenen Organismen beim Wachstum auf Acetat unter den Bedingungen eines Biogasreaktors sehr lange Generationszeiten haben (bis zu 30 Tagen), ist bei kurzen Verweilzeiten eine Rückführung des Bioschlamms notwendig, um ein Auswaschen der Organismen zu verhindern und gleichzeitig eine hohe Organismendichte zu garantieren. Das Kontaktverfahren ist vor allem für Ausgangssubstrate mit einem hohen Anteil an partikulärem organischem Material geeignet (z. B. Gülle).

b. Anaerobes Filter

Hier ist der Reaktorraum mit festem Trägermaterial (Sand, Glas, Keramik, Kohle, Kunststoffe) ausgefüllt, auf dem die Bakterien eine Aufwuchsschicht bilden und dadurch nicht ausgeschwemmt werden können (aktive Immobilisierung). Das Substrat fließt von unten nach oben durch das Filterbett und wird dabei umgewandelt. Dieser Reaktortyp ist nur für Substrate mit geringem Gehalt an partikulären Substanzen geeignet, da es sonst zur Verstopfung des Filters kommt. Diese Schwierigkeiten können zum Teil bei umgekehrter Fließrichtung von oben nach unten vermieden werden (down flow stationary fixed film reactor).

c. Anaerobes Schlammbettverfahren
(Upflow anaerobic sludge blanket = UASB-Prozeß)

Die wichtigste Voraussetzung für dieses Verfahren ist die Entstehung von leicht sedimentierenden Granula aus den anaeroben Organismen, die am Boden des Reaktors ein „Schlammbett" bilden. In dieser Form werden die Oganismen nicht ausgewaschen. Durch die hohe Organismendichte im Schlammbett (bis zu 50 g Trockensubstanz/l) können diese Reaktoren für stark belastete Abwässer bei kurzen Verweilzeiten eingesetzt werden. Die rasche Sedimentation und Flockenbildung kann durch Aufwuchs der Mikroorganismen auf kleinen, inerten Partikeln (Sand, Aluminium) begünstigt werden. Bei entsprechend hoher Strömungsgeschwindigkeit des zirkulierenden Abwassers dehnt sich das Schlammbett aus. Dies ist das Prinzip der „anaerobic fluidized bed"- und „anaerobic expanded bed"-Reaktoren.

d. 2-Stufen-Verfahren

Bei diesem Prozeß hat man versucht, die Erkenntnisse über den Ablauf des anaeroben Abbaus in mehreren Stufen verfahrenstechnisch auszunutzen. In einem ersten, meist kleineren Reaktor mit hoher organischer Last und kurzer Verweilzeit vollziehen sich Hydrolyse und Fermentation unter Bildung der organischen Säuren, H_2 und CO_2 (acidogene Phase). Im zweiten, größeren Reaktor werden die organischen Säuren durch die protonenreduzierenden acetogenen Organismen in Acetat, H_2 und CO_2 umgewandelt, und schließlich erfolgt am Ende die Methanogenese. Bessere Steuerungsmöglichkeiten, die Vermeidung eines Säureanstaus nach Überlastung sowie ein geringeres Gesamtreaktorvolumen sind die Vorteile dieses Verfahrens, die zu einer höheren Biogasproduktion führen können. Die Trennung des Gesamtprozesses hat jedoch auch Nachteile. Die Wechselbeziehungen zwischen methanogenen und fermentativen Organismen sind nicht möglich. Dadurch geht der „Zugeffekt" der Methanogenese verloren. Außerdem werden durch den hohen Wasserstoffpartialdruck im ersten Reaktor mehr reduzierte Produkte wie Lactat, Butyrat, Ethanol statt Acetat gebildet. Ihre Umsetzung ist nur bei hoher Aktivität der protonenreduzierenden acetogenen Organismen möglich.

Die wichtigsten Parameter für die Beurteilung und für den Vergleich der Leistungsfähigkeit von Biogasverfahren sind neben Ausgangssubstrat, Reaktortyp und -größe und Reaktionstemperatur:

— Gasproduktionsrate (m^3/m^3 Reaktorvolumen · d),
— Gasausbeute (m^3/kg organische Substanz),

— Gaszusammensetzung (Vol.% CH_4, Spurengase),
— Verweilzeit (Tage),
— Reduktion der organischen Substanz in bezug auf das Ausgangsmaterial (%),
— Belastungsrate des Reaktors (kg organische Substanz/m^3 Reaktorvolumen. d).

Zur Prozeßkontrolle werden bei größeren Anlagen folgende Faktoren gemessen:
— Methanbildungsrate,
— pH-Wert,
— H_2-Konzentration,
— Konzentration der Fettsäuren (Acetat, Propionat, Butyrat, Gesamtfettsäuren),
— Temperatur,
— Druck,
— Konzentrationen von NH_3, H_2S,
— Konzentration der organischen Stoffe im Ablauf.

Eine quantitative Analyse der Hauptorganismen des Biogasprozesses wäre wünschenswert, ist aber wegen der heterogenen Verteilung, Aggregat- und Granulatbildung und wegen Aufwuchsbildung fast unmöglich. Eine Aussage über die Menge der methanogenen Organismen in der Reaktorflüssigkeit gelingt auf indirektem Wege durch die quantitative Bestimmung von Faktor F_{420} (Dolfing u. Mulder 1985).
Störungen der Methanbildung können vielfältige Ursachen haben:
— Antibiotika und Desinfektionsmittel im Ausgangsmaterial (z. B. in der Gülle),
— Hemmstoffe, wie Schwermetalle, halogenierte Kohlenwasserstoffe,
— Überlastung des Reaktors durch zu hohe Mengen organischen Materials.

Die Folgen davon sind:
• Anstieg der Wasserstoffkonzentration durch ein Ungleichgewicht von Bildung und Verbrauch, Hemmung des Abbaus von Propionat und Butyrat; pH-Abfall,
• Anstau von Acetat, da mehr produziert wird als durch methanogene Bakterien verbraucht werden kann; pH-Abfall,
• Propionat- und Butyratanstau, da mehr gebildet wird als durch die protonenreduzierenden acetogenen Bakterien umgesetzt werden kann; pH-Abfall.
Die pH-Verschiebung führt schließlich zur vollständigen Hemmung der Methanogenese.

Die ersten Biogasanlagen wurden in kommunalen Kläranlagen größerer Städte errichtet. Da aber selbst in den Industrieländern nur wenige Kläranlagen Biogasreaktoren besitzen und die vorhandenen Einrichtungen nicht für eine Biogaserzeugung optimiert sind, gibt es angesichts der jährlich anfallenden Klärschlamm-Mengen (z. B. BRD 50 Millionen Tonnen) auf diesem Gebiet noch erhebliche Reserven zu erschließen.

Günstige Bedingungen für die Errichtung von größeren Anlagen haben sich in der Landwirtschaft durch die Konzentration der Tierbestände ergeben. In der DDR wurde die erste landwirtschaftliche Biogasanlage 1982 in Berlstedt in Betrieb genommen, ein 500-m^3-Reaktor, in dem ein Mischsubstrat aus Rinder- und Schweinegülle bei 35 °C und 10–15 Tagen Verweilzeit durchschnittlich 2 m^3 Biogas/m^3 Reaktorvolumen · d liefert. Inzwischen sind an diesem Standort 3 neue 1000-m^3-Reaktoren errichtet worden. Weitere Anlagen befinden sich in Frankenförde (2500-m^3-Reaktoren) und Rippershausen bei Meiningen (4 1500-m^3-Reaktoren). Die größte Biogasanlage ist in Nordhausen gebaut worden. Sie besteht aus zwei 8000-m^3-Reaktoren, die zur Aufarbeitung der Gülle von 115000 Schweinen genutzt werden und täglich 10000 bis 12000 m^3 Biogas liefern (Abb. 22). Bedeutende Fortschritte hat es in den letzten 10 Jahren bei der Verwertung der organisch belasteten Abwässer der Nahrungsmittelindustrie mit Hilfe von anaeroben Verfahren gegeben (Brauereien, Zuckerfabriken, Stärkefabriken in Belgien, USA, Kanada und in der BRD), wobei sowohl eine Reduktion der organischen Last von 80–95% als auch eine gute Biogasproduktion erzielt wurden (Klass 1984).

Eine besondere Entwicklung hat die Biogastechnologie in China genommen, wo etwa 7 Millionen Kleinstanlagen 5% der ländlichen Bevölkerung mit

Abb. 22. Biogasanlage im VEG Tierzucht Nordhausen (Aufnahme Dr. Vollmer)

Energie zum Kochen und zur Beleuchtung versorgen. Die in die Erde eingesenkten zylindrischen, kugligen oder eiförmigen Gärbehälter besitzen 2 seitliche Öffnungen für Zulauf und Überlauf, in denen sich Flüssigkeit befindet, eine Gasableitung und einen gasdicht schließenden Deckel, der zum Ausräumen der festen Reste geöffnet werden muß. Aus Stroh, anderen Pflanzenresten, Haushaltsabfällen und den Exkrementen der Haustiere und der Menschen wird in diesen Biogasanlagen bei einer geringen Produktivität (0,1 – 0,3 m^3 Biogas/m^3 Reaktorvolumen · d) 1 – 2 m^3 Biogas am Tag erzeugt. Außer der Bereitstellung von Energie dienen die Biogasanlagen zur Düngergewinnung und tragen darüber hinaus zur Verbesserung der hygienischen Situation auf dem Lande bei. Besondere Bedeutung hat das Biogas für die Ablösung von Holz als dem Hauptenergieträger in ländlichen Gebieten. In China, wo jährlich 400 – 500 Millionen Tonnen Holz und Stroh zur Energiegewinnung verbrannt werden, und in anderen Ländern (z. B. Indien) hat die Feuerholzgewinnung gebietsweise zu einer vollkommenen Entwaldung geführt (Moulik 1985).

In Indien hat es eine vergleichbare Entwicklung wie in China gegeben. Die typischen „Gobar"(Kuhdung)-Anlagen sind zwar auch einfach konstruiert, besitzen aber zusätzlich einen Metallbehälter, der auf dem Gärsubstrat schwimmt und als Gasbehälter dient. Von diesen etwas größeren Anlagen, mit denen 2 – 10 m^3 Biogas/Tag erzeugt werden können, gibt es zur Zeit etwa 200000 in Indien. Bis 1990 soll ihre Zahl auf 1,5 Millionen anwachsen.

Schließlich muß noch darauf hingewiesen werden, daß sich Methan auch im Inneren von Mülldeponien bildet, wenn das abgelagerte Material genügend organische Substanz enthält. Das Deponiegas mit einem Methangehalt von 20 bis 80 Vol.% steigt nach oben und kann unter Umständen zur Ursache von Explosionen werden. Bei einer Gasbildungsrate von 0,1 m^3/kg Müll in 20 Jahren und einer Abfallmenge Haushaltsmüll von 0,75 kg/Einwohner und Tag würde eine Mülldeponie einer Stadt mit 500000 Einwohnern 37500 m^3 Gas/Tag produzieren, wovon etwa 40% = 15000 m^3 ausnutzbar sind. Auch dieses Potential beginnt man in zunehmendem Maße zu erschließen. Es gibt eine Reihe von Beispielen (in der DDR bei Berlin), wo das Gas aus den Mülldeponien kontinuierlich über Bohrungen gefördert und nach der Reinigung zur Energiegewinnung genutzt wird. Wichtige Voraussetzungen für eine gute Gasproduktion sind ein hoher Kompaktierungsgrad und eine regelmäßige Abdeckung der Müllschicht mit lehmartiger Erde.

Die Wirtschaftlichkeit einer Biogasanlage hängt in hohem Maße von der Verwendung des erzeugten Biogases ab. Zunächst wird ein Teil der Energie für die Heizung der Reaktoren gebraucht. In den meisten Anlagen wird das Biogas zur Warmwasserbereitung und zur Herstellung von Heizdampf genutzt oder über Generatoren in elektrische Energie umgewandelt. Da aber der Bedarf für Heizungszwecke in den Sommermonaten gering ist, entsteht ein Biogasüberschuß. Von großem Vorteil ist daher eine kontinuierliche ganzjährige Nutzung, z. B. zur Trocknung von landwirtschaftlichen Produkten oder zur Destillation in alkoholerzeugenden Betrieben. Eine Langzeitspeicherung von Biogas wird für unwirtschaftlich gehalten.

Bei Großanlagen mit einer Produktivität von mehr als 20000 m³ pro Tag ist eine Reinigung des Biogases und eine Einspeisung in Gasverbundleitungssysteme möglich. Eine andere Nutzungsmöglichkeit ist der Einsatz als Treibstoff für Traktoren und Lastkraftwagen mit kleinem Aktionsradius. Dies erfordert jedoch außer der Reinigung noch eine Verdichtung des Biogases.

Bei der Bewertung von Biogasanlagen darf die Wirtschaftlichkeit nicht der einzige Maßstab sein, sondern es müssen in gleicher Weise die Aspekte des Umweltschutzes berücksichtigt werden.

6.1.2. Möglichkeiten zur Nutzung des rezent in natürlichen Habitaten gebildeten Methans

Aus der Erkenntnis der hohen globalen Methanbildung und der hohen Methanbildungsraten in einigen natürlichen Ökosystemen entstand der Gedanke nach einer Nutzung des rezent gebildeten Methans.

a. Lake Kivu (Tietze 1980, Jannasch 1975)

Dieser See liegt in der ostafrikanischen Grabenzone, 2° südlich des Äquators, hat eine Fläche von 2370 km² und ein Wasservolumen von 580 km³ bei einer maximalen Tiefe von 485 m. Durch einen höheren Salzgehalt ist das Wasser unterhalb von 50 m von der Wasserzirkulation ausgeschlossen (Salzschichtung) und enthält keinen Sauerstoff. In diesem anoxischen Tiefenwasser sind 63 Milliarden m³ Methan gelöst, wobei infolge des hydrostatischen Druckes in den Wasserschichten unter 400 m Methankonzentrationen von 360 ml/l vorkommen. Es wird angenommen, daß zumindest ein großer Teil des Methans aus vulkanischem H_2 und CO_2 gebildet wurde. Methanproduktion im Sediment und Methanoxydation in der Grenzfläche zum sauerstoffhaltigen Oberflächenwasser halten sich etwa die Waage. Die sich ständig erneuernden Methanvorräte des Lake Kivu können als eine permanente Lagerstätte angesehen werden, deren Ausbeuten sich vor allem wegen der hohen Methankonzentration lohnt. So ist ein Projekt entwickelt worden, daß eine Nutzung von etwa 1 Milliarde m³ Methan pro Jahr vorsieht.

b. Moore

In ähnlicher Weise wie im Lake Kivu hat man in Gebieten mit ausgedehnten Mooren (Schweden) versucht, das Moorwasser in einem Kreislaufsystem zu fördern und nach dem Entzug des darin gelösten Methans wieder zurückzuführen. Durch die wesentlich geringeren Methankonzentrationen sind jedoch die Erfolgsaussichten für ein wirtschaftliches Verfahren zur Zeit nicht gegeben.

c. Methangashydrate

Ein weiterer Ansatzpunkt für die Ausnutzung neuer Methanvorräte ergab sich nach der Entdeckung der festen Methangashydrate in tieferen marinen Sedimenten. Zwar sind die Bedingungen für die Entstehung der Methangashydrate bekannt (Sättigungskonzentration von Methan, Temperaturen unter 5 °C, Druck über 5 Mpa), jedoch wissen wir zu wenig über Verbreitung, Mengen und die Möglichkeiten zur Erschließung.

6.1.3. Mikrobiologische Erdöl- und Erdgasprospektion

Die Suche nach neuen Erdöl- und Erdgaslagerstätten ist heute nur noch erfolgreich, wenn technisch aufwendige Erkundungsverfahren eingesetzt werden. Eine Ergänzung der geologischen, geophysikalischen und geochemischen Methoden stellt dabei die geomikrobiologische Prospektion dar, bei der Mikroorganismen oder deren Stoffwechselaktivitäten als Indikatoren für Erdölkohlenwasserstoffe genutzt werden. Grundlage für diese Verfahren ist die Beobachtung, daß leichte Kohlenwasserstoffe aus den Erdöl- bzw. Erdgaslagerstätten in der Tiefe im Laufe der Zeit an die Erdoberfläche diffundieren und zu erhöhten Konzentrationen dieser Kohlenwasserstoffe im Boden oder Wasser führen. Dies wiederum hat eine erhöhte Aktivität und eine Zunahme der Zahl der Kohlenwasserstoffe-oxydierenden Bakterien zur Folge, wobei bereits eine Konzentrationszunahme von 10^{-5} bis 10^{-6} Vol.% der Kohlenwasserstoffe ausreicht. Beim Vergleich der Keimzahlen oder der Aktivität der Kohlenwasserstoffe-oxydierenden Mikroorganismen zwischen Gebieten außerhalb von Lagerstätten (nicht höffig) und Bereichen über Erdöl- oder Erdgaslagerstätten (höffig) ergeben sich Unterschiede (Anomalien), die zur Auffindung oder Eingrenzung einer höffigen Struktur genutzt werden können. Praktisch wird dabei so verfahren, daß über das zu untersuchende Gebiet ein Netz von Probepunkten im Abstand von 500 bis 1000 m gelegt wird und in Bodenproben aus 50 bis 150 cm Tiefe die Zahl der Kohlenwasserstoffe-oxydierenden Bakterien durch ein MPN-Verfahren ermittelt wird. Die Auswertung kann nur unter Berücksichtigung der geologischen Struktur vorgenommen werden, da nur im Idealfall die Oberflächenanomalie mit den Lagerstättengrenzen übereinstimmt. Auch die Möglichkeit, über Aktivitätsbestimmungen die Anomalien herauszufinden, wurde angewendet.

Unterschiedliche Ansichten gibt es darüber, welche Kohlenwasserstoffe (Methan, Ethan, Propan) und dementsprechend welche Bakteriengruppen am besten geeignet sind. In der DDR wurden gute Ergebnisse mit methanotrophen Bakterien als Indikatororganismen erzielt. Um eine Beeinträchtigung der Ergebnisse durch eine Methanbildung in den oberen Bodenschichten zu vermeiden, ist hier eine ökologische Beurteilung der Probepunkte wesentlich.
Die Verfahren zur geomikrobiologischen Erdölprospektion sind in den vierziger Jahren entwickelt worden und in der UdSSR, DDR, CSSR, Polen, Ungarn und in den USA als kostengünstige, zusätzliche Methoden angewendet worden. Dieses Prinzip ist außerdem dazu genutzt worden, die Dichtheit von unterirdischen Gasspeichern zu kontrollieren.

6.1.4. Grubengasbeseitigung

Wie bereits erwähnt, wird beim Abbau der Steinkohle Methan freigesetzt, das die Ursache für Schlagwetterexplosionen ist. Um dies zu verhindern, wird das Grubengas aus den Schächten der Steinkohlenbergwerke abgesaugt. In der Sowjetunion wird an Verfahren zur biologischen Methanbeseitigung mit Hilfe von methanotrophen Bakterien gearbeitet (NESTEROV et al. 1977). Dabei geht man zwei Wege:

— Durch Einpressung konzentrierter Bakteriensuspensionen in die Kohleflöze vor ihrem Abbau soll der Methangehalt im Flöz herabgesetzt werden. Besondere Schwierigkeiten haben sich dabei infolge der Filterwirkung und der Adsdorptionseigenschaften der Kohle ergeben, die eine Ausbreitung der Bakterien verhindern, nicht jedoch ihre methanoxydierenden Aktivitäten einschränken.

— Als zweite Möglichkeit wird das Einbringen der Bakteriensuspensionen in die Schächte und Stollen untersucht. Dieses Verfahren kann auch mit der Gewinnung bakterieller Biomasse gekoppelt werden, wenn das Gasgemisch durch Reaktoren mit methanotrophen Bakterien geleitet wird.

6.2. Nutzung der Erkenntnisse für den Umweltschutz

6.2.1. Gewässersanierung

Der wachsende Druck auf die Landschaft mit ihren natürlichen Ressourcen durch die intensive Nutzung und Mehrfachnutzung führt vor allem bei der Erhaltung der Gewässer mit ihren ökologischen Funktionen und ihren Funktionen für den Menschen zu schwierigen Problemen, die nur auf der Grundlage einer umfassenden Ökosystemanalyse gelöst werden können.

Die neuen Erkenntnisse über die Bedeutung der Prozesse des Methankreislaufes für den Kohlenstoffkreislauf und für die Sauerstoffbilanz aquatischer Ökosysteme und damit für den Gewässerzustand machen es unumgänglich, die Untersuchungen des Methankreislaufes in die komplexe Ökosystemanalyse einzubeziehen und diese Prozesse bei der Entwicklung von Behandlungsstrategien für die Gewässersanierung zu berücksichtigen. Durch die Aufstellung von Bilanzen des Methankreislaufes in Gewässern ist eine Einschätzung des Sauerstoffbedarfes durch die mikrobielle Methanoxydation möglich. Dies ist deshalb so entscheidend, weil die Methanoxydation zum wichtigsten Prozeß für den Sauerstoffverbrauch im Wasser oder im Sediment werden kann. Die in der wasserwirtschaftlichen Praxis zur Voraussage über den Sauerstoffverbrauch in einem Gewässer und damit zur Einschätzung der Gewässergüte verwendeten Methoden, die Bestimmung des biochemischen Sauerstoffbedarfes (BSB) und die Bestimmung des chemischen Sauerstoffverbrauches (CSV), können diesen Prozeß nicht erfassen und dadurch unter Umständen zu einer Fehleinschätzung führen. Untersuchungen in kanadischen Seen (Rudd und Hamilton 1978) haben gezeigt, daß eine Analyse der Methanverteilung im Wasser nach der Herbstzirkulation eine Prognose über die Entstehung anoxischer Bedingungen im Wasser im Verlaufe des Winters unter der Eisdecke ermöglicht. Außerdem gibt es erste Versuche zur gezielten Beeinflussung der methanotrophen Bakterien.

Eine umfassende Ökosystemanalyse bedeutet auch, daß die Sedimente von Gewässern in weitaus stärkerem Maße als bisher in die Untersuchungen einbezogen werden müssen, vor allem hinsichtlich der Wechselwirkungen mit dem Gesamtsystem. Die Sedimente sind die wichtigsten Bereiche der Gewässer für die anaerobe Mineralisation der organischen Substanz. Der partikuläre organische Kohlenstoff, der nach der Sedimentation aus dem Wasserkörper verschwindet, wird in seiner Bedeutung für das Gesamtsystem oft unterschätzt. Nach dem anaeroben Abbau der organischen Substanz gelangt der größte Teil der gasförmigen Endprodukte (CH_4, H_2S, N_2, CO_2) zurück in das Wasser und beeinflußt über Oxydationsprozesse und indirekt über die „interne Düngung" Sauerstoffgehalt und Nährstoffbilanz des gesamten Wasserkörpers. Die Freisetzung von Methan in die Atmosphäre in Form von Blasen oder durch Diffusion und Zirkulation muß aus wasserwirtschaftlicher Sicht als eine Entlastung des Gewässers betrachtet werden, während die Assimilation und Oxydation des Methans als eine „sekundäre Eutrophierung" anzusehen ist.

Nur wenn es gelingt, das gesamte Gewässer als ein dynamisches Ökosystem aufzufassen, in dem die aeroben und anaeroben mikrobiellen Prozesse der Mineralisation der organischen Substanz die gleiche Bedeutung wie die Primärproduktion besitzen, kann eine praktische Nutzung der ökologischen Kenntnisse für die Entwicklung von Sanierungskonzeption zu einem dauerhaften Erfolg führen.

6.2.2. Indikatoren für den Gewässerzustand

Eine Aufgabe von grundlegender Bedeutung ist die frühzeitige Erkennung von Veränderungen im Stoffkreislauf aquatischer Ökosysteme, die zu einer Beeinträchtigung des Gewässerzustandes führen. Diese Kenntnisse sind die Basis für Prognosen für die Entwicklung eines Gewässers und für die Ausarbeitung von Behandlungsstrategien. Dabei kommt es darauf an, leicht meßbare Schlüsselprozesse für eine kontinuierliche Überwachung auszuwählen. Für die Kontrolle des anaeroben Abbaus der organischen Substanz in limnischen Gewässern ist dies zweifellos die Methanogenese. Da die Bildung von Methan der terminale Prozeß der komplexen anaeroben Abbaukette ist, werden durch die Messung der Methanbildung nicht nur die Faktoren erfaßt, die die methanogenen Organismen beeinflussen, sondern auch jene, die sich auf die Aktivität der anderen anaeroben Bakterien der mikrobiellen Gemeinschaft auswirken. Die Methanogenese ist damit ein empfindlicher Indikator für den gesamten anaeroben Abbau.
Darüber hinaus können die Erkenntnisse über die Beziehungen zwischen produzierter organischer Substanz, Sedimentation, Methanbildung und Methanoxydation dazu genutzt werden, die Zahlen und Aktivitäten methanogener und methanotropher Bakterien als Maßstab für die Sedimentaktivität und als Indikator für den Trophiegrad von Gewässern zu verwenden.

6.2.3. Schutz vor Schäden

Eine Reihe von Beispielen aus der Literatur belegen, daß in der Vergangenheit durch die Aktivität methanogener und methanotropher Bakterien bereits erhebliche wirtschaftliche Schäden entstanden sind:

a. Trinkwasseraufbereitungsanlagen

Bei Verwendung von methanhaltigem Grundwasser kam es nach dem Kontakt mit Sauerstoff in den Aufbereitungsanlagen für Trinkwasser zu einer raschen Entwicklung von methanotrophen Bakterien und zahlreichen Begleitorganismen, die sich von den Stoffwechselprodukten der methanotrophen Bakterien ernähren (Tuschewitzki et al. 1982, Schweisfurth u. Ruf 1976). Die Folgen davon waren eine Verstopfung der Filteranlagen und die Entwicklung hygienisch bedenklicher Keime auf den Autolyseprodukten der Primär- und Sekundärorganismen. Mit einer Methananalyse können solche Entwicklungen vorhergesehen und verhindert werden.

b. Explosionsunglücke an Wasserbauwerken

Die Ansammlung von biogenem Methan aus dem Flußsediment war die Ursache für ein Explosionsunglück in einem Sektorenwehr der Weser (MÜLLER 1975). Auch bei anderen Wasserbauwerken kann eine Ansammlung des blasenförmig aus dem Sediment aufsteigenden Methans stattfinden und sollte beim Bau solcher Anlagen berücksichtigt werden.

c. Explosionsunglücke über Mülldeponien

Bei der Rekultivierung von Deponien mit Haushaltsmüll oder von Müll aus anderen Quellen mit einem hohen Gehalt an organischen Substanzen muß die Entstehung und das Aufsteigen von Methan über einen Zeitraum von 20 Jahren bedacht werden. Die Errichtung von Gebäuden auf einer Mülldeponie kann daher als Folge der Methananreicherung in geschlossenen Räumen unter Umständen zu Explosionsunglücken führen.

d. Fischsterben in Gewässern

Durch den hohen Sauerstoffverbrauch bei der aeroben Methanoxydation kann es in bestimmten Gewässern vor allem im Winter unter der Eisdecke zur Entstehung anoxischer Bedingungen im gesamten Wasserkörper und damit zu einem Absterben aller höheren Organismen kommen.

e. Absterben von Pflanzen

Bei Havarien an Erdgasleitungen hat man ein Absterben von Bäumen in unmittelbarer Nähe der Austrittsstelle von Erdgas beobachtet (ADAMSE et al. 1972). Die Ursache war indirekter Art und wurde auf den extrem hohen Sauerstoffverbrauch bei der mikrobiellen Methanoxydation im Erdboden zurückgeführt.

f. Methylierung von Quecksilber und anderen giftigen Elementen

Wenn Schwermetallverbindungen, wie Quecksilbersalze oder andere giftige Verbindungen, wie z. B. Arsensalze, durch Überführung in eine unlösliche Form aus dem Wasser eines aquatischen System entfernt werden, gelangen sie in das Sediment. Damit ist jedoch die Gefährdung des Ökosystems nur vorübergehend beseitigt, da durch methanogene Organismen und andere Bakterien eine Methylierung dieser Verbindungen und damit eine Umwandlung in eine flüchtige oder wasserlösliche, hoch toxische Form stattfinden kann.

Die Kenntnis der ökologischen Zusammenhänge des Methankreislaufes ermöglicht es, solche Entwicklungen vorauszusehen und damit volkswirtschaftliche oder gesundheitliche Schäden zu vemeiden oder sie in ihren Auswirkungen einzuschränken.

6.2.4. Abwasserreinigung

Die gefahrlose Beseitigung organischer Abfallstoffe aus Haushalt und Industrie ist eine vordringliche Aufgabe auf dem Gebiet des Umweltschutzes. Durch den ständig steigenden Wasserbedarf muß vor allem die Abwasserreinigung als Voraussetzung für die Wiederverwendung als Brauchwasser und für die Erhaltung der Wasserqualität unserer Umwelt in allen Bereichen konsequent durchgeführt werden. In den letzten Jahren gewinnen dabei anaerobe Verfahren mit der Methanogenese als terminalen Schritt zunehmend an Bedeutung. Die Vorteile anaerober Verfahren zur Abwasserreinigung sind:

— Der Energiebedarf ist viel geringer als bei aeroben Verfahren, da kein Sauerstoff notwendig ist und daher auf Kompressoren, Rührwerke, Pumpen oder andere energieaufwendige Einrichtungen für den Eintrag von Sauerstoff verzichtet werden kann.

— Es wird weniger Zellsubstanz gebildet. Während bei der aeroben Abwasserbehandlung der organische Kohlenstoff im Ausgangsmaterial etwa zu gleichen Teilen in CO_2 und Zellsubstanz umgewandelt wird, entstehen wegen der wesentlich geringeren Energieausbeute beim anaeroben Abbau der organischen Substanz nur etwa 5% Zellsubstanz und über 90% CO_2 und CH_4 als Endprodukte. Damit entfallen die Probleme bei der Beseitigung des Übersehußschlammes.

— Das gebildete Biogas kann aufgefangen und zur Energieerzeugung verwendet werden.

— Das anaerobe Verfahren wird in geschlossenen Reaktoren durchgeführt, so daß eine Geruchsbelästigung der Umwelt durch die Freisetzung von NH_3, H_2S, Mercaptanen, Aminen und anderen Stoffen vermieden wird.

— Es gibt keine Probleme mit einer Temperaturerhöhung durch die Reaktionswärme, da bei den anaeroben Prozessen nur wenig Wärme freigesetzt wird.

Der wichtigste Nachteil ist die relativ lange Verweilzeit des Abwassers, wodurch zum Umsatz der gleichen Abwassermenge größere Reaktoren als bei aeroben Verfahren notwendig sind. Auf diesem Gebiet hat es jedoch durch die Entwicklung von neuen Reaktortypen und von Verfahren mit hoher Biomassedichte in jüngster Zeit große Fortschritte gegeben.

Für die Verfahren zur anaeroben Abwasserreinigung gelten die gleichen Grundlagen, wie sie bei der Behandlung der Biogasbildung ausführlich erläutert

wurden, nur mit dem Unterschied, daß hier die möglichst vollständige Beseitigung der organischen Substanz im Ausgangssubstrat als wichtigstes Ziel im Vordergrund steht.
Voraussetzung für den Erfolg der anaeroben Verfahren ist die Abbaubarkeit der organischen Verbindungen unter diesen Bedingungen. Für die natürlich vorkommenden Substanzen, wie Cellulose, Hemicellulosen, Pectin, Stärke, Fette, Eiweiße, Kohlenhydrate, Alkohole, organische Säuren, Aminosäuren, gilt dies ohne Einschränkung. Dagegen gehören Lignine und gesättigte Kohlenwasserstoffe zu den Verbindungen, die nur schwer unter anaeroben Bedingungen abgebaut werden können. Neuere Untersuchungen haben ergeben, daß auch zahlreiche aromatische Verbindungen, heterocyclische Verbindungen und aliphatische Kohlenwasserstoffe (Tab. 34), von denen ein Teil nicht in der Natur vorkommt und Produkte der chemischen Industrie sind, unter anaeroben Bedingungen durch angepaßte methanogene Mischkulturen aus Kläranlagen, limnischen und marinen Sedimenten zu CO_2 und CH_4 abgebaut werden.
Von besonderer Bedeutung ist dabei die Beobachtung, daß auch chlorierte aromatische Verbindungen nach Abspaltung von Chlor vollständig mineralisiert werden können. Mit der Erforschung der mikrobiologischen und biochemischen Grundlagen dieser neuen anaeroben Abbauwege wird gerade begonnen. Die methanogenen Organismen erfüllen dabei die Funktion als terminale Wasserstoff- und Acetat-verbrauchende Organismen und sind wahrscheinlich durch vielfältige Wechselbeziehungen mit den primär an den Verbindungen angreifenden Organismen verbunden. Diese Ergebnisse eröffnen die Möglichkeit, anaerobe Verfahren zur Abwasserreinigung nicht nur für Abwässer aus der Nahrungsmittelindustrie einzusetzen, sondern auch für organisch belastete Abwässer aus weiten Bereichen anderer Industriezweige.

6.3. Biotechnologische Nutzung

6.3.1. Erzeugung von "single cell protein" (SCP = Einzellerprotein, Biomasse von Mikroorganismen)

Die fortwährende Zunahme der Weltbevölkerung, die unzureichende Nahrungsmittelproduktion in den Entwicklungsländern und die soziale Ungerechtigkeit bei der Verteilung der Produkte haben in vielen Entwicklungsländern zu Hunger und Unterernährung geführt. Dabei wird vor allem der Mangel an proteinreicher Nahrung deutlich, so daß man von einer Proteinlücke in der Ernährung spricht. Sicher können und müssen die Intensivierung der landwirtschaftlichen Produktion (Erhöhung der Produktivität in den Entwicklungsländern durch verbessertes Saatgut, optimale Düngung, Bewässerung, Schäd-

Tabelle 34. Zusammenstellung von organischen Verbindungen, bei denen eine anaerobe Mineralisation mit methanogenen Mischkulturen nachgewiesen wurde

Verbindungen	Literaturangabe
1. Aliphatische Verbindungen	
Hexadecen	SCHINK 1985
1-Octanol	SHELTON u. TIEDJE 1984
3-Methylbutanol	SHELTON u. TIEDJE 1984
2,3-Butandiol	SHELTON u. TIEDJE 1984
Aceton	CHOU et al. 1978
2-Hexanon	SHELTON u. TIEDJE 1984
3-Hydroxybutanon	SHELTON u. TIEDJE 1984
Ethylacetat	SHELTON u. TIEDJE 1984
Acrylsäure	SHELTON u. TIEDJE 1984
Polyethylenglycol	SHELTON u. TIEDJE 1984
Dichlorethylen	WILSON et al. 1986
Trichlorethylen	VOGEL u. MCCARTY 1985; WILSON et al. 1986
Tetrachlorethylen	VOGEL u. MCCARTY 1985
Dibromethan	WILSON et al. 1986
2. Aromatische Verbindungen	
Benzol	VOGEL u. GRBIC-GALIC 1986; WILSON et al. 1986
Toluol	VOGEL u. GRBIC-GALIC 1986
	WILSON et al. 1986
Xylole	VOGEL u. GRBIC-GALIC 1986
	WILSON et al. 1986
Ethylbenzol	WILSON et al. 1986
Phenol	DWYER et al. 1986
	GIBSON u. SUFLITA 1986
	YOUG u. RIVERA 1985
	FEDORAK u. HRUDEY 1984
	SHELTON u. TIEDJE 1984
	GODSY et al. 1983
	EHRLICH et al. 1982
	HEALY u. YOUNG 1979
Catechol	YOUNG u. RIVERA 1985
	SZEWZYK et al. 1985
	SHELTON u. TIEDJE 1984
	BALBA u. EVANS 1980
	HEALY u. YOUNG 1979, 1978
Hydrochinon	SZEWZYK et al. 1985
	YOUNG u. RIVERA 1985

Tabelle 34 (Fortsetzung)

Verbindungen	Literaturangabe
Pyrogallol	Shelton u. Tiedje 1984
Phloroglucin	Krumholz u. Bryant 1986
	Young u. Rivera 1985
	Shelton u. Tiedje 1985
Cresole	Smolenski u. Suflita 1987
	Young u. Rivera 1985
	Boyd et al. 1983
	Godsy et al. 1983
Methoxyphenole	Shelton u. Tiedje 1984
	Boyd et al. 1983
Nitrophenole	Shelton u. Tiedje 1984
	Boyd et al. 1983
Dimethylphenole	Godsy et al. 1983
Trimethylphenole	Godsy et al. 1983
Benzylalkohol	Shelton u. Tiedje 1984
Benzoesäure	Gibson u. Suflita 1986
	Grbic-Galic u. Young 1985
	Shelton u. Tiedje 1984
	Sleat u. Robinson 1983
	Healy u. Young 1979, 1978
	Ferry u. Wolfe 1973
	Nottingham u. Hungate 1969
	Fina u. Fiskin 1960
	Shlomi et al. 1978
p-Hydroxybenzoesäure	Shelton u. Tiedje 1984
	Healy u. Young 1979
3,4,5-Trimethoxybenzoesäure	Kaiser u. Hanselmann 1982
Acetylsalicylsäure	Shelton u. Tiedje 1984
Protocatechussäure	Shelton u. Tiedje 1984
	Healy u. Yong 1979
Gallussäure	Krumholz et al. 1986
	Kaiser u. Hanselmann 1982
Anthranilsäure	Shelton u. Tiedje 1984
Phthalsäure	Shelton u. Tiedje 1984
Dimethylphthalat	Shelton u. Tiedje 1984
Diethylphthalat	Shelton u. Tiedje 1984
Di-n-butylphthalat	Shelton u. Tiedje 1984
Butylbenzylphthalat	Shelton u. Tiedje 1984
Vanillinsäure	Healy u. Young 1979
Vanillin	Healy u. Young 1979

Tabelle 34 (Fortsetzung)

Verbindungen	Literaturangabe
Ferulinsäure	Grbic-Galic 1986
	Grbic-Galic u. Young 1985
	Healy u. Young 1978
Anissäure	Shelton u. Tiedje 1984
Zimtsäure	Healy u. Young 1979
Syringasäure	Healy u. Young 1979
	Kaiser u. Hanselmann 1982
Syringaaldehyd	Healy u. Young 1979
Coniferylalkohol	Grbic-Galic 1983
Phenylessigsäure	Balba u. Evans 1979
Phenoxyessigsäure	Gibson u. Suflita 1986
Phenylpropionsäure	Balba u. Evans 1979
3. Haloaromatische Verbindungen	
Chlorphenole	Gibson u. Suflita 1986
	Shelton u. Tiedje 1984
	Boyd et al. 1983
Dichlorphenole	Gibson u. Suflita 1986
2,4,5-Trichlorphenol	Gibson u. Suflita 1986
Pentachlorphenol	Mikesell u. Boyd 1986
	Godsy et al. 1986
Chlorbenzoesäure	Gibson u. Suflita 1986
	Sahm et al. 1986
Dichlorbenzoesäure	Gibson u. Suflita 1986
	Suflita et al. 1982
2,4-Dichlorphenoxyessigsäure	Gibson u. Suflita 1986
	Suflita u. Gibson 1985
2,4,5-Trichlorphenoxyessigsäure	Gibson u. Suflita 1986
Brombenzoesäure	Suflita u. Gibson 1985
	Suflita et al. 1982
Jodbenzoesäure	Suflita u. Gibson 1985
	Suflita et al. 1982
4. Heterocyclische Verbindungen	
Indol	Wang et al. 1984
Furfurol	Brune et al. 1982
Tryptophan	Balba u. Evans 1980

lingsbekämpfung, Einführung von geeigneten Bodenbearbeitungs- und Erntetechnologien), die Erweiterung der Anbauflächen und die Einführung von genetisch optimierten Pflanzen einen entscheidenden Beitrag für die Verbesserung der Nahrungsmittelversorgung liefern, jedoch wird diese Steigerung einen längeren Zeitraum beanspruchen und in kürzerer Frist zu keiner Lösung des Problems führen. Die sprunghafte Entwicklung der Biotechnologie in den letzten 20 Jahren hat hier neue Möglichkeiten eröffnet, durch die Produktion von mikrobiellem Eiweiß einen Beitrag zur Schließung der Proteinlücke zu leisten. Der entscheidende Vorteil bei der Verwendung von Mikroorganismen für die Eiweißerzeugung beruht auf deren geringen Verdopplungszeit. Weitere Vorteile gegenüber landwirtschaftlichen Verfahren sind:

— geringer Flächenbedarf für die Anlagen,
— gleichmäßige Zusammensetzung des Produktes,
— Unabhängigkeit der Produktion von den klimatischen Bedingungen.

Bei der Suche nach geeigneten Substraten für die Biomasseproduktion sollten folgende Voraussetzungen erfüllt sein:

— Die Substrate müssen billig sein, da die Kosten des Produktes zu mehr als 50% durch die Kosten der Kohlenstoffquelle für das Verfahren bestimmt werden.
— Die Substrate sollten selbst keinen Wert als direkte Nahrungsquelle haben (z. B. Stärke).
— Die Substrate müssen in ausreichender Menge leicht verfügbar sein.
— Die Substrate sollten eine konstante Zusammensetzung aufweisen und keine toxischen Verbindungen enthalten.

Die Entwicklung begann 1961 mit der Umwandlung von Erdölkohlenwasserstoffen mit Hilfe von Hefen. Durch die Ölpreiserhöhung und die Schwierigkeiten bei der Entfernung der Restkohlenwasserstoffe war eine ökonomische Produktion jedoch nicht möglich, so daß nach neuen Substraten gesucht wurde. Die billigste Kohlenstoffquelle für die mikrobielle Eiweißproduktion ist Methan, das im Erdgas in riesigen Vorräten in vielen Ländern der Erde zur Verfügung steht und über Rohrleitungen leicht transportiert werden kann. Bei der Suche nach geeigneten methanotrophen Bakterien

— mit einer hohen Wachstumsrate,
— mit einem hohen Ausbeutekoeffizienten,
— mit der Fähigkeit, bei hohen Zelldichten zu wachsen,
— mit einer hohen Substrataffinität,
— mit einem hohen Proteingehalt und mit
— einem stabilen Wachstum in kontinuierlicher Kultur

sind zahlreiche neue Arten aufgefunden und charakterisiert worden. Die Untersuchungen haben dabei nicht nur zu Ergebnissen über das biotechnologische Leistungspotential geführt, sondern auch zur Aufklärung der Biochemie von neuen Stoffwechselwegen und zahlreicher physiologischer Eigenschaften beigetragen. Den Vorteilen bei der Verwendung von Methan als Kohlenstoffquelle für die Eiweißproduktion (geringer Preis, hohe Ausbeuten von 0,5—1,1 g Biomassetrockensubstanz/g verbrauchtes Substrat, Verfügbarkeit in großen Mengen bei gleicher Qualität, keine toxischen Substratreste im Produkt) stehen auch eine Reihe von Nachteilen gegenüber:

— geringe Löslichkeit des Substrates im Wasser,
— hoher Sauerstoffbedarf,
— hohe Wärmeentwicklung und damit zusätzliche Kosten für die Kühlung,
— lange Generationszeiten der methanotrophen Bakterien (2—3 Stunden),
— Eigenhemmung der methanotrophen Bakterien durch ausgeschiedene organische Substanzen, vor allem durch Methanol.

Ein Teil der Probleme konnte durch die Entwicklung von neuen Fermentorsystemen (z. B. "air-lift" Schlaufenfermentor), durch die Verwendung thermophiler methanotropher Organismen und durch den Einsatz stabiler Mischpopulationen aus methanotrophen, Methanol-assimilierenden und anderen heterotrophen Bakterien gelöst werden. Pilotanlagen wurden in der UdSSR, in Holland und in England errichtet.
Vor allem die Schwierigkeiten bei der Gasübertragung haben dazu geführt, anstatt Methan Methanol als Substrat für die mikrobielle Eiweißproduktion zu verwenden. Da es relativ billig aus Erdgas oder Kohle hergestellt wird, kann es in ausreichender Menge bei guter Qualität zur Verfügung gestellt werden. Methanol ist unbegrenzt mit Wasser mischbar. Das Spektrum der Methanolverwertenden Organismen ist weitaus größer als bei Methan als Substrat; außerdem werden von bestimmten Bakterien kürzere Generationszeiten als bei den methanotrophen Bakterien erreicht. Schließlich ist der Sauerstoffbedarf bei der Methanolverwertung geringer. Große Versuchsanlagen für die Eiweißproduktion aus Methanol sind in England (Imperial Chemical Industries; Organismus: *Methylophilus methylotrophus*; *Produkt*: Pruteen), in Norwegen und Schweden (AB Marabou; Organismus: *Methylomonas methanolica*; Produkt: Norprotein), in Japan (Mitsubishi Gas Chemicals; Organismus: *Pseudomonas methanolica*) und in der BRD (Hoechst/Uhde; Organismus: *Methylomonas clara*; Produkt: Probion) errichtet worden.
Das bakterielle Protein soll vor allem als Futtermittel für die Tierernährung verwendet werden oder nach entsprechender Aufarbeitung auch der menschlichen Ernährung zugute kommen. Es ist durch einen hohen Rohproteingehalt (etwa 70%) ausgezeichnet, wobei die Konzentration der essentiellen Aminosäuren der in herkömmlichen Futtermitteln entspricht oder diese übertrifft.

Die Eignung der bakteriellen Biomasse für die Tierernährung ist durch zahlreiche Tierversuche nachgewiesen worden.
Es ist damit begonnen worden, die Möglichkeiten der genetischen Manipulation für eine verbesserte Biomasseproduktion auszunutzen.

6.3.2. Gewinnung von Stoffwechselprodukten

Das biotechnologisch ausnutzbare Potential methanotropher und methanogener Organismen für Produktsynthesen ist zur Zeit nicht sehr umfangreich. Nach den bisherigen Kenntnissen verfügen diese Organismengruppen über keinen ausgeprägten Sekundärmetabolismus. Es ist daher nicht verwunderlich, daß Antibiotika oder andere Wirkstoffe bei diesen Organismen fehlen. Die bei einigen methanotrophen Bakterien untersuchten Farbstoffe sind Carotinoide, Melanine und in einem Falle eine Prodigiosin-ähnliche Verbindung (Methylosin).
Von besonderem Interesse sind dagegen die Polysaccharide, die von methanotrophen Bakterien bei Stickstofflimitation und einem Überschuß von Methan freigesetzt werden. Bei *Methylococcus* wurden verzweigte Polysaccharide aus Glucose mit einem Molekulargewicht zwischen 2 und $4{,}5 \cdot 10^5$ in einer Menge bis zu 32,5% der gesamten Trockensubstanz nachgewiesen. *Methylocystis parvus* bildet sogar bis zu 62% der Trockensubstanz Polysaccharide, die hauptsächlich aus D-Glucose und L-Rhamnose bestehen (Hou et al. 1978). Ein neu isolierter thermophiler Bakterienstamm (H-2) produziert 2 Arten von extrazellulären sauren Polysacchariden, an deren Aufbau Glucose, Mannose, Galactosamin, Glucuronsäure und 30–38% Aminosäuren beteiligt sind(Chida et al. 1983).
Eine Möglichkeit für eine biotechnologische Nutzung ergibt sich auch für die Poly-β-hydroxybuttersäure, die als Ausgangssubstrat für die chemische Synthese von Polymeren für die Plasteindustrie verwendet werden kann. Methanotrophe Bakterien können bis zu 30% ihrer Trockensubstanz Poly-β-hydroxybuttersäure enthalten, wenn geeignete Kulturbedingungen für eine Anreicherung dieses Reservestoffes vorliegen.
Über die Ausscheidung von Aminosäuren beim Wachstum methanotropher Bakterien wird zwar berichtet, jedoch sind die Mengen für eine biotechnologische Nutzung nicht ausreichend.
In welchem Maße bestimmte Zellinhaltsstoffe methanotropher und methanogener Bakterien, wie z. B.

- Steroide,
- Hopanoide,
- Etherlipide,
- Vitamin B_{12}

oder andere Verbindungen als Ausgangsprodukte für chemische Synthesen bedeutsam werden und damit ihre biotechnologische Gewinnung rechtfertigen, wird von zukünftigen Entwicklungen abhängen.

6.3.3. Möglichkeiten zur Stoffwandlung

Sehr große Erwartungen bezüglich der biotechnologischen Ausnutzung methanotropher Bakterien in der Zukunft sind an ihre Fähigkeit geknüpft, eine Vielzahl von chemischen Verbindungen transformieren zu können.

a. Oxydation von Alkanen C_1-C_8 zu den entsprechenden primären und sekundären Alkoholen (Colby et al. 1977)
Propan → 1-Propanol
2-Propanol

b. Oxydation von Alkenen zu den entsprechenden 1,2-Epoxiden (Colby et al. 1977)
Propen → 1,2-Epoxypropan

c. Oxydation von Etherverbindungen (Stirling u. Dalton 1980)
Dimethylether → Methanol, Formaldehyd

d. Oxydation sekundärer Alkohole zu Methylketon (Hou et al. 1979)
2-Propanol → Aceton

e. Dechlorierung und Oxydation von Methanderivaten (Patel et al. 1982)
Chlormethan → Formaldehyd

f. Dechlorierung und Abbau von chlorierten Ethenen (Fogel et al. 1986)
Trichlorethylen → CO_2, Biomasse

g. Oxydation alicyclischer Kohlenwasserstoffe (Colby et al. 1977)
Cyclohexan → Cyclohexanol

h. Oxydation aromatischer Verbindungen am Ring (Colby et al. 1977)
Benzol → Phenol

i. Oxydation aromatischer Verbindungen an der Seitenkette (Colby et al. 1977)
Toluol → Benzylalkohol

j. Oxydation und Abbau der Seitenkette aromatischer Verbindungen (Higgins et al. 1982)
Ethylbenzol → Benzoesäure

k. Oxydation und Strukturveränderungen bei aromatischen Verbindungen (Higgins et al. 1980)
m-Cresol → p-Hydroxybenzaldehyd

l. Oxydation und Dechlorierung von aromatischen Verbindungen (HIGGINS et al. 1980)

m. Oxydation von heterocyclischen Verbindungen (DALTON 1980)
Pyridin → Pyridin-N-oxid.

Diese Reaktionen sind mit verschiedenen methanotrophen Bakterien und mit Zellextrakten durchgeführt worden, wobei artspezifische Unterschiede vorkommen. Die Grundlage ist die Unspezifität des Schlüsselenzyms der Methanoxydation, der Methanmonooxygenase. Außerdem sind in einigen Fällen auch weitere Enzyme der Oxydationsreihe vom Methan zum CO_2 beteiligt. Für die Oxydation sind Reduktionsäquivalente in Form von NADH notwendig, die z. B. durch Zugabe eines oxydierbaren Substrates, wie Methanol oder Formaldehyd, von den Organismen gebildet werden.

Aussichtsreiche Einsatzmöglichkeiten für Biotransformationen sind heute schon absehbar für die Gewinnung von Methanol aus Methan, eine Reaktion, die zur Zeit mit einer Niederdrucksynthese in 2 Schritten bei Temperaturen zwischen 230 und 900 °C durchgeführt wird, und die Herstellung von 1,2-Epoxypropan (Propylenoxide) aus Propen und 1,2-Epoxybutan aus 1-Buten, beides wichtige Ausgangsstoffe für die Kunststoffindustrie. Zahlreiche Patente über die Stoffwandlung mit methanotrophen Bakterien weisen darauf hin, daß hier für zukünftige Entwicklungen in der Biotechnologie ein aussichtsreiches Potential von Organismen und Biotransformationsreaktionen vorliegt, deren Grenzen zur Zeit noch nicht absehbar sind. Dabei müssen auch Fragen, wie der Einsatz von Enzympräparationen oder ganzer Zellen, frei oder in immobilisierter Form, bearbeitet werden. Lohnende Aufgaben für die Zukunft sind auch die Nutzung dieser Organismen für die Gewinnung von Antibiotikaderivaten und zur Transformation von Steroiden.

7. Literatur

ABRAMOCHKINA, F. N., BEZRUKOVA, L. V., KOSHELEV, A. V., GALCHENKO, V. F. u. M. V. IVANOV, 1987: Microbial methane oxidation in a freshwater reservoir (russ.). Mikrobiologiya **56**, 464–471.

ADAMSE, A. D., HOEKS, J., DE BONT, J. A. M. u. J. F. VAN KESSEL, 1972: Microbial activities in soil near natural gas leaks. Arch. Mikrobiol. **83**, 32–51.

ALPERIN, M. J. u. W. S. REEBURGH, 1984: Geochemical observations supporting anaerobic methane oxidation. In: CRAWFORD, R. L. u. R. S. HANSON (eds.), Microbial Growth on C_1-Compounds. Proceedings of the 4th International Symposium. ASM Washington, 282–289.

ALPERIN, M. J. u. W. S. REEBURGH, 1985: Inhibition experiments on anaerobic methane oxidation. Appl. Environm. Microbiol. **50**, 940–945.

ANDREESEN, J. R., GOTTSCHALK, G. u. H. G. SCHLEGEL, 1970: *Clostridium formicoaceticum* nov. spec. Isolation, description and distinction from *C. aceticum* and *C. thermoaceticum*. Arch. Microbiol. **72**, 154–174.

ANTHONY, C., 1982: The biochemistry of methylotrophs. Academic Press, London–New York.

ARCHER, D. B., 1984: Hydrogen-using bacteria in a methanogenic acetate enrichment culture. Journ. Appl. Bacteriol. **56**, 125–129.

BAKER-BLOCKER, A., DONAHUE, T. D. u. K. H. MANCY, 1977: Methane flux from wetland areas. Tellus **29**, 245–250.

BALBA, M. T. u. W. C. EVANS, 1979: The methanogenic fermentation of ω-phenylalkane carboxylic acids. Biochem. Soc. Trans. **7**, 403–405.

BALBA, M. T. u. W. C. EVANS, 1980a: The methanogenic biodegradation of catechol by a microbial consortium: evidence for the production of phenol through cis-benzenediol. Biochem. Soc. Trans. **8**, 452–453.

BALBA, M T. u. W. C. EVANS, 1980b: Methanogenic fermentation of naturally occurring aromatic amino acids by a microbial consortium. Biochem. Soc. Trans. **8**, 625–627.

BALCH, W. E., FOX, G. E., MAGRUM, L. J., WOESE, C. R. u. R. S. WOLFE, 1979: Methanogens: reevaluation of a unique biological group. Microbiological Reviews **43**, 260–296.

BALCH, W. E., SCHOBERTH, S., TANNER, R. S. u. R. S. WOLFE, 1977: *Acetobacterium* a new genus of hydrogen-oxidizing, carbon dioxide-reducing, anaerobic bacteria. Internation. Journ. System. Bacteriol. **27**, 355–361.

BALCH, W. E. u. R. S. WOLFE, 1976: New approach to the cultivation of methanogenic bacteria: 2-mercaptoethanesulfonic acid (HS-CoM)-dependent growth of *Methanobacterium ruminantium* in a pressurized atmosphere. Appl. Environm. Microbiol. **32**, 781–791.

BARKER, H. A., 1956: Biological formation of methane. In: BARKER, H. A., Bacterial fermentations. John Wiley u. Sons, New York, 1–27.

BARNES, R. O. u. E. D. GOLDBERG, 1976: Methane production and consumption in anoxic marine sediments. Geology **4**, 297–300.

BAROSS, J. A., LILLEY, M. D. u. L. J. GORDON, 1982: Is the CH_4, H_2 and CO venting from submarine hydrothermal systems produced by thermophilic bateria? Nature **298**, 366–368.

BAYON, C. u. P. ETIÉVANT, 1980: Methanogenic fermentation in the digestive tract of a xylophagous insect: *Oryctes nasicornes* L. larva (*Coleoptera; Scarabaeidae*). Experientia **36**, 154–155.

BELYAEV, S. S., FINKELSTEIN, Z. I. u. M. V. IVANOV, 1975: The rate of methane production by bacteria in ooze deposits of some lakes (russ.). Mikrobiologiya **44**, 309–312.

BELYAEV, S. S. u. M. V. IVANOV, 1983: Bacterial methanogenesis in underground waters. In: HALLBERG, R. (ed.), Environmental Biogeochemistry. Ecol. Bull. (Stockholm) **35**, 273–280.

BELYAEV, S. S. u. K. S. LAURINAVICHUS, 1978: Microbial formation of methane in marine sediments. In: KRUMBEIN, W. E. (ed.), Environmental Biogeochemistry and Geomicrobiology. Ann Arbor Science, Ann Arbor, Mich. 327–337.

BELYAEV, S. S., LAURINAVICHUS, K. S. u. M. V. IVANOV, 1975: The rate of microbiological oxidation of methane determined with the aid of $^{14}CH_4$ (russ.). Mikrobiologiya **44**, 542–545.

BELYAEV, S. S., OBRAZTSOVA, A. YA., LAURINAVICHUS, K. S. u. L. V. BEZRUKOVA, 1986: Characteristics of rod-shaped methanogenic organism isolated from an oil-bearing deposit and description of *Methanobacterium ivanovii* sp. nov. (russ.). Mikrobiologiya **55**, 1014 bis 1020.

BELYAEV, S. S., WOLKIN, R., KENEALY, W. R., DE NIRO, M. J., EPSTEIN, S. u. J. G. ZEIKUS, 1983: Methanogenic bacteria from the Bondyuzhskoe oil field: general characterization and analysis of stable-carbon isotopic fractionation. Appl. Environm. Microbiol. **45**, 691–697.

BEN-BASSAT, A., LAMET, R. u. J. G. ZEIKUS, 1981: Ethanol production by thermophilic bacteria: metabolic control of end product formation in *Thermoanaerobium brockii*. Journ. Bacteriol. **146**, 192–199.

BIRD, C. W., LYNCH, J. M., PIRT, S. J., REID, W. W., BROOKS, C. J. W. u. B. S. MIDDLEDITCH, 1971: Steroids and squalene in *Methylococcus capsulatus* grown on methane. Nature **230**, 473–474.

BLOTEVOGEL, K.-H. u. U. FISCHER, 1985: Isolation and characterization of a new thermophilic and autotrophic methane producing bacterium: *Methanobacterium thermoaggregans* spec. nov. Arch. Microbiol. **142**, 218–222.

BLOTEVOGEL, K.-H., FISCHER, U. u. K. H. LÜPKES, 1986: *Methanococcus frisius* sp. nov., a new marine methylotrophic methanogen. Canad. Journ. Microbiol. **32**, 127–131.

BLOTEVOGEL, K.-H., FISCHER, U., MOCHA, M. u. S. JANNSEN, 1985: *Methanobacterium thermoalcaliphilum* spec. nov., a new moderately alkaliphilic and thermophilic autotrophic methanogen. Arch. Microbiol. **142**, 211–217.

BOGDANOVA, V. M., 1966: Physiologische Eigenschaften von Mikroorganismen, die in einer Atmosphäre von Methan und Propan isoliert wurden (russ.). Mikrobiologiya **35**, 234—241.

BOONE, D. R. u. M. P. BRYANT, 1980: Propionate-degrading bacterium, *Synthrophobacter wolinii* sp. nov. gen. nov., from methanogenic ecosystems. Appl. Environm. Microbiol. **40**, 626—632.

BOONE, D. R., WORAKIT, S., MATHRANI, I. M. u. R. A. MAH, 1986: Alkaliphilic methanogens from high-pH lake sediments. System. Appl. Microbiol. **7**, 230—234.

BOSSARD, P. u. R. GÄCHTER, 1981: Methan- und Sauerstoffhaushalt im mesotrophen Lungernsee. Schweiz. Z. Hydrol. **43**, 219—252.

BOYD, S. A., SHELTON, D. R., BERRY, D. u. J. M. TIEDJE, 1983: Anaerobic biodegradation of phenolic compounds in digested sludge. Appl. Environm. Microbiol. **46**, 50—54.

BRAUN, M. u. G. GOTTSCHALK, 1982: *Acetobacterium wieringae* sp. nov., a new species producing acetic acid from molecular hydrogen and carbon dioxide. Zbl. Bakt., Hyg. I. Abt. Orig. **C 3**, 368—376.

BRAUN, M., MAYER, F. u. G. GOTTSCHALK, 1981: *Clostridium aceticum* (WIERINGA), a microorganism producing acetic acid from molecular hydrogen and carbon dioxide. Arch. Microbiol. **128**, 288—293.

BRAUN, M. u. H. STOLP, 1985: Degradation of methanol by a sulfate reducing bacterium. Arch. Microbiol. **142**, 77—80.

BREZNAK, J. A. u. J. M. SWITZER, 1986: Acetate synthesis from H_2 plus CO_2 by termite gut microbes. Appl. Environm. Microbiol. **52**, 623—630.

BROWN, L. R., STRAWINSKI, R. J. u. C. S. MC CLESKEY, 1964: The isolation and characterization of *Methanomonas methanooxidans* (BROWN and STRAWINSKI). Canad. Journ. Microbiol. **10**, 791—799.

BRUNE, G., SCHOBERTH, S. M. u. H. SAHM, 1982: Anaerobic treatment of an industrial wastewater containing acetic acid, furfural and sulphite. Process Biochem. **17**, 20—35.

BRYANT, M. P., 1965: Rumen methanogenic bacteria. In: DOUGHERTY, R., ALLEN, R. S., BURROUGHS, W., JACOBSON, N. L. u. A. D. MC GILLARD (eds.), Physiology of digestion in the ruminant. Washington, 411—418.

BRYANT, M. P., CAMPBELL, L. L., REDDY, C. A. u. M. R. CRABILL, 1977: Growth of *Desulfovibrio* in lactate or ethanol media low in sulfate in association with H_2-utilizing methanogenic bacteria. Appl. Environm. Microbiol. **33**, 1162—1169.

BRYANT, M. P., WOLIN, E. A., WOLIN, M. J. u. R. S. WOLFE, 1967: *Methanobacillus omelianskii*, a symbiotic association of two species of bacteria. Arch. Mikrobiol. **59**, 20—31.

BURKE, R. A., BROOKS, J. M. u. W. M. SACKETT, 1981: Light hydrocarbons in Red Sea brines and sediments. Geochimica et Cosmochimica Acta **45**, 627—634.

BURKE, R. A., REID, D. F., BROOKS, J. M. u. D. M. LAVOIE, 1983: Upper water column methane geochemistry in the eastern tropical North Pacific. Limnol. Oceanogr. **28**, 19—32.

CAPPENBERG, T. E., 1972: Ecological observations on the heterotrophic, methane oxidizing and sulfate reducing bacteria in a pond. Hydrobiologia **40**, 471—485.

CAPPENBERG, T. E., 1974: Interrelations between sulfate-reducing and methane-producing bacteria in bottom deposits of a fresh-water lake. I. Field observations. Antonie van Leeuwenhoek **40**, 285—295.

CAPPENBERG, T. E., HORDIJK, C. A. u. C. P. M. M. HAGENAARS, 1984: A comparison of bacterial sulfate reduction and methanogenesis in the anaerobic sediments of a stratified lake-ecosystem. Arch. Hydrobiol. Beih. Ergebn. Limnol. **19**, 191–199.

CAPPENBERG, T. E. u. R. A. PRINS, 1974: Interrelations between sulfate-reducing and methane-producing bacteria in bottom deposits of a freshwater lake. III. Experiments with ^{14}C-labeled substrates. Antonie van Leeuwenhoek **40**, 457–469.

CAVANAUGH, C. M., LEVERING, P. R., MAKI, J. S., MITCHELL, R. u. M. E. LIDSTROM, 1987: Symbiosis of methylotrophic bacteria and deep sea mussels. Nature **325**, 346–348.

CHEN, R. L., KEENEY, D. R., KONRAD, J. G., HOLDING, A. J. u. D. A. GRAETZ, 1972: Gas production in sediments of Lake Mendota, Wisconsin. Journ. Environm. Quality **1**, 155 bis 158.

CHIDA, K., SHEN, G.-J., KODAMA, T. u. Y. MINODA, 1983: Acidic polysaccharide production from methane by a new methane-oxidizing bacterium H-2. Agric. Biol. Chem. **47**, 275–280.

CHILDRESS, J. J., FISCHER, C. R., BROOKS, J. M., KENNICUTT II., M. C., BIDIGARE, R. u. A. E. ANDERSON, 1986: A methanotrophic marine molluscan (*Bivalvia, Mytilidae*) symbiosis: mussels fueled by gas. Science **233**, 1306–1308.

CHOU, W. L., SPEECE, R. E. u. R. H. SIDDIQI, 1978: Acclimation and degradation of petrochemical wastewater components by methane fermentation. Biotechnol. Bioengineering Symp. **8**, 391–414.

CICERONE, R. G. u. G. O. SHETTER, 1981: Sources of atmospheric methane: measurements in rice paddies and a discussion. Journ. Geophysical Research **86**, 7203–7209.

CLYMO, R. S. u. E. J. F. REDDEWAY, 1971: Productivity of *Sphagnum* (bog-moss) and peat accumulation. Hidrobiologia **12**, 181–192.

COLBY, J. u. J. L. ZATMAN, 1972: Hexose phosphate synthase and tricarboxylic acid cycle enzymes in bacterium 4B6, an obligate methylotroph. Biochem. Journ. **128**, 1373 bis 1376.

COLBY, J. u. L. J. ZATMAN, 1975: Enzymological aspects of the pathways for trimethylamine oxidation and C_1 assimilation in obligate methylotrophs and restricted facultative methylotrophs. Biochem. Journ. **148**, 513–520.

COLBY, J., STIRLING, D. J. u. H. DALTON, 1977: The soluble methane mono-oxygenase of *Methylococcus capsulatus* (Bath). Its ability to oxygenate n-alkanes, n-alkenes, ethers, and alicyclic, aromatic and heterocyclic compounds. Biochem. Journ. **165**, 395–402.

COLLINS, N. M. u. T. G. WOOD, 1984: Termites and atmospheric gas production. Science **224**, 84–86.

COMITA, P. B., GAGOSIAN, R. B., PANG, H. u. C. E. COSTELLO, 1984: Structural elucidation of a unique macrocyclic membrane lipid from a new, extremely thermophilic, deep-sea hydrothermal vent archaebacterium, *Methanococcus jannaschii*. Journ. Biol. Chem. **259**, 15234–15241.

CORDER, R. E., HOOK, L. A., LARKIN, J. M. u. J. I. FREA, 1983: Isolation and characterization of two new methane-producing cocci: *Methanogenium olentangyi*, sp. nov., and *Methanococcus deltae*, sp. nov. Arch. Microbiol. **134**, 28–32.

CRILL, P. M. u. C. S. MARTENS, 1983: Spatial and temporal fluctuations of methane production in anoxic coastal marine sediments. Limnol. Oceanogr. **28**, 1117–1130.

DACEY, J. W. H. u. M. J. KLUG, 1979: Methane efflux from lake sediments through water lilies. Science **203**, 1253–1254.

DALTON, H., 1977: Ammonia oxidation by the methane oxidising bacterium *Methylococcus capsulatus* strain Bath. Arch. Microbiol. **114**, 273–279.

DALTON, H., 1980: Oxidation of hydrocarbons by methane monooxygenases from a variety of microbes. Advances Applied Microbiol. **26**, 71–87.

DALTON, H., 1981: Methane mono-oxygenases from a variety of microbes. In: DALTON, H. (ed.), Microbial Growth on C_1-Compounds. Proceedings of the Third International Symposium, London, 1–10.

DALTON, H. u. J. I. HIGGINS, 1986: Biological methane oxidation. In: DUINE, J. A. u. H. W. VAN VERSEVELD (eds.), Microbial Growth on C_1-Compounds. Abstracts of the 5th International Symposium, Amsterdam, 41.

DALTON, H. u. D. J. STIRLING, 1982: Co-metabolism. Phil. Trans. R. Soc. Lond. B **297**, 481–496.

DALTON, H. u. R. WHITTENBURY, 1976: Nitrogen metabolism in *Methylococcus capsulatus* (strain Bath). In: SCHLEGEL, H. G., GOTTSCHALK, G. u. N. PFENNIG (eds.), Microbial Production and Utilization of Gases (H_2, CO, CH_4). Göttingen, 379–388.

DANIELS, L., SPARLING, R. u. G. D. SPROTT, 1984: The bioenergetics of methanogenesis. Biochimica et Biophysica Acta **768**, 113–163.

DAVIES, S. L. u. R. WHITTENBURY, 1970: Fine structure of methane and other hydrocarbon-utilizing bacteria. Journ. Gen. Microbiol. **61**, 227–232.

DAVIS, J. B., COTY, V. F. u. J. P. STANLEY, 1964: Atmospheric nitrogen fixation by methane-oxidizing bacteria. Journ. Bacteriol. **88**, 468–472.

DAVIS, J. B. u. H. F. YARBROUGH, 1966: Anaerobic oxidation of hydrocarbons by *Desulfovibrio desulfuricans*. Chemical Geology **1**, 137–144.

DE BONT, J. A. M., 1976: Nitrogen fixation by methane-utilizing bacteria. Antonie van Leeuwenhoek **42**, 245–253.

DE BONT, J. A. M., LEE, K. K. u. D. F. BOULDIN, 1978: Bacterial oxidation of methane in a rice paddy. Ecol. Bull. (Stockholm) **26**, 91–96.

DE BONT, J. A. M. u. E. G. MULDER 1974: Nitrogen fixation and co-oxidation of ethylene by a methane-utilizing bacterium. Journ. Gen. Microbiol. **83**, 113–121.

DEVOL, A. H., 1983: Methane oxidation rates in the anaerobic sediments of Saanich Inlet. Limnol. Oceanogr. **28**, 738–742.

DIEKERT, G., KLEE, B. u. R. K. THAUER, 1980: Nickel, a component of factor F_{430} from *Methanobacterium thermoautotrophicum*. Arch. Microbiol. **124**, 103–106.

DODDEMA, H. J. u. G. D. VOGELS, 1978: Improved identification of methanogenic bacteria by fluorescence microscopy. Appl. Environm. Microbiol. **36**, 752–754.

DOLFING, J., GRIFFIOEN, A., VAN NEERVEN, A. R. W. u. L. P. T. M. ZEVENHUIZEN, 1985: Chemical and bacteriological composition of granular methanogenic sludge. Canad. Journ. Microbiol. **31**, 744–750.

DOLFING, J. u. J.-W. MULDER, 1985: Comparison of methane production rate and coenzyme F_{420} content of methanogenic consortia in anaerobic granular sludge. Appl. Environm. Microbiol. **49**, 1142–1145.

DUINE, J. A., FRANK, J. u. P. E. J. VERWIEL, 1980: Structure and activity of the prosthetic group of methanol dehydrogenase. Europ. Journ. Biochem. **108**, 187–192.

DWORKIN, M. u. J. W. FOSTER, 1956: Studies on *Pseudomonas methanica* (SÖHNGEN) nov. comb. Journ. Bacteriol. **72**, 649–659.

DWYER, D. F., KRUMME, M. L., BOYD, S. A. u. J. M. TIEDJE, 1986: Kinetics of phenol biodegradation by an immobilized methanogenic consortium. Appl. Environm. Microbiol. **52**, 345–351.

DYCK, W., CHATTERJEE, A. K., GEMMELL, D. E. u. K. HURRICANE, 1976: Well water trace element reconnaissance, eastern maritime Canada. Journ. Geochem. Explor. **6**, 139–162.

EDWARDS, T. u. B. C. MCBRIDE, 1975: New method for the isolation and identification of methanogenic bacteria. Applied Microbiol. **29**, 540–545.

EHHALT, D. H., 1976: The atmospheric cycle of methane. In: SCHLEGEL, H. G., GOTTSCHALK, G. u. N. PFENNIG (eds.), Microbial Production and Utilization of Gases (H_2, CO, CH_4). Göttingen, 13–22.

EHHALT, D. H., 1979: Der atmosphärische Kreislauf von Methan. Naturwissenschaften **66**, 307–311.

EHRLICH, G. G., GOERLITZ, D. F., GODSY, E. M. u. M. F. HULT, 1982: Degradation of phenolic contaminants in ground water by anaerobic bacteria: St. Louis Park, Minnesota. Ground Water **20**, 703–710.

EIRICH, L. D., VOGELS, G. D. u. R. S. WOLFE, 1978: Proposed structure for coenzyme F_{420} from *Methanobacterium*. Biochemistry **17**, 4583–4593.

EICHLER, B. u. B. SCHINK, 1984: Oxidation of primary aliphatic alcohols by *Acetobacterium carbinolicum* sp. nov., a homoacetogenic anaerob. Arch. Microbiol. **140**, 147–152.

ELLEFSON, E. L. u. R. S. WOLFE, 1981: Component C of the methylreductase system of *Methanobacterium*. Journ. Biological Chemistry **256**, 4259–4262.

ELLIS-EVANS, J. C., 1984: Methane in maritime antarctic freshwater lakes. Polar Biol. **3**, 63–71.

ENEBO, L., 1967: A methane-consuming green alga. Acta Chem. Scand. **21**, 625.

ESCALANTE-SEMERENA, J. C., LEIGH, J. A. u. R. S. WOLFE, 1984: New insights into the biochemistry of methanogenesis from H_2 and CO_2. In: CRAWFORD, R. L. u. R. S. HANSON (eds.), Microbial Growth on C_1-Compounds. Proceedings of the 4th International Symposium, Washington, 191–198.

FALLON, R. D., HARRITS, S., HANSON, R. S. u. T. D. BROCK, 1980: The role of methane in internal carbon cycling in Lake Mendota during summer stratification. Limnol. Oceanogr. **25**, 357–360.

FEDORAK, P. M. u. S. E. HRUDEY, 1984: Batch anaerobic methanogenesis of phenolic coal conversion wastewater. Wat. Sci. Tech. **17**, 143–154.

FERRY, J. G., SMITH, P. H. u. R. S. WOLFE, 1974: *Methanospirillum*, a new genus of methanogenic bacteria, and characterization of *Methanospirillum hungatii* sp. nov. Internat. Journ. System. Bacteriol. **24**, S. 465–469.

FERRY, J. G. u. R. S. WOLFE, 1976: Anaerobic degradation of benzoate to methane by a microbial consortium. Arch. Microbiol. **107**, 33–40.

FIEBIG, K. u. G. GOTTSCHALK, 1983: Methanogenesis from choline by a coculture of *Desulfovibrio* sp. and *Methanosarcina barkeri*. Appl. Environm. Microbiol. **45**, 161–168.

FINA, L. R. u. A. M. FISKIN, 1960: The anaerobic decomposition of benzoic acid during methane fermentation. II. Fate of carbons one and seven. Arch. Biochem. Biophys. **91**, 163–165.

Fogel, M., Taddeo, A. R. u. S. Fogel, 1986: Biodegradation of chlorinated ethenes by a methane-utilizing mixed culture. Appl. Environm. Microbiol. **51**, 720–724.

Fontaine, F. E., Peterson, W. H., McCoy, E. u. M. J. Johnson, 1942: A new type of glucose fermentation by *Clostridium thermoaceticum* n. sp. Journ. Bacteriol. **43**, 701–715.

Foster, J. W., 1962: Hydrocarbons as substrates for microorganisms. Antonie van Leeuwenhoek **28**, 241–274.

Foster, J. W. u. R. H. Davis, 1966: A methane-dependent coccus, with notes on classification and nomenclature of obligate, methane-utilizing bacteria. Journ. Bacteriol. **91**, 1924–1931.

Fraser, P. J., Rasmussen, R. A., Creffield, J. W., French, J. R. u. M. A. K. Khalil, 1986: Termites and global methane — another assessment. Journ. Atmospheric Chemistry **4**, 295–310.

Fuchs, G., 1986: CO_2 fixation in acetogenic bacteria: variation on a theme. FEMS Microbiology Reviews **39**, 181–213.

Fuchs, G. u. E. Stupperich, 1986: Carbon assimilation pathways in archaebacteria. System. Appl. Microbiol. **7**, 364–369.

Galchenko, V. F., Shishkina, V. N., Suzina, N. E. u. Yu. A. Trotsenko, 1977: Isolation and properties of new strains of obligate methanotrophs (russ.). Mikrobiologiya **46**, 890–897.

Galchenko, V. F., Shishkina, V. N., Tiurin, V. S. u. Yu. A. Trotsenko, 1975: Isolation of pure cultures of methanotrophic bacteria and their properties (russ.). Mikrobiologiya **44**, 844–850.

Garcia, J. L., 1974: Reduction de l'oxyde nitreux dans les sols de rizieres du Sènegal: mesure de l'activité denitrificante. Soil Biol. Biochem. **6**, 79–84.

Genthner, B. R. S., Davis, C. L. u. M. P. Bryant, 1981: Features of rumen and sewage sludge strains of *Eubacterium limosum*, a methanol- and H_2–CO_2-utilizing species. Appl. Environm. Microbiol. **42**, 12–19.

Geyh, M. A. u. R. Künzl, 1981: Methane in groundwater and its effect on ^{14}C groundwater dating. Journal of Hydrology **52**, 355–358.

Giani, D., Giani, L., Cohen, Y. u. W. E. Krumbein, 1984: Methanogenesis in the hypersaline Solar Lake (Sinai). FEMS Microbiol. Letters **25**, 219–224.

Gibson, S. A. u. J. M. Suflita, 1986: Extrapolation of biodegradation results to groundwater aquifers: reductive dehalogenation of aromatic compounds. Appl. Environm. Microbiol. **52**, 681–688.

Godsy, E. M., Goerlitz, D. F. u. G. G. Ehrlich, 1983: Methanogenesis of phenolic compounds by a bacterial consortium from a contaminated aquifer in St. Louis Park, Minnesota. Bull. Environm. Contamin. Toxicol. **30**, 261–268.

Godsy, E. M., Goerlitz, D. F. u. G. G. Ehrlich, 1986: Effects of pentachlorophenol on methanogenic fermentation of phenol. Bull. Environm. Contamin. Toxicol. **36**, 271–277.

Goodwin, S. u. J. G. Zeikus, 1987: Ecophysiological adaptations of anaerobic bacteria to low pH: analysis of anaerobic digestion in acidic bog sediments. Appl. Environm. Microbiol. **53**, 57–64.

Goosen, N. K., Horemans, A. M. C., Zwart, K. B., Stumm, C. K. u. G. D. Vogels, 1986:

Methanogenic bacteria in the anaerobic ciliat *Plagiopyla nasuta* STEIN. Antonie van Leeuwenhoek **52**, 356.

GORLATOV, S. N., GALCHENKO, V. F. u. V. G. TOKAREV, 1986: Microbial methane production in the Bering Sea sediments (russ.). Mikrobiologiya **55**, 490–495.

GRBIC-GALIC, D., 1983: Anaerobic degradation of coniferyl alcohol by methanogenic consortia. Appl. Environm. Microbiol. **46**, 1442–1446.

GRBIC-GALIC, D., 1986: Anaerobic production and transformation of aromatic hydrocarbons and substituted phenols by ferulic acid-degrading, BESA-inhibited methanogenic consortia. FEMS Microbiol. Ecology **38**, 161–169.

GRBIC-GALIC, D. u. L. Y. YONG, 1985: Methane fermentation of ferulate and benzoate: anaerobic degradation pathways. Appl. Environm. Microbiol. **50**, 292–297.

GRIFFITH, R. P., CALDWELL, B. A., BROICH, W. A. u. R. Y. MORITA, 1983: Microbial processes relating to carbon cycling in southeastern Bering Sea sediments. Mar. Ecol. Progr. Ser. **10**, 265–275.

GRIFFITH, R. P., CALDWELL, B. A., CLINE, J. D., BROICH, W. A. u. R. Y. MORITA, 1982: Field observations of methane concentrations and oxidation rates in the southeastern Bering Sea. Appl. Environm. Microbiol. **44**, 435–446.

GUNNARSSON, L. A. H. u. P. H. RÖNNOW, 1982: Interrelationships between sulfate reducing and methane producing bacteria in coastal sediments with intense sulfide production. Mar. Biol. **69**, 121–128.

HANSON, R. S., 1980: Ecology and diversity of methylotrophic organisms. Advances Appl. Microbiology **26**, 3–39.

HARRIS, J. E., PINN, P. A. u. P. R. DAVIS, 1984: Isolation and characterization of a novel thermophilic, freshwater methanogen. Appl. Environm. Microbiol. **48**, 1123–1128.

HARRITS, S. M. u. R. S. HANSON, 1980: Stratification of aerobic methane-oxidizing organisms in Lake Mendota, Madison, Wisconsin. Limnol. Oceanogr. **25**, 412–421.

HAUBOLD, R., 1977: Surface structures formed by two distinct strains of methane utilizing bacteria. In: SKRYABIN, G. K., IVANOV, M. V., KONDRATJEVA, E. N., ZAVARZIN, G. A., TROTSENKO, YU. A. u. A. I. NESTEROV, Microbial Growth on C_1-Compounds. Abstracts of the Second International Symposium, Pushchino, 21–22.

HAZEU, W., BATENBURG-VAN DER VEGTE, W. H. u. J. C. DE BRUYN, 1980: Some characteristics of *Methylococcus mobilis* sp. nov. Arch. Microbiol. **124**, 211–220.

HAZEU, W. u. P. J. STEENNIS, 1970: Isolation and characterization of two vibrio-shaped methane-oxidizing bacteria. Antonie van Leeuwenhoek **36**, 67–72.

HEALY, J. B. u. L. Y. YOUNG, 1978: Catechol and phenol degradation by a methanogenic population of bacteria. Appl. Environm. Microbiol. **35**, 216–218.

HEALY, J. B. u. L. Y. YOUNG, 1979: Anaerobic biodegradation of eleven aromatic compounds to methane. Appl. Environm. Microbiol. **38**, 84–89.

HEIJTHUIJSEN, J. H. F. G. u. T. A. HANSEN, 1986: Interspecies hydrogen transfer in cocultures of methanol-utilizing acidogens and sulfate-reducing or methanogenic bacteria. FEMS Microbiology Ecology **38**, 57–64.

HENSON, J. M., SMITH, P. H. u. D. C. WHITE, 1985: Examination of thermophilic methane-producing digesters by analysis of bacterial lipids. Appl. Environm. Microbiol. **50**, 1428–1433.

HEYER, J. u. H.-D. BABENZIEN, 1985: Untersuchungen des Methankreislaufes in einem oligotrophen See (Stechlinsee). Limnologica **16**, 267–276.

HEYER, J., MALASHENKO, YU. R., BERGER, U. u. E. BUDKOVA, 1984: Verbreitung methanotropher Bakterien. Zeitschr. Allg. Mikrobiol. **24**, 725–744.

HEYER, J. u. R. SUCKOW, 1985: Ökologische Untersuchungen der Methanoxydation in einem sauren Moorsee. Limnologica **16**, 247–266.

HIGGINS, I. J., BEST, D. J., u. R. C. HAMMOND, 1980: New findings in methane-utilizing bacteria highlight their importance in the biosphere and their commercial potential. Nature **286**, 561–564.

HIGGINS, I. J., BEST, D. J. u. D. SCOTT, 1982: Generation of products by methanotrophs. In: HOLLAENDER, A. Genetic engineering of microorganisms for chemicals. (ed.), Basic Life Science **19**, 383–402.

HINES, M. E. u. J. D. BUCK, 1982: Distribution of methanogenic and sulfate-reducing bacteria in near-shore marine sediments. Appl. Environm. Microbiol. **43**, 447–453.

HOLZAPFEL-PSCHORN, A., CONRAD, R. u. W. SEILER, 1986: Effects of vegetation on the emission of methane from submerged paddy soil. Plant and Soil **92**, 223–233.

HOLZAPFEL-PSCHORN, A., CONRAD, R. u. W. SEILER, 1985: Production, oxidation and emission of methane in rice paddies. FEMS Microbiol. Ecology **31**, 343–351.

HOU, C. T., LASKIN, A. J. u. R. N. PATEL, 1978: Growth and polysaccharide production by *Methylocystis parvus* OBBP on methanol. Appl. Environm. Microbiol. **37**, 800–804.

HOU, C. T., PATEL, R., LASKIN, A. I., BARNABE, N. u. I. MARCZAK, 1979: Microbial oxidation of gaseous hydrocarbons: production of methyl ketones from their corresponding secondary alcohols by methane- and methanol-grown microbes. Appl. Environm. Microbiol. **38**, 135–142.

HOWARD, D. L., FREA, J. I. u. R. M. PFISTER, 1971: The potential for methane-carbon cycling in Lake Erie. Proc. 14th Conf. Great Lakes Res., 236–240.

HUBER, H., THOMM, M., KÖNIG, H., THIES, G. u. K. O. STETTER, 1982: *Methanococcus thermolithotrophicus*, a novel thermophilic lithotrophic methanogen. Arch. Microbiol. **132**, 47–50.

HUNGATE, R. E., 1969: A roll tube method for cultivation of strict anaerobes. In: NORRIS, J. R. u. D. W. RIBBONS (eds.), Methods in Microbiology 3B. London, New York, 117–132.

HUNGATE, R. E., 1975: The rumen microbial ecosystem. Annual Review of Ecological Systematics **6**, 39–66.

HUSER, B. A., WUHRMANN, K. u. A. J. B. ZEHNDER, 1982: *Methanothrix soehngenii* gen. nov. sp. nov., a new acetotrophic non-hydrogen-oxidizing methane bacterium. Arch. Microbiol. **132**, 1–9.

HUTTON, W. E. u. C. E. ZOBELL, 1949: The occurrence and characteristics of methane-oxidizing bacteria in marine sediments. Journ. Bacteriol. **58**, 463–474.

INGVORSEN, K. u. T. D. BROCK, 1982: Electron flow via sulfate reduction and methanogenesis in the anaerobic hypolimnion of Lake Mendota. Limnol. Oceanogr. **27**, 559–564.

ISA, Z., GRUSENMEYER, S. u. W. VERSTRAETE, 1986: Sulfate reduction relative to methane production in high-rate anaerobic digestion: microbiological aspects. Appl. Environm. Microbiol. **51**, 580–587.

IVANOV, M. V., BELYAEV, S. S. u. K. S. LAURINAVICHUS, 1976: Methods of quantitative investigation of microbiological production and utilization of methane. In: SCHLEGEL, H. G.,

GOTTSCHALK, G. u. N. PFENNIG (eds.), Microbial Production and Utilization of Gases (H_2, CO, CH_4). Göttingen, 63–67.

IVANOV, M. V., BELYAEV, S. S., LAURINAVICHUS, K. S. u. B. B. NAMSARAEV, 1979: Microbial methane oxidation in underground waters of Nizhneye Povolzhye (russ.). Mikrobiologiya **48**, 133–135.

IVANOV, M. V., NESTEROV, A. I., NAMSARAEV, B. B., GALCHENKO, V. F. u. A. V. NAZARENKO, 1978. Distribution and geochemical activity of methanotrophic bacteria in the water of coal mines (russ.). Mikrobiologiya **47**, 489–494.

IVERSEN, N. u. T. H. BLACKBURN, 1981: Seasonal rates of methane oxidation in anoxic marine sediments. Appl. Environm. Microbiol. **41**, 1295–1300.

IVERSEN, N. u. B. B. JØRGENSEN, 1985: Anaerobic methane oxidation rates at the sulfate-methane transition in marine sediments from Kattegat and Skagerrak (Denmark). Limnol. Oceanogr. **30**, 944–955.

JAIN, M. K., THOMPSON, T. E., CONWAY DE MACARIO, E. u. J. G. ZEIKUS, 1987: Speciation of *Methanobacterium* strain IVANOV as *Methanobacterium ivanovii*, sp.nov. System. Appl. Microbiol. **9**, 77–82.

JANNASCH, H. W., 1975: Methane oxidation in Lake Kivu (Central Africa). Limnol. Oceanogr. **20**, 860–864.

JANSEN, K., THAUER, R. K., WIDDEL, F. u. G. FUCHS, 1984: Carbon assimilation pathways in sulfate reducing bacteria. Formate, carbon dioxide, carbon monoxide, and acetate assimilation by *Desulfovibrio baarsii*. Arch. Microbiol. **138**, 257–262.

JIA-YAN, L. u. ZI-YING, C., 1983: A new genus of bacteria. Acta Microbiologica Sinica **23**, 193–196.

JONES, J. G. u. B. M. SIMON, 1980: Decomposition processes in the profundal region of Blelham Tarn and the Lund Tubes. Journ. Ecology **68**, 493–512.

JONES, J. G. u. B. M. SIMON, 1981: Differences in microbial decomposition processes in profundal and littoral lake sediments, with particular reference to the nitrogen cycle. Journ. Gen. Microbiol. **123**, 297–312.

JONES, J. G., SIMON, B. M. u. S. GARDENER, 1982: Factors affecting methanogenesis and associated anaerobic processes in the sediment of a stratified eutrophic lake. Journ. Gen. Microbiol. **128**, 1–11.

JONES, W. J., LEIGH, J. A., MAYER, F., WOESE, C. R. u. R. S. WOLFE, 1983: *Methanococcus jannaschii* sp. nov., an extremely thermophilic methanogen from a submarine hydrothermal vent. Arch. Microbiol. **136**, 254–261.

JONES, W. J. u. M. J. B. PAYNTER, 1980: Populations of methane producing bacteria and in vitro methanogenesis in salt marsh and estuarine sediments. Appl. Environm. Microbiol. **39**, 864–871.

JONES, W. J., PAYNTER, M. J. B. u. R. GUPTA, 1983: Characterization of *Methanococcus maripaludis* sp. nov., a new methanogen isolated from salt marsh sediment. Arch. Microbiol. **135**, 91–97.

JØRGENSEN, B. B., 1977: The sulfur cycle of a coastal marine sediment (Limfjorden, Denmark). Limnol. Oceanogr. **22**, 814–832.

JOERGENSEN, L. u. H. DEGN, 1983: Mass spectrometric measurements of methane and oxygen utilization by methanotrophic bacteria. FEMS Microbiol. Letters **20**, 331 bis 335.

JUSSOFIE, A. u. G. GOTTSCHALK, 1986: Further studies on the distribution of cytochromes in methanogenic bacteria. FEMS Microbiol. Letters **37**, 15—18.

KANDLER, O., 1979: Zellwandstrukturen bei Methan-Bakterien. Naturwissenschaften **66**, 95—105.

KAISER, J.-P. u. K. W. HANSELMANN, 1982: Anaerobic degradation and conversion of methoxylated and hydroxylated benzoic acid derivatives by bacterial communities. Experientia **38**, 1379.

KASERER, H., 1906: Ueber die Oxydation des Wasserstoffes und des Methans durch Mikroorganismen. Centralbl. Bakteriol. Parasitenk. II. Abt. **15**, 573—576.

KELLY, C. A. u. D. P. CHYNOWETH, 1979: Methanogenesis: a measure of chemoorganotrophic (heterotrophic) activity in anaerobic lake sediments. In: COSTERTON, J. W. u. R. R. COLWELL (eds.), Native Aquatic Bacteria: Enumeration, Activity, and Ecology. ASTM STP 695. Philadelphia, 164—179.

KELLY, C. A. u. D. P. CHYNOWETH, 1980: Comparison of in situ and in vitro rates of methane release in freshwater sediments. Appl. Environm. Microbiol. **40**, 287—293.

KELLY, C. A. u. D. P. CHYNOWETH, 1981: The contributions of temperature and of the input of organic matter in controlling rates of sediment methanogenesis. Limnol. Oceanogr. **26**, 891—897.

KELLY, C. A., RUDD, J. W. M., FURUTANI, A. u. D. W. SCHINDLER, 1984: Effects of lake acidification on rates of organic matter decomposition in sediments. Limnol. Oceanogr. **29**, 687—694.

KEMP, M. B. u. J. R. QUAYLE, 1967: Microbial growth on C_1-compounds. Uptake of (^{14}C)-formaldehyde and (^{14}C)-formate by methane grown *Pseudomonas methanica* and determination of the hexose labelling pattern after brief incubation with (^{14}C)-methanol. Biochem. Journ. **102**, 94—102.

KERSTEN, D. K., 1964: Behavior of hydrocarbon oxidizing mycobacteria towards various carbon sources (russ.). Mikrobiologiya **33**, 31—37.

KING, G. M., 1984: Utilization of hydrogen, acetate, and "noncompetitive" substrates by methanogenic bacteria in marine sediments. Geomicrobiology Journal **3**, 275—306.

KING, G. M., KLUG, M. J. u. D. R. LOVLEY, 1983: Metabolism of acetate, methanol, and methylated amines in intertidal sediments of Lowes Cove, Maine. Appl. Environm. Microbiol. **45**, 1848—1853.

KING, G. M. u. W. J. WIEBE, 1978: Methane release from soils of a Georgia salt marsh. Geochim. Cosmochim. Acta **42**, 343—348.

KIRSOP, B. H., 1984: Methanogenesis. CRC Critical Reviews in Biotechnology **1**, 109 bis 159.

KLASS, D. L., 1984: Methane from anaerobic fermentation. Science **223**, 1021—1028.

KLEMPS, R., CYPIONKA, H., WIDDEL, F. u. N. PFENNIG, 1985: Growth with hydrogen, and further physiological characteristics of *Desulfotomaculum* species. Arch. Microbiol. **143**, 203—208.

KÖNIG, H., 1984: Isolation and characterization of *Methanobacterium uliginosum* sp. nov. from a marshy soil. Canad. Journ. Microbiol. **30**, 1477—1481.

KÖNIG, H., KRALIK, R. u. O. KANDLER, 1982: Structure and modifications of pseudomurein in *Methanobacteriales*. Zbl. Bakt. Hyg., I. Abt. Orig. **C 3**, 179—191.

KÖNIG, H. u. K. O. STETTER, 1982: Isolation and characterization of *Methanolobus tindarius*, sp. nov., a coccoid methanogen growing only on methanol and methylamines. Zbl. Bakt. Hyg., I. Abt. Orig. **C 3**, 478–490.

KÖNIG, H. u. K. O. STETTER, 1986: Studies on archaebacterial S-layers. System. Appl. Microbiol. **7**, 300–309.

KOSIUR, D. R. u. A. L. WARFORD, 1979: Methane production and oxidation in Santa Barbara Basin sediments. Estuarine and Coastal Marine Science **8**, 379–385.

KOYAMA, T., 1962: Gaseous metabolism in lake sediments and paddy soils. In: COLUMBO, U. u. G. D. HOBSON (eds.), Advances in organic Geochemistry. New York, 363–375.

KOYAMA, T., 1963: Gaseous metabolism in lake sediments and paddy soils and production of atmospheric methane and hydrogen. Journ. Geophysical Research **68**, 3971–3973.

KOYAMA, T., 1964: Biogeochemical studies on lake sediments and paddy soils in the production of atmospheric methane and hydrogen. In: MIYAKA, Y. u. T. KOYAMA (eds.), Recent Researches in the Fields of Hydrosphere, Atmosphere and Nuclear Geochemistry, Murucen, 143–177.

KOYAMA, T. 1981: Estimation of decomposition rate for organic matter in a lacustrine sediment in terms of methane fermentation. Verh. Internat. Verein. Limnol. **21**, 1386 bis 1392.

KREISL, P. u. O. KANDLER, 1986: Chemical structure of the cell wall polymer of *Methanosarcina*. System. Appl. Microbiol. **7**, 293–299.

KRIEG, N. R. u. J. G. HOLT (eds.), 1984: Bergey's Manual of Systematic Bacteriology Vol. 1., Baltimore, London.

KRUMHOLZ, L. R. u. M. P. BRYANT, 1985: *Clostridium pfennigii* sp. nov. uses methoxy groups of monobenzenoids and produces butyrate. Internat. Journ. System. Bacteriol. **35**, 454–456.

KRUMHOLZ, L. R. u. M. P. BRYANT, 1986: *Eubacterium oxidoreducens* sp. nov. requiring H_2 or formate to degrade gallate, pyrogallol, phloroglucinol and quercetin. Arch. Microbiol. **144**, 8–14.

KRZYCKI, J. A., LEHMAN, L. J. u. J. G. ZEIKUS, 1985: Acetate catabolism by *Methanosarcina barkeri*: evidence for involvement of carbon monoxide dehydrogenase, methyl coenzyme M, and methyl reductase. Journ. Bacteriol. **163**, 1000–1006.

KÜHN, W., FIEBIG, K., HIPPE, H., MAH, R. A., HUSER, B. A. u. G. GOTTSCHALK, 1983: Distribution of cytochromes in methanogenic bacteria. FEMS Microbiol. Letters **20**, 407–410.

KUZNETSOV, S. I., 1966: Mikrobiologie der Erdöllagerstätten. In: MALEK, I. u. W. SCHWARTZ (eds.), Vorträge des Internationalen Symposiums „Erdölmikrobiologie". Abh. der DAW, Klasse für Chemie, Geologie und Biologie, Berlin, 173–181.

LAMONTAGNE, R. A., SWINNERTON, J. W., LINNENBOM, V. J. u. W. D. SMITH, 1973: Methane concentrations in various marine environments. Journ. Geophysical Research **78**, 5317–5324.

LANGWORTHY, T. A., TORNABENE, T. G. u. G. HOLZER, 1982: Lipids of archaebacteria. Zbl. Bakt. Hyg., I. Abt. Orig. **C 3**, 228–244.

LAUERER, G., KRISTJANSSON, J. K., LANGWORTHY, T. A., KÖNIG, H. u. K. O. STETTER, 1986: *Methanothermus sociabilis sp.* nov., a second species within the *Methanothermaceae* growing at 97 °C. System. Appl. Microbiol. **8**, 100–105.

LAWRENCE, A. J. u. J. R. QUAYLE, 1970: Alternative carbon assimilation pathways in methane-utilizing bacteria. Journ. Gen. Microbiol. **63**, 371–374.

LEADBETTER, R. E. u. J. W. FOSTER, 1958: Studies on some methane-utilizing bacteria. Arch. Mikrobiol. **30**, 91–118.

LEIGH, J. A., MAYER, F. u. R. S. WOLFE, 1981: *Acetogenium kivui*, a new thermophilic hydrogen-oxidizing acetogenic bacterium. Arch. Microbiol. **129**, 275–280.

LEIGH, J. A., RINEHART, K. L. u. R. S. WOLFE, 1984: Structure of methanofuran, the carbon dioxide reduction factor of *Methanobacterium thermoautotrophicum*. Journ. Am. Chem. Soc. **106**, 3636–3640.

LEIN, A. YU., NAMSARAEV, B. B., TROTSYUK, V. YA. u. M. V. IVANOV, 1981: Bacterial methanogenesis in holocene sediments of the Baltic Sea. Geomicrobiology Journal **2**, 299–315.

LIDSTROM, M. E., 1983: Methane consumption in Framvaren, an anoxic marine fjord. Limnol. Oceanogr. **28**, 1247–1251.

LIDSTROM-O'CONNOR, M. E., FULTON, G. L. u. A. E. WOPAT, 1983: '*Methylobacterium ethanolicum*': a syntrophic association of two methylotrophic bacteria. Journ. Gen. Microbiol. **129**, 3139–3148.

LIDSTROM, M. E. u. L. SOMERS, 1984: Seasonal study of methane oxidation in Lake Washington. Appl. Environm. Microbiol. **47**, 1255–1260.

LILLEY, M. D., BAROSS, J. A. u. L. I. GORDON, 1982: Dissolved hydrogen and methane in Saanich Inlet, British Columbia. Deep-Sea Research **29**, 1471–1484.

LIPSCHULTZ, F., 1981: Methane release from a brackish intertidal salt-marsh embayment of Chesapeake Bay, Maryland. Estuaries **4**, 143–145.

LJUNGDAHL, L. G., 1986: The autotrophic pathway of acetate synthesis in acetogenic bacteria. Ann. Rev. Microbiol. **40**, 415–450.

LOPATIK, M. D., 1964: Studium der Fähigkeit von Mykobakterien, Kohlenwasserstoffe zu oxydieren (russ.). Mikrobiologiya **33**, 236–238.

LOROWITZ, W. H. u. M. P. BRYANT, 1984: *Peptostreptococcus productus* strain that grows rapidly with CO as the energy source. Appl. Environm. Microbiol. **47**, 961–964.

LOVLEY, D. R., DWYER, D. F. u. M. J. KLUG, 1982: Kinetic analysis of competition between sulfate reducers and methanogens for hydrogen in sediments. Appl. Environm. Microbiol. **43**, 1373–1379.

LOVLEY, D. R., GREENING, R. C. u. J. G. FERRY, 1984: Rapidly growing rumen methanogenic organisms that synthesizes coenzyme M and has a high affinity for formate. Appl. Environm. Microbiol. **48**, 81–87.

LOVLEY, D. R. u. M. J. KLUG, 1983: Sulfate reducers can outcompete methanogens at freshwater sulfate concentrations. Appl. Environm. Microbiol. **45**, 187–192.

LYNCH, M. J., WOPAT, A. E. u. M. L. O'CONNOR, 1980: Characterization of two new facultative methanotrophs. Appl. Environm. Microbiol. **40**, 400–407.

MAH, R. A., 1980: Isolation and characterization of *Methanococcus mazei*. Current Microbiol. **3**, 321–326.

MAH, R. A., 1982: Methanogenesis and methanogenic partnerships. Phil. Trans. Royal Soc. Lond. **B 297**, 599–616.

MALASHENKO, YU. R., ROMANOVSKAYA, V. A., BOGACHENKO, V. N. u. A. D. SHVED, 1975:

Thermophilic and thermotolerant bacteria assimilating methane (russ.). Mikrobiologiya **44**, 855–862.

MALASHENKO, YU. R., ROMANOVSKAYA, V. A. u. E. I. KVASNIKOV, 1972: Taxonomy of bacteria utilizing gaseous hydrocarbons (russ.). Mikrobiologiya **41**, 871–879.

MALASHENKO, YU. R., ROMANOVSKAYA, V. A. u. YU. A. TROTSENKO, 1978: Methanoxydierende Mikroorganismen (russ.). Verlag Nauka. Moskau.

MARTENS, C. S., 1974: A method for measuring dissolved gases in pore waters. Limnol. Oceanogr. **19**, 525–530.

MARTENS, C. S. u. R. A. BERNER, 1974: Methane production in the interstitial waters of sulfate-depleted marine sediments. Science **185**, 1167–1169.

MARTENS, C. S. u. R. A. BERNER, 1977: Interstitial water chemistry of Long Island Sound sediments. I. Dissolved gases. Limnol. Oceanogr. **22**, 10–25.

MARTY, D. G., 1985: Description of four mesophilic methanogenic bacteria isolated from marine and paddy-field soils. C. R. Acad. Sc. Paris, t. 301, Serie III, **3**, 57–58.

MATHRANI, I. M. u. D. R. BOONE, 1985: Isolation and characterization of moderately halophilic methanogen from a solar saltern. Appl. Environm. Microbiol. **50**, 140–143.

MCINERNEY, M. J. u. M. P. BRYANT, 1981: Anaerobic degradation of lactate by syntrophic association of *Methanosarcina barkeri* and *Desulfovibrio* species and effect of H_2 on acetate degradation. Appl. Environm. Microbiol. **41**, 346–354.

MCINERNEY, M. J., BRYANT, M. P., HESPELL, R. B. u. J. W. COSTERTON, 1981: *Syntrophomonas wolfei* gen. nov. sp. nov., an anaerobic, syntrophic, fatty acid-oxidizing bacterium. Appl. Environm. Microbiol. **41**, 1029–1039.

MEINHOLD, R. u. H. PÄTZ, 1978: Erdöl- und Erdgas – vom Plankton bis zur Pipeline. Leipzig, S. 54–59.

MIKESELL, M. D. u. S. A. BOYD, 1986: Complete reductive dechlorination and mineralization of pentachlorophenol by anaerobic microorganisms. Appl. Environm. Microbiol. **52**, 861–865.

MILLER, T. L. u. M. J. WOLIN, 1982: Enumeration of Methanobrevibacter smithii in human feces. Arch. Microbiol. **131**, 14–18.

MILLER, T. L. u. M. J. WOLIN, 1985: *Methanosphaera stadtmaniae* gen. nov., sp. nov.: a species that forms methane by reducing methanol with hydrogen. Arch. Microbiol. **141**, 116–112.

MILLER, T. L. u. M. J. WOLIN, 1986: Methanogens in human and animal intestinal tracts. System. Appl. Microbiol. **7**, S. 223–229.

MILLER, T. L., WOLIN, M. J., HONGXUE, Z. u. M. P. BRYANT, 1986. Characteristics of methanogens isolated from bovine rumen. Appl. Environm. Microbiol. **51**, S. 201–202.

MOENS, W.-I., 1957: Untersuchungen über den Schlamm und die Gasbildung in den Amsterdamer Grachten in den Jahren 1929 bis 1931. Hydrobiologia **9**, 13–24.

MÖLLER, B., OSSMER, R., HOWARD, B. H., GOTTSCHALK, G. u. H. HIPPE, 1984. *Sporomusa*, a new genus of gram negative anaerobic bacteria including *Sporomusa sphaeroides* spec. nov. and *Sporomusa ovata* spec. nov. Arch. Microbiol. **139**, 388–396.

MORII, H., NISHIHARA, M. u. Y. KOGA, 1983: Isolation, characterization and physiology of a new formate-assimilable methanogenic strain (A 2) of *Methanobrevibacter arboriphilus*. Agr. Biol. Chem. **47**, 2781–2789.

MORINAGA, Y., YAMANAKA, S., OTSUKA, S. u. Y. HIROSE, 1976: Characteristics of a newly isolated methane oxidizing bacterium, *Methylomonas flagellata* nov. sp. Agric. Biol. Chem. **40**, 1539–1545.

MOULIK, T. K., 1985: The biogas program in India and China. Ambio **14**, 288–292.

MOUNTFORT, D. O., ASHER, R. A., MAYS, E. L. u. J. M. TIEDJE, 1980: Carbon and electron flow in mud and sandflat intertidal sediments at Delaware Inlet, Nelson, New Zealand. Appl. Environm. Microbiol. **39**, 686–694.

MOUNTFORT, D. O., BRULLA, W. J., KRUMHOLZ, L. R. u. M. P. BRYANT, 1984: *Syntrophus bushwellii* gen. nov., spec. nov.: a benzoate catabolizer from methanogenic ecosystem. Internat. Journ. System. Bacteriol. **34**, 216–217.

MÜLLER, D., 1978: Gefährdung von Wasserbauwerken durch Methan. Wasserwirtschaft **68**, 86–91.

MÜNZ, E., 1915: Zur Physiologie der Methanbakterien. Dissertation, Halle, Friedrichs Universität.

MYLROIE, R. L. u. R. E. HUNGATE, 1954: Experiments on the methane bacteria in sludge. Canad. Journ. Microbiol. **1**, 55–64.

NANNINGA, H. J. u. J. C. GOTTSCHAL, 1986: Isolation of a sulfate-reducing bacterium growing with methanol. FEMS Microbiology Ecology **38**, 125–130.

NAZINA, T. N., 1984: Cenoses of methane-producing bacteria from the Apsheron oil formation (russ.). Mikrobiologiya **53**, 149–155.

NECHAEVA, N. B., 1949: Two species of methane-oxidizing bacteria (russ.). Mikrobiologiya **18**, 310–317.

NESTEROV, A. I. u. M. V. IVANOV, 1983: Ökologie methanotropher Bakterien (russ.). Uspechi mikrobiologii **18**, 3–18.

NESTEROV, A. I., IVANOV, M. V. u. E. M. MOSKALENKO, 1977: Utilization of methanotrophic bacteria to decrease natural gas content of coal-beds. In: SKRYABIN, G. K., IVANOV, M. V., KONDRATJEVA, E. N., ZAVARZIN, G. A., TROTSENKO, YU. A. u. A. I. NESTEROV (eds.), Microbial Growth on C_1-Compounds. Abstracts of the Second International Symposium, Pushchino, 217–218.

NESTEROV, A. I. u. A. V. NAZARENKO, 1975: Activity of methane-oxidizing bacteria in the adsorbed state (russ.). Mikrobiologiya **44**, 851–854.

NISHIO, N., EGUCHI, S. Y., RYUNO, K., KAWASHIMA, H. u. S. NAGAI, 1983: Isolation of a formate-utilizing methanogenic bacterium by a chemostat culture technique. Journ. Ferment. Technol. **61**, 437–441.

NOTTINGHAM, P. M. u. R. E. HUNGATE, 1969: Methanogenic fermentation of benzoate. Journ. Bacteriol. **98**, 1170–1172.

NOZHEVNIKOVA, A. N. u. V. I. CHUDINA, 1984: The morphology of the thermophilic acetate methanogenic bacterium *Methanothrix thermoacetophila* n. sp. (russ.). Mikrobiologiya **53**, 756–760.

OBRAZTSOVA, A. YA., SHIPIN, O. V., BEZRUKOVA, L. V. u. S. S. BELYAEV, 1987: Characteristics of the coccoid methylotrophic methanogenic organism *Methanococcoides euhalobius* sp. nov. (russ.). Mikrobiologiya **56**, 661–665.

OHLE, W., 1958: Die Stoffwechseldynamik der Seen in Abhängigkeit von der Gasausscheidung ihres Schlammes. Vom Wasser **25**, 127–149.

OHLE, W., 1968: Chemische und mikrobiologische Aspekte des biogenen Stoffhaushaltes der Binnengewässer. Mitt. Internat. Verein. Limnol. **14**, 122–133.

OLLIVIER, B. M., CORDRUWISH, R., LOMBARDO, A. u. J.-L. GARCIA, 1985: Isolation and characterization of *Sporomusa acidovorans* sp. nov., a methylotrophic homoacetogenic bacterium. Arch. Microbiol. **142**, 307–310.

OLLIVIER, B. M., MAH, R. A., GARCIA, J. L. u. D. R. BOONE, 1986: Isolation and characterization of *Methanogenium bourgense* sp. nov. Internat. Journ. System. Bacteriol. **36** 297–301.

OLLIVIER, B. M., MAH, R. A., GARCIA, J. L. u. R. ROBINSON, 1985: Isolation and characterization of *Methanogenium aggregans* sp. nov. Internat. Journ. System. Bacteriol. **35**, 127–130.

OLSON, G. J., DOCKINS, W. S., MC FETERS, G. A. u. W. P. IVERSON, 1981: Sulfate-reducing and methanogenic bacteria from deep aquifers in Montana. Geomicrobiol. Journal **2**, 327 bis 340.

OMELIANSKI, W., 1906: Ueber Methanbildung in der Natur bei biologischen Prozessen. Centralbl. Bakteriol. Parasitenk. II. Abt. **15**, 673–687.

OREMLAND, R. S., 1979: Methanogenic activity in plankton samples and fish intestine: a mechanism for in situ methanogenesis in oceanic surface waters. Limnol. Oceanogr. **24**, 1136–1141.

OREMLAND, R. S., MARSH, L. M. u. S. POLCIN, 1982: Methane production and simultaneous sulphate reduction in anoxic, salt marsh sediments. Nature **296**, 143–145.

OREMLAND, R. S., MARSH, L. u. D. J. DES MARAIS, 1982: Methanogenesis in Big Soda Lake, Nevada: an alkaline, moderately hypersaline desert lake. Appl. Environm. Microbiol. **43**, 462–468.

OREMLAND, R. S. u. S. POLCIN, 1982: Methanogenesis and sulfate reduction: competitive and noncompetitive substrates in estuarine sediments. Appl. Environm. Microbiol. **44**, 1270–1276.

OREMLAND, R. S. u. B. F. TAYLOR, 1978: Sulfate reduction and methanogenesis in marine sediments. Geochim. Cosmochim. Acta **42**, 209–214.

PANGANIBAN, A. T., PATT, T. E., HART, W. u. R. S. HANSON, 1979: Oxidation of methane in the absence of oxygen in lake water samples. Appl. Environm. Microbiol. **37**, 303–309.

PANKHURST, E. S., 1983: The prospects for biogas – a european point of view. Biomass **3**, 1–42.

PATEL, G. B., 1984: Characterization and nutritional properties of *Methanothrix concilii* sp. nov., a mesophilic, aceticlastic methanogen. Canad. Journ. Microbiol. **30**, 1383–1396.

PATEL, R. N., HOU, C. T. u. A. FELIX, 1978: Microbial oxidation of methane and methanol: isolation of methane-utilizing bacteria and characterization of a facultative methane-utilizing isolate. Journ. Bacteriol. **136**, 352–358.

PATEL, R. N., HOU, C. T., LASKIN, A. I. u. A. FELIX, 1982: Microbial oxidation of hydrocarbons: Properties of a soluble methane monooxygenase from a facultative methane-utilizing organism, *Methylobacterium* sp. strain CRL-26. Appl. Environm. Microbiol. **44**, 1130–1137.

PATEREK, J. R. u. P. H. SMITH, 1985: Isolation and characterization of a halophilic methanogen from Great Salt Lake. Appl. Environm. Microbiol. **50**, 877–881.

PATTERSON, J. A. u. R. B. HESPELL, 1979: Trimethylamine and methylamine as growth substrates for rumen bacteria and *Methanosarcina barkeri*. Curr. Microbiol. **3**, 79–83.

PATT, T E., COLE, G. C., BLAND, J. u. R. S. HANSON, 1974: Isolation and characterization of bacteria that grow on methane and organic compounds as sole sources of carbon and energy. Journ. Bacteriol. **120**, 955–964.

PATT, T. E., COLE, G. C. u. R. S. HANSON, 1976: *Methylobacterium*, a new genus of facultatively methylotrophic bacteria. Internat. Journ. System. Bacteriol. **26**, 226–229.

PAYNTER, M. J. B. u. R. E. HUNGATE, 1968: Characterization of *Methanobacterium mobilis*, sp. n., isolated from bovine rumen. Journ. Bacteriol. **95**, 1943–1951.

PEDERSEN, D. u. G. S. SAYLER, 1981: Methanogenesis in freshwater sediments: inherent variability and effects of environmental contaminants. Canad. Journ. Microbiol. **27**, 198 bis 205.

PEREZ-FILLOL, M., RODRIGUEZ-VALERA, F. u. J. G. FERRY, 1985: Isolation of methanogenic bacteria able to grow in high salt concentration. Microbiologia **1**, 29–33 SEM.

PFALTZ, A., JAUN, B., FÄSSLER, A., ESCHENMOSER, A., JAENCHEN, R., GILLES, H. H., DIEKERT, G. u. R. K. THAUER, 1982: Zur Kenntnis des Faktors F_{430} aus methanogenen Bakterien: Struktur des porphinoiden Ligandensystems. Helvet. Chim. Acta **65**, 828–865.

PHELPS, T. J., CONRAD, R. u. J. G. ZEIKUS, 1985: Sulfate-dependent interspecies H_2 transfer between *Methanosarcina barkeri* and *Desulfovibrio vulgaris* during coculture metabolism of acetate or methanol. Appl. Environm. Microbiol. **50**, 589–594.

PHELPS, T. J. u. J. G. ZEIKUS, 1984: Influence of pH on terminal carbon metabolism in anoxic sediments from a mildly acidic lake. Appl. Environm. Microbiol. **48**, 1088–1095.

PHELPS, T. J. u. J. G. ZEIKUS, 1985: Effect of fall turnover on terminal carbon metabolism in Lake Mendota sediments. Appl. Environm. Microbiol. **50**, 1285–1291.

PRINS, R. A., 1979: Methanogenesis in the gastrointestinal tract of ruminants and man. Antonie van Leeuwenhoek **45**, 339–345.

RASMUSSEN, R. A. u. M. A. K. KHALIL, 1983: Global production of methane by termites. Nature 301, 704–705.

RASMUSSEN, R. A. u. M. A. K. KKALIL, 1984. Atmospheric methane in the recent and ancient atmospheres: concentrations, trends and interhemispheric gradient. J. Geophys. Res. **89**, 11599–11605.

REEBURGH, W. S., 1976: Methane consumption in Cariaco Trench waters and sediments. Earth and Planetary Science Letters **28**, 337–344.

REEBURGH, W. S. u. D. T. HEGGIE, 1977: Microbial methane consumption reactions and their effect on methane distributions in freshwater and marine environments. Limnol. Oceanogr. **22**, 1–9.

REED, W. M. u. P. R. DUGAN, 1979: Study of developmental stages of *Methylosinus trichosporium* with the aid of fluorescent-antibody staining techniques. Appl. Environm. Microbiol. **38**, 1179–1183.

REED, W. M., TITUS, J. A., DUGAN, P. R. u. R. M. PFISTER, 1980: Structure of *Methylosinus trichosporium* exospores. Journ. Bacteriol. **141**, 908–913.

RIVARD, C. J., HENSON, J. M., THOMAS, M. V. u. P. H. SMITH, 1983: Isolation and characterization of *Methanomicrobium paynteri* sp. nov., a mesophilic methanogen from marine sediments. Appl. Environm. Microbiol. **46**, 484–490.

RIVARD, C. J. u. P. H. SMITH, 1982: Isolation and characterization of a thermophilic marine methanogenic bacterium, *Methanogenium thermophilicum* sp. nov. Internat. Journ. System. Bacteriol. **32**, 430–436.

ROBERTSON, C. K., 1979: Quantitative comparison of the significance of methanogenesis in the carbon cycle of two lakes. Archiv f. Hydrobiologie Beih. Ergebn. Limnol. **12**, 123 bis 135.

Romanovskaya, V. A., Malashenko, Yu. R. u. V. N. Bogachenko, 1978: Corrected diagnoses of genera and species of methane assimilating bacteria (russ.). Mikrobiologiya **47**, 120–130.

Romesser, J. A., Wolfe, R. S., Mayer, F., Spiess, E. u. A. Walther-Mauruschat, 1979: *Methanogenium*, a new genus of marine methanogenic bacteria, and characterization of *Methanogenium cariaci* sp. nov. and *Methanogenium marisnigri* sp. nov. Arch. Microbiol. **121**, 147–153.

Rose, C. S. u. S. J. Pirt, 1981: Conversion of glucose to fatty acids and methane: roles of two mycoplasmal agents. Journ. Bacteriol. **147**, 248–254.

Roy, F., Samain, E., Dubourguier, H. C. u. G. Albagnac, 1986: *Syntrophomonas saporans* sp. nov., a new obligately proton reducing anaerobe oxidizing saturated and unsaturated long chain fatty acids. Arch. Microbiol. **145**, 142–147.

Rudd, J. W. M., 1980: Methane oxidation in Lake Tanganyika (East Africa). Limnol. Oceanogr. **25**, 958–963.

Rudd, J. W. M., Furutani, A., Flett, R. J. u. R. D. Hamilton, 1976: Factors controlling methane oxidation in shield lakes: the role of nitrogen fixation and oxygen concentration. Limnol. Oceanogr. **21**, 357–364.

Rudd, J. W. M. u. R. D. Hamilton, 1975: Factors controlling rates of methane oxidation and the distribution of the methane oxidizers in a small stratified lake. Arch. Hydrobiol. **75**, 522–538.

Rudd, J. W. M. u. R. D. Hamilton, 1978: Methane cycling in a eutrophic shield lake and its effects on whole lake metabolism. Limnol. Oceanogr. **23**, 337–348.

Rudd, J. W. M. u. R. D. Hamilton, 1979: Methane cycling in Lake 227 in perspective with some components of carbon and oxygen cycles. Arch. Hydrobiol. Beih. Ergebn. Limnol. **12**, 115–122.

Rudd, J. W. M., Hamilton, R. D. u. N. E. R. Campbell, 1974: Measurement of microbial oxidation of methane in lake water. Limnol. Oceanogr. **19**, 519–524.

Rudd, J. W. M. u. C. D. Taylor, 1980: Methane cycling in aquatic environments. Advances Aquatic Microbiol. **2**, 77–150.

Rühlemann, M., Ziegler, K., Stupperich, E. u. G. Fuchs, 1985: Detection of acetyl coenzyme A as an early CO_2 assimilation intermediate in *Methanobacterium*. Arch. Microbiol. **141**, 399–406.

Sahm, H., Brunner, M. u. S. M. Schoberth, 1986: Anaerobic degradation of halogenated aromatic compounds. Microbial Ecology **12**, 147–153.

Sansone, F. J. u. C. S. Martens, 1978: Methane oxidation in Cape Lookout Bight, North Carolina. Limnol. Oceanogr. **23**, 349–355.

Sansone, F. J. u. C. S. Martens, 1981: Methane production from acetate and associated methane fluxes from anoxic coastal sediments. Science **211**, 707–709.

Saralov, A. I., 1979: Gas chromatographic assay of the rate of microbial methane oxidation in water reservoirs (russ.). Mikrobiologiya **48**, 125–128.

Saralov, A. I., Krylova, I. N., Saralova, E. E. u. S. I. Kuznetsov, 1984: The distribution and species composition of methane-oxidizing bacteria in lake water (russ.). Mikrobiologiya **53**, 837–842.

SCHAUDER, R., EIKMANNS, B., THAUER, R. K., WIDDEL, F. u. G. FUCHS, 1986: Acetate oxidation to CO_2 in anaerobic bacteria via a novel pathway not involving reactions of the citric acid cycle. Arch. Microbiol. **145**, 162–172.

SCHERER, R. A. u. H. P. BOCHEM, 1983: Ultrastructural investigation of 12 Methanosarcinae and related species grown on methanol for occurrence of polyphosphatelike inclusions. Canad. Journ. Microbiol. **29**, 1190–1199.

SCHINK, B., 1984: *Clostridium magnum* spec. nov., a non-autotrophic homoacetogenic bacterium. Arch. Microbiol. **137**, 250–255.

SCHINK, B., 1985: Degradation of unsaturated hydrocarbons by methanogenic enrichment cultures. FEMS Microbiol. Ecology **31**, 69–77.

SCHINK, B., WARD, J. C. u. J. G. ZEIKUS, 1981: Microbiology of wetwood: role of anaerobic bacterial populations in living trees. Journ. Gen. Microbiol. **123**, 313–322.

SCHMALJOHANN, R. u. H. J. FLÜGEL, 1987: Methane-oxidizing bacteria in *Pogonophora*. Sarsia **72**, 91–98.

SCHMID, K., THOMM, M., LAMINET, A., LAUE, F. G., KESSLER, C., STETTER, K. O. u. R. SCHMITT, 1984: Three new restriction endonucleases Mae I, Mae II and Mae III from *Methanococcus aeolicus*. Nucleic Acid Research **12**, 2619–2628.

SCHNELLEN, C. G. T. P., 1947: Onderzoekingen over De Methaangisting. Dissertation, Technical University of Delft, Delft, The Netherlands.

SCHOELL, M., 1980: The hydrogen and carbon isotopic composition of methane from natural gases of various origins. Geochim. Cosmochim. Acta **44**, 649–661.

SCHWEISFURTH, R. u. A. RUF, 1976: Untersuchungen über das Vorkommen von methanoxydierenden Bakterien in Trinkwasserversorgungsanlagen. Gwf-Wasser/Abwasser **117**, 313–318.

SCOTT, D., BRANNAN, J. u. I. J. HIGGINS, 1981: The effect of growth conditions on intracytoplasmic membranes and methane mono-oxygenase activities in *Methylosinus trichosporium* OB3b. Journ. Gen. Microbiol. **125**, 63–72.

SCRANTON, M. I. u. P. G. BREWER, 1977: Occurrence of methane in the near-surface waters of the western subtropical North-Atlantic. Deep-Sea Research **24**, 127–138.

SCRANTON, M. I. u. P. G. BREWER, 1978: Consumption of dissolved methane in the deep ocean. Limnol. Oceanogr. **23**, 1207–1213.

SCRANTON, M. I. u. J. W. FARRINGTON, 1977: Methane production in the waters off Walvis Bay. Journ. Geophysical Research **82**, 4947–4953.

SEILER, W., 1984: Contribution of biological processes to the global budget of CH_4 in the atmosphere. In: KLUG, M. J. u. C. A. REDDY (eds.), Current perspectives in microbial ecology. Washington, 468–477.

SEILER, W., CONRAD, R. u. D. SCHARFFE, 1984: Field studies of methane emission from termite nests into the atmosphere and measurements of methane uptake by tropical soils. Journal of Atmospheric Chemistry **1**, 171–186.

SENIOR, E., LINDSTRÖM, E. B., BANAT, I. M. u. D. B. NEDWELL, 1982: Sulfate reduction and methanogenesis in the sediment of a saltmarsh on the east coast of the United Kingdom. Appl. Environm. Microbiol. **43**, 987–996.

SHELTON, D. R. u. J. M. TIEDJE, 1984: General method for determining anaerobic biodegradation potential. Appl. Environm. Microbiol. **47**, 850–857.

SHELTON, D. R. u. J. M. TIEDJE, 1984: Isolation and partial characterization of bacteria in an anaerobic consortium that mineralizes 3-chlorobenzoic acid. Appl. Environm. Microbiol. **48**, 840–848.

SHLOMI, E. R., LANKHORST, A. u. R. A. PRINS, 1978: Methanogenic fermentation of benzoate in an enrichment culture. Microbial. Ecology **4**, 249–261.

SIEBERT, M. L. u. W. H. J. HATTINGH, 1967: Estimation of methane-producing bacterial numbers by the most probable number (MPN) technique. Water Research **1**, 13–19.

SIEBERT, M. L., TOERIEN, D. F. u. W. H. J. HATTINGH, 1968: Enumeration studies on methanogenic bacteria. Water Research **2**, 545–554.

SIEBURTH, J. M., JOHNSON, P. W., EBERHARDT, M. A., SIERACKI, M. E., LIDSTROM, M. u. D. LAUX, 1987: The first methane-oxidizing bacterium from the upper mixing layer of the deep ocean: *Methylomonas pelagica* sp. nov. Current. Microbiol. **14**, 285–293.

SLEAT, R., MAH, R. A. u. R. ROBINSON, 1985: *Acetoanaerobium noterae* gen. nov., sp. nov.: an anaerobic bacterium that forms acetate from H_2 and CO_2. Internat. Journ. System. Bacteriol. **35**, 10–15.

SLEAT, R. u. J. P. ROBINSON, 1983: Methanogenic degradation of sodium benzoate in profundal sediments from a small eutrophic lake. Journ. Gen. Microbiol. **129**, 141–152.

SMITH, P. H., 1961: Studies on the methanogenic bacteria of domestic sewage sludge. Bacteriological Proceedings 1961. Abstracts A 40, 60.

SMITH, P. H., 1965: Pure culture studies of methanogenic bacteria. Proc. 20th Purdue Waste Conference, 583–588.

SMITH, P. H. u. R. E. HUNGATE, 1958: Isolation and characterization of *Methanobacterium ruminantium* n. sp. Journ. Bacteriol. **75**, 713–718.

SMITH, U., RIBBONS, D. W. u. D. S. SMITH, 1970: The fine structure of *Methylococcus capsulatus*. Tissue Cell **2**, 513–520.

SMOLENSKI, W. J. u. J. M. SUFLITA, 1987: Biodegradation of cresol isomers in anoxic aquifers. Appl. Environm. Microbiol. **53**, 710–716.

SÖHNGEN, N. L., 1906: Het Ontstaan en Verdwijnen van Waterstofen Methaan onder den invloed van het Organishe Leven. Ph. D. Dissertation, Technical University of Delft, Delft, The Netherlands.

SÖHNGEN, N. L., 1906: Über Bakterien, welche Methan als Kohlenstoffnahrung und Energiequelle gebrauchen. Centralbl. Bakt. Parasitenk. II. Abt. **15**, 513–517.

SOWERS, K. R., BARON, S. F. u. J. G. FERRY, 1984: *Methanosarcina acetivorans* sp. nov., an acetotrophic methane-producing bacterium isolated from marine sediments. Appl. Environm. Microbiol. **47**, 971–978.

SOWERS, K. R. u. J. G. FERRY, 1983: Isolation and characterization of a methylotrophic marine methanogen, *Methanococcoides methylutens* gen. nov., sp. nov. Appl. Environm. Microbiol. **45**, 684–690.

SPARLING, R. u. L. DANIELS, 1986: Source of carbon and hydrogen in methane produced from formate by *Methanococcus thermolithotrophicus*. Journ. Bacterial. **168**, 1402–1407.

STADTMAN, T. C. u. H. A. BARKER, 1951: Studies on methane fermentation. X. A new formate decomposing bacterium, *Methanococcus vannielii*. Journ. Bacteriol. **62**, 269–280.

STADTMAN, E. R., STADTMAN, T. C., PASTAN, I. u. L. D. SMITH, 1972: *Clostridium barkeri* nov. spec. Journ. Bacteriol. **110**, 758–760.

STETTER, K. O. u. G. GAAG, 1983: Reduction of molecular sulphur by methanogenic bacteria. Nature **305**, 309–311.

STETTER, K. O., LAUERER, G., THOMM, M. u. A. NEUNER, 1987: Isolation of extremely thermophilic sulfate reducers: evidence for a novel branch of Archaebacteria. Science **236**, 822—824.

STETTER, K. O., THOMM, M., WINTER, J., WILDGRUBER, G., HUBER, H., ZILLIG, W., JANECOVIC, D., KÖNIG, H., PALM, P. u. S. WUNDERL, 1981: *Methanothermus fervidus*, sp. nov., a novel extremely thermophilic methanogen isolated from an Icelandic hot spring. Zbl. Bakt. Hyg., I. Abt. Orig. C **2**, 166—178.

STIEB, M. u. B. SCHINK, 1985: Anaerobic oxidation of fatty acids by *Clostridium bryantii* sp. nov., a sporeforming, obligately syntrophic bacterium. Arch. Microbiol. **140**, 387—390.

STIRLING, D. I. u. H. DALTON, 1979: The fortuitous oxidation and cometabolism of various carbon compounds by whole-cell suspensions of *Methylococcus capsulatus* (Bath). FEMS Microbiology Letters **5**, 315—318.

STIRLING, D. I. u. H. DALTON, 1980: Oxidation of dimethyl ether, methyl formate and bromomethane by *Methylococcus capsulatus* (Bath). Journ. Gen. Microbiol. **116**, 277—283.

STOCKS, P. K. u. C. S. MCCLESKEY, 1964: Morphology and physiology of *Methanomonas methanooxidans*. Journ. Bacteriol. **88**, 1071—1077.

STÖRMER, K., 1908: Über die Wirkung des Schwefelkohlenstoffs und ähnlicher Stoffe auf den Boden. Zentralbl. Bakteriol. Parasitenk. II. Abt. **20**, 282.

STRAUSS, D. G. u. U. BERGER, 1983: Methylosin A und B, Pigmente aus *Methylosinus trichosporium*. Zeitschr. Allg. Mikrobiol. **23**, 661—668.

STRAYER, R. F. u. J. M. TIEDJE, 1978: In situ methane production in a small, hypereutrophic, hard-water lake: loss of methane from sediments by vertical diffusion and ebullition. Limnol. Oceanogr. **23**, 1201—1206.

STUMM, C. K. u. K. B. ZWART, 1986: Symbiosis of protozoa with hydrogen-utilizing methanogens. Microbial Sciences **3**, 100—105.

SUFLITA, J. M. u. S. A. GIBSON, 1985: Biodegradation of haloaromatic substrates in a shallow anoxic ground water aquifer. In: DURHAM, N. N. u. A. E. REDELFS (eds.), Proceedings of the Second International Conference on Ground Water Quality Research. Stillwater, Okla., 30—32.

SUFLITA, J. M., HOROWITZ, A., SHELTON, D. R. u. J. M. TIEDJE, 1982: Dehalogenation: a novel pathway for the anaerobic biodegradation of haloaromatic compounds. Science **218**, 1115—1117.

SVENSSON, B. H., 1976: Methane production in tundra peat. In: SCHLEGEL, H.-G., GOTTSCHALK, G. u. N. PFENNIG (eds.), Microbial Production and Utilization of Gases. (H_2, CO, CH_4). Göttingen, 135—139.

SVENSSON, B. H., 1980: Carbon dioxide and methane fluxes from the ombrotrophic parts of a subarctic mire. In: SONESSON, M. (ed.), Ecology of a subarctic mire. Ecol. Bull. (Stockholm) **30**, 235—250.

SVENSSON, B. H., 1984: Different temperature optima for methane formation when enrichments from acid peat are supplemented with acetate or hydrogen. Appl. Environm. Microbiol. **48**, 389—394.

SZEWZYK, U., SZEWZYK, R. u. B. SCHINK, 1985: Methanogenic degradation of hydroquinone and catechol via reductive dehydroxylation to phenol. FEMS Microbiol. Ecology **31**. 79—87.

TAKEDA, K., MOTOMATSU, S., HACHIYA, Y., FUKUOKA, S. u. Y. TAKAHARA, 1974: Characterization and culture conditions for a methane-oxidizing bacterium. Journ. Ferment. Technol. **52**, 793–798.

TAM, T.-Y., MAYFIELD, C. I. u. W. E. INNISS, 1981: Nitrogen fixation and methane metabolism in a stream sediment-water system amended with leaf material. Canad. Journ. Microbiol. **27**, 511–516.

TAUSZ, J. u. P. DONATH, 1930: Über die Oxydation des Wasserstoffs und der Kohlenwasserstoffe mittels Bakterien. Hoppe-Seylers Z. Physiol. Chem. **190**, 141–168.

TAYLOR, G. T., 1982: The methanogenic bacteria. Progress in Industrial Microbiology **16**, 231–329.

TAYLOR, C. D. u. R. S. WOLFE, 1974: Structure and methylation of coenzyme M ($HSCH_2$-$CH_2SO_3^-$). Journ. Biol. Chem. **249**, 4879–4885.

TAYLOR, S., 1977: Evidence for the presence of ribulose-1,5-biphosphate carboxylase and phosphoribulokinase in *Methylococcus capsulatus* (Bath). FEMS Microbiol. Letters **2**, 305–307.

THAUER, R. K., 1983: Leben ohne Licht und Sauerstoff. Umschau **83**, 53–57.

THAUER, R. K., 1986: Nickelenzyme im Stoffwechsel von methanogenen Bakterien. Naturwissenschaftl. Rdsch. **39**, 426–431.

TIETZE, K., 1980: Expedition zum ungewöhnlichen Kivusee. Umschau **80**, 438–440.

TUSCHEWITZKI, G.-J., DOTT, W. u. E. THOFERN, 1982: Methylotrophe Bakterien im Trinkwasserbereich. 1. Mitteilung: Vergleich der Bakterienzahlen im Wasser aus verschiedenen Aufbereitungsanlagen. Zbl. Bakt. Hyg., I. Abt. Orig. B **176**, 176–188.

VAN BEELEN, P., LABRO, J. F. A., KELTJENS, J. T., GEERTS, W. J., VOGELS, G. D., LAARHOVEN, W. H., GUIJT, W. u. C. A. G. HAASNOOT, 1984: Derivatives of methanopterin, a coenzyme involved in methanogenesis. Eur. J. Biochem. **139**, 359–365.

VAN BRUGGEN, J. J. A., STUMM, C. K. u. G. D. VOGELS, 1983: Symbiosis of methanogenic bacteria and sapropelic protozoa. Arch. Microbiol. **136**, 89–95.

VAN BRUGGEN, J. J. A., STUMM, C. K., ZWART, K. B. u. G. D. VOGELS, 1985: Endosymbiotic methanogenic bacteria of the sapropelic amoeba *Mastigella*. FEMS Microbiology Ecology **31**, 187–192.

VAN BRUGGEN, J. J. A., ZWART, K. B., HERMANS, J. G. F., VAN HOVE, E. M., STUMM, C. K. u. G. D. VOGELS, 1986: Isolation and characterization of *Methanoplanus endosymbiosus* sp. nov., an endosymbiont of the marine sapropelic ciliate *Metopus contortus* QUENNERSTEDT. Arch. Microbiol. **144**, 367–374.

VAREL, V. H., 1984: Characteristics of some fermentative bacteria from a thermophilic methane-producing fermenter. Microbial. Ecology **10**, 15–24.

VOGEL, T. M. u. D. GRBIC-GALIC, 1986: Incorporation of oxygen from water into toluene and benzene during anaerobic fermentative transformation. Appl. Environm. Microbiol. **52**, 200–202.

VOGEL, T. M. u. P. L. MC CARTY, 1985: Biotransformation of tetrachlorethylene to trichlorethylene, dichlorethylene, vinyl chloride, and carbon dioxide under methanogenic conditions. Appl. Environm. Microbiol. **49**, 1080–1083.

VOGELS, G. D., VAN BEELEN, P., KELTJENS, J. T. u. C. VAN DER DRIFT, 1984: Structure and function of methanopterin and other 7-methylpterins of methanogenic bacteria. In: CRAWFORD, R. L. u. R. S. HANSON (eds.), Microbial Growth on C_1-Compounds. Proceedings of the 4th International Symposium, Washington 1984, 182–187.

VOGELS, G. D., VAN DER DRIFT, C., STUMM, C. K., KELTJENS, J. T. M. u. K. B. ZWART, 1984: Methanogenesis: surprising molecules, microorganisms and ecosystems. Antonie van Leeuwenhoek **50**, 557–567.

VOGELS, G. D., HOPPE, W. F. u. C. K. STUMM, 1980: Association of methanogenic bacteria with rumen ciliates. Appl. Environm. Microbiol. **40**, 608–612.

WANG, Y.-T., SUIDAN, M. T. u. J. T. PFEFFER, 1984: Anaerobic biodegradation of indole to methane. Appl. Environm. Microbiol. **48**, 1058–1060.

WARD, D. M., 1970: The microbial ecology of estuarine methanogenesis. Master's Thesis, University of Florida, Gainesville.

WARD, D. M., 1978: Thermophilic methanogenesis in a hot-spring algal-bacterial mat (71–30°C). Appl. Environm. Microbiol. **35**, 1019–1026.

WARD, D. M. u. M. R. WINFREY, 1985: Interactions between methanogenic and sulfate-reducing bacteria in sediments. Advances in Aquatic Microbiology **3**, 141–179.

WARD, T. E. u. J. I. FREA, 1980: Sediment distribution of methanogenic bacteria in Lake Erie and Cleveland Harbor. Appl. Environm. Microbiol. **39**, 597–603.

WATSON, A., LOVELOCK, J. E. u. L. MARGULIS, 1978: Methanogenesis, fires and the regulation of atmospheric oxygen. Biosystems **10**, 293–298.

WEAVER, T. L. u. P. R. DUGAN, 1972: The eutrophication implications of interactions between naturally occurring particulates and methane oxidizing bacteria. Water Research **6**, 817–828.

WELCH, H. E., RUDD, J. W. M. u. D. W. SCHINDLER, 1980: Methane addition to an arctic lake in winter. Limnol. Oceanogr. **25**, 100–113.

WHELAN, T., 1974: Methane, carbon dioxide and dissolved sulfate from interstitial water of coastal marsh sediments. Estuarine and Coastal Marine Science **2**, 407–415.

WHITMAN, W. B., ANKWANDA, E. u. R. S. WOLFE, 1982: Nutrition and carbon metabolism of *Methanococcus voltae*. Journ. Bacteriol. **149**, 852–863.

WHITTENBURY, R., DAVIES, S. L. u. J. F. DAVEY, 1970: Exospores and cysts formed by methane-utilizing bacteria. Journ. Gen. Microbiol. **61**, 219–226.

WHITTENBURY, R., PHILLIPS, K. C. u. J. F. WILKINSON, 1970: Enrichment, isolation and some properties of methane-utilizing bacteria. Journ. Gen. Microbiology **61**, 205–218.

WHITTENBURY, R. u. N. R. KRIEG, 1984: Family IV. *Methylococcaceae* Fam. nov. In: KRIEG, N. R. u. J. G. HOLT (eds.), Bergey's Manual of Systematic Bacteriology, Vol. 1. Baltimore, London, 256–261.

WIEGEL, J., BRAUN, M. u. G. GOTTSCHALK, 1981: *Clostridium thermoautotrophicum* sp. nov., a thermophile producing acetate from molecular hydrogen und carbon dioxide. Current Microbiol. **5**, 255–260.

WILDGRUBER, G., THOMM, M., KÖNIG, H., OBER, K., RICCHIUTO, T. u. K. O. STETTER, 1982: *Methanoplanus limicola*, a plate-shaped methanogen representing a novel family, the *Methanoplanaceae*. Arch. Microbiol. **132**, 31–36.

WILLIAMS, R. T. u. R. L. CRAWFORD, 1983: Microbial diversity of Minnesota peatlands. Microbial Ecol. **9**, 201–214.

WILLIAMS, R. T. u. R. L. CRAWFORD, 1984: Methane production in Minnesota peatlands. Appl. Environm. Microbiol. **47**, 1266–1271.

WILLIAMS, R. T. u. R. L. CRAWFORD, 1985: Methanogenic bacteria, including an acid-tolerant strain, from peatlands. Appl. Environm. Microbiol. **50**, 1542–1544.

WILSON, B. H., SMITH, G. B. u. J. F. REES, 1986: Biotransformation of selected alkylbenzenes and halogenated aliphatic hydrocarbons in methanogenic aquifer material: a microcosm study. Environm. Science and Technol. **20**, 997–1002.

WINFREY, M. R., MARTY, D. G., BIANCHI, A. J. M. u. D. M. WARD, 1981: Vertical distribution of sulfate reduction, methane production, and bacteria in marine sediments. Geomicrobiology Journal **2**, 341–362.

WINFREY, M. R. u. D. M. WARD, 1983: Substrates for sulfate reduction and methane production in intertidal sediments. Appl. Environm. Microbiol. **45**, 193–199.

WINFREY, M. R. u. J. G. ZEIKUS, 1977: Effect of sulfate on carbon and electron flow during microbial methanogenesis in freshwater sediments. Appl. Environm. Microbiol. **33**, 275–281.

WINTER, J., LERP, C., ZABEL, H. P., WILDENAUER, F. X., KÖNIG, H. u. F. SCHINDLER, 1984: *Methanobacterium wolfei*, sp. nov., a new tungsten-requiring, thermophilic, autotrophic methanogen. System. Appl. Microbiol. **5**, 457–466.

WINTER, J. u. J. WIEGEL, 1981: Der anaerobe Abbau von Cellulose zu Methan. Forum Mikrobiologie **4/81**, 202–208.

WOESE, C. R. u. G. R. FOX, 1977: Phylogenetic structure of the prokaryotic domain: the primary kingdoms. Proc. Natl. Acad. Sci. U.S.A. **74**, 5088–5090.

WOLFE, R. S., 1985: Unusual coenzymes of methanogenesis. Trends Biochem. Sci. **10**, 396–399.

WOLFE, R. S. u. I. J. HIGGINS, 1979: Microbial biochemistry of methane — a study in contrasts. International Review of Biochemistry. Microbial Biochemistry **21**, 267–353.

WOLF, H. J. u. R. S. HANSON, 1979: Isolation and characterization of methane-utilizing yeasts. Journ. Gen. Microbiol. **114**, 187–194.

WOLIN, M. J., 1979: The rumen fermentation: a model for microbial interactions in anaerobic ecosystems. Advances in Microbial Ecology **3**, 49–77.

WOLNAK, B., ANDREEN, B., CHRISHOLM, J. u. M. SAADEH, 1967: Fermentation of methane. Biotechnol. Bioengin. **9**, 57–76.

WOOD, H. G., RAGSDALE, S. W. u. E. PEZACKA, 1986: The acetyl-CoA pathway of autotrophic growth. FEMS Microbiol. Reviews **39**, 345–362.

WORAKIT, S., BOONE, D. R., MAH, R. A., ABDEL-SAMIE, M.-E. u. M. M. EL-HALWAGI, 1986: *Methanobacterium alcaliphilum* sp. nov., an H_2-utilizing methanogen that grows at high pH values. Internat. Journ. System. Bacteriol. **36**, 380–382.

YOUNG, L. Y. u. M. D. RIVERA, 1985: Methanogenic degradation of four phenolic compounds. Water Research **19**, 1325–1332.

ZABEL, H. P., KÖNIG, H. u. J. WINTER, 1984: Isolation and characterization of a new coccoid methanogen, *Methanogenium tatii* spec. nov. from a solfataric field on Mount Tatio. Arch. Microbiol. **137**, 308–315.

ZAISS, U., 1981a: Natural ebullition of mine gas and its microbial oxidation in the Netzbach brook, Saarland. Verh. Internat. Verein. Limnol. **21**, 1381–1385.

ZAISS, U., 1981b: Seasonal studies of methanogenesis and desulfurication in sediments of the River Saar. Zbl. Bakt. Hyg., I. Abt. Orig. C **2**, 76–82.

ZAISS, U. u. H. KALTWASSER, 1979a: Hydrogenase activity and methanogenesis in anaerobic sewage sludge, in rumen liquid, and in freshwater sediments. European Journ. Appl. Microbiol. Biotechnol. **8**, 217–227.

ZAISS, U. u. H. KALTWASSER, 1979b: Über den Einfluß wasserbaulicher Maßnahmen auf die mikrobiologische Gasproduktion in Fließgewässersedimenten. Arch. Hydrobiol. **87**, 314–326.

ZAISS, U., WINTER, P. u. H. KALTWASSER, 1982: Microbial methane oxidation in the River Saar. Zeitschr. Allg. Mikrobiol. **22**, 139–148.

ZEHNDER, A. J. B. u. T. D. BROCK, 1979: Methane formation and methane oxidation by methanogenic bacteria. Journ. Bacteriol. **137**, 420–432.

ZEHNDER, A. J. B., HUSER, B. A., BROCK, T. D. u. K. WUHRMANN, 1980. Characterization of an acetate-decarboxylating, non-hydrogen-oxidizing methane bacterium. Arch. Microbiol. **124**, 1–11.

ZEIKUS, J. G., BEN-BASSAT, A. u. P. W. HEGGE, 1980: Microbiology of methanogenesis in thermal, volcanic environments. Journ. Bacteriol. **143**, 432–440.

ZEIKUS, J. G. u. D. L. HENNING, 1975: *Methanobacterium arbophilicum* sp. nov. An obligate anaerobe isolated from wetwood of living trees. Antonie van Leeuwenhoek **41**, 543 bis 552.

ZEIKUS, J. G., LYND, L. H., THOMPSON, T. E., KRZYCKI, J. A., WIMER, P. J. u. P. W. HEGGE, 1980: Isolation and characterization of a new methylotrophic acidogenic anaerobe, the Marburg strain. Current Microbiol. **3**, 381–386.

ZEIKUS, J. G. u. D. M. WARD, 1974: Methane formation in living trees: a microbial origin. Science **184**, 1181–1183.

ZEIKUS, J. G. u. M. R. WINFREY, 1976: Temperature limitation of methanogenesis in aquatic sediments. Appl. Environm. Microbiol. **31**, 99–107.

ZEIKUS, J. G. u. R. S. WOLFE, 1972: *Methanobacterium thermoautotrophicus*, sp. n., an anaerobic autotrophic, extreme thermophile. Journ. Bacteriol. **109**, 707–713.

ZELLNER, G., ALTEN, C., STACKEBRANDT, E., CONWAY DE MACARIO, E. u. J. WINTER, 1987: Isolation and characterization of *Methanocorpusculum parvum*, gen. nov., spec. nov., a new tungsten requiring, coccoid methanogen. Arch. Microbiol. **147**, 13–20.

ZHILINA, T. N., 1983: A new obligate halophilic methane-producing bacterium (russ.). Mikrobiologiya **52**, 375–382.

ZHILINA, T. N., 1986: Methanogenic bacteria from hypersaline environments. System. Appl. Microbiol. **7**, 216–222.

ZHILINA, T. N. u. S. A. ILIARIONOV, 1984: Isolation and comparative characteristics of methanogenic bacteria assimilating formate with the description of *Methanobacterium thermoformicicum* sp. nov. (russ.). Mikrobiologiya **53**, 785–790.

ZHILINA, T. N. u. G. A. ZAVARZIN, 1979: Comparative cytology of Methanosarcinae and description of *Methanosarcina vacuolata* n. sp. (russ.). Mikrobiologiya **48**, 279–285.

ZHILINA, T. N. u. G. A. ZAVARZIN, 1987: *Methanosarcina vacuolata* sp. nov., a vacuolated *Methanosarcina*. Internat. Journ. System. Bacteriol. **37**, 281–283.

ZHILINA, T. N. u. G. A. ZAVARZIN, 1987: *Methanohalobium evestigatus* n. gen. n. sp., an extremely halophilic methane-forming archaebacterium (russ.). Dokl. Akad. Nauk SSSR **293**, 464–468.

ZILLIG, W., STETTER, K. O., SCHNABEL, R., MADON, J. u. A. GIERL, 1982: Transcription in Archaebacteria. Zbl. Bakt. Hyg., I. Abt. Orig. C **3**, 218–227.

ZIMMERMANN, P. R., GREENBERG, J. P., WANDIGA, S. O. u. P. J. CRUTZEN, 1982: Termites: a potentially large source of atmospheric methane, carbon dioxide and molecular hydrogen. Science **218**, 563–565.

ZINDER, S. H. u. R. A. MAH, 1979: Isolation and characterization of a thermophilic strain of *Methanosarcina* unable to use H_2–CO_2 for methanogenesis. Appl. Environm. Microbiol. **38**, 996–1008.

ZINDER, S. H., SOWERS, K. R. u. J. G. FERRY, 1985: *Methanosarcina thermophila* sp. nov., a thermophilic, acetotrophic, methane-producing bacterium. Internat. Journ. System. Bacteriol. **35**, 522–523.

ZI-YING, C., JIA-YUAN, L. u. FENG-YING, Z. 1980: *Polysporobacterium* — a unique genus of bacteria. Acta Microbiologica Sinica **20**, 339–344.

ZUNDEL, M. u. M. ROHMER, 1985: Hopanoids of the methylotrophic bacteria *Methylococcus capsulatus* and *Methylomonas* sp. as possible precursors of C_{29} and C_{30} hopanoid chemical fossils. FEMS Microbiology Letters **28**, 61–64.

Zusammenfassende Literatur

Methanogenese

ARCHER, D. B. u. J. E. HARRIS, 1986: Methanogenic bacteria and methane production in various habitats. In: BARNES, E. M. u. G. C. MEAD (eds.), Anaerobic bacteria in habitats other than man. Blackwell Scientific Publications, Oxford, London, Edinburgh, Boston, Palo Alto, Melbourne, 185–223.

BALCH, W. E., FOX, G. E., MAGRUM, L. J., WOESE, C. R. u. R. S. WOLFE, 1979: Methanogens: reevaluation of a unique biological group. Microbiological Reviews **43**, 260–296.

JONES, W. J., NAGLE, D. P. u. W. B. WHITMAN, 1987: Methanogens and the diversity of archaebacteria. Microbiological Reviews **51**, 135–177.

KANDLER, O., 1982: Archaebacteria. Gustav Fischer Verlag. Stuttgart, New York.

KANDLER, O. u. W. ZILLIG, 1986: Archaebacteria 1985. Gustav Fischer Verlag. Stuttgart, New York.

KIRSOP, B. H., 1984: Methanogenesis. CRC Critical Reviews Biotechnology **1**, 109–159.

MAH, R. A. u. M. R. SMITH, 1981: The methanogenic bacteria. In: STARR, M. P., STOLP, H. TRÜPER, H. G., BALOWS, A. u. H. G. SCHLEGEL (eds.), The Prokaryotes, Vol. 1. Springer Verlag. Berlin, Heidelberg, New York, 948–977.

MAH, R. A., WARD, D. M., BARESI, L. u. T. L. GLASS, 1977: Biogenesis of methane. Ann. Rev. Microbiol. **31**, 309–341.

TAYLOR, G. T., 1982: The methanogenic bacteria. Progress in Industrial Microbiology **16**, 231–329.

VOGELS, G. D., VAN DER DRIFT, C., STUMM, C. K., KELTJENS, J. T. M. u. K. B. ZWART, 1984: Methanogenesis: surprising molecules, microorganisms and ecosystems. Antonie van Leeuwenhoek **50**, 557–567.

WHITMAN, W. B., 1985: Methanogenic bacteria. In: WOESE, C. R. u. R. S. WOLFE (eds.), The Bacteria, Vol. VIII Archaebacteria. Academic Press. Orlando, San Diego, New York, London, Toronto, Montreal, Sydney, Tokyo, 3–84.

WOLFE, R. S., 1971: Microbial formation of methane. Advances in Microbial Physiology **6**, 107–146.

WOLFE, R. S. u. I. J. HIGGINS, 1979: Microbial biochemistry of methane — a study in contrasts. Part 1. Methanogenesis (R. S. WOLFE). International Review of Biochemistry, Microbial Biochemistry **21**, 270–299.

ZEIKUS, J. G., 1977: The biology of methanogenic bacteria. Bacteriological Reviews **41**, 514–541.

ZEIKUS, J. G., 1983: Metabolism of one-carbon compounds by chemotrophic anaerobes. Advances in Microbial Physiology **24**, 215–299.

Methanotrophie

ANTHONY, C., 1982: The biochemistry of methylotrophs. Academic Press. London, New York.

COLBY, J., DALTON, H. u. R. WHITTENBURY, 1979: Biological and biochemical aspects of microbial growth on C_1 compounds. Ann. Rev. Microbiol. **33**, 481–517.

HANSON, R. S., 1980: Ecology and diversity of methylotrophic organisms. Advances in Applied Microbiology **26**, 3–39.

HIGGINS, I. J., BEST, D. J., HAMMOND, R. C. u. D. SCOTT, 1981: Methane-oxidizing microorganisms. Microbiological Reviews **45**, 556–590.

HIGGINS, I. J., HAMMOND, R. C. u. D. SCOTT, 1984: Transformation of C_1-compounds by microorganisms. In: GIBSON, D. T. (ed.), Microbial degradation of organic compounds. New York, Basel, 43–87.

MALASHENKO, YU. R., ROMANOVSKAYA, V. A. u. YU. A. TROTSENKO, 1978: Methanoxydierende Mikroorganismen (russ.). Verlag Nauka, Moskau.

NESTEROV, A. I. u. M. V. IVANOV, 1983: Ökologie methanotropher Baktèrien (russ.). Uspechi mikrobiologii **18**, 3–18.

QUAYLE, J. R., 1972: The metabolism of one-carbon compounds by microorganisms. Advances in Microbial Physiology **7**, 119–203.

RIBBONS, D. W., HARRISON, J. E. u. A. M. WADZINSKI, 1970: Metabolism of single carbon compounds. Ann. Rev. Microbiol. **24**, 135–158.

WHITTENBURY, R. u. H. DALTON, 1981: The methylotrophic bacteria. In: STARR, M. P., STOLP, H., TRÜPER, H. G., BALOWS, A. u. H. G. SCHLEGEL (eds.), The Prokaryotes, Vol. 1. Springer Verlag. Berlin, Heidelberg, New York, 894–902.

WOLFE, R. S. u. I. J. HIGGINS, 1979: Microbial biochemistry of methane – a study in contrasts. Part 2. Methanotrophy (I. J. HIGGINS). International Review of Biochemistry, Microbial Biochemistry **21**, 300–353.

Methanbildung/Methanoxydation

LARGE, P. J., 1983: Methylotrophy and Methanogenesis. Van Norstrand Reinhold (UK) Co. Ltd. Wokingham.

RUDD, J. W. M. u. C. D. TAYLOR, 1980: Methane cycling in aquatic environments. Advances in Aquatic Microbiology **2**, 77–150.

Symposien:

TERUI, G. (ed.), 1975: Microbial Growth on C_1-Compounds. Proceedings of the International Symposium, Tokyo 5. 9. 1974. Soc. Ferment. Technol. Japan, Tokyo.

SKRYABIN, G. K., IVANOV, M. V., KONDRATJEVA, E. N., ZAVARZIN, G. A., TROTSENKO, YU. A. u. A. I. NESTEROV, 1977: Microbial Growth on C_1-Compounds. Abstracts of the Second International Symposium, Pushchino.

DALTON, H. (ed.), 1981: Microbial Growth on C_1-Compounds. Proceedings of the Third International Symposium held in Sheffield, UK 12–16 August 1980. Heyden, London, Philadelphia, Rheine.

CRAWFORD, R. L. u. R. S. HANSON (eds.), 1984: Microbial Growth on C_1-Compounds. Proceedings of the 4th International Symposium. ASM Washington.
VAN VERSEVELD, H. W. u. J. A. DUINE (eds.), 1987: Microbial Growth on C_1-Compounds. Proceedings of the 5th International Symposium (Haren 11.—16. August 1986). Nijhoff, Dordrecht.
SCHLEGEL, H. G., GOTTSCHALK, G. u. N. PFENNIG (eds.), 1976: Microbial Production and Utilization of Gases (H_2, CO, CH_4). Goltze Verlag, Göttingen.

8. Sachregister

abiogenes Methan 14f., 17, 127
Abwasser 161, 163f., 173, 191ff., 196, 198
Abwasserschlamm 55, 66, 161, 193
Acetat 19ff., 24, 29, 32, 36ff., 41, 44ff., 50, 56, 60ff., 64, 80ff., 89, 92ff., 99ff., 105ff., 114ff., 129, 145, 160, 184f., 194ff., 207
acetiklastische Reaktion 41
Acetivibrio 21
Acetoanaerobium 125
Acetobacter 148
Acetobacterium 21, 47, 125f., 149
acetogene Bakterien 21, 41, 46, 56, 81, 93f., 111, 114, 117, 119f., 122, 124ff., 147, 149
Acetogenese 19ff.
Acetogenium 21, 25
Acetyl-CoA-Weg 46, 119, 124
Achromobacter 157
Acidianus 24
acidogene Phase 20f., 196
acidophil 49
Alcaligenes 148
alkaliphil 49, 62f.
Alkaliseen 49, 60ff., 78
Ammenkultur 137
Ammoniumoxydation 144, 155f., 187
anaerobe Abbaukette 18ff., 48f., 54ff., 65, 67, 78, 93, 105, 107ff., 115, 119, 122, 185, 204
anaerobe Abwasserbehandlung s. anaerobe Abwasserreinigung
anaerobe Abwasserreinigung 49, 54ff., 65, 191, 195, 206f.
anaerobe Methanoxydation 10, 15, 74, 85, 87, 119, 181ff., 188
anaerobe Mineralisation 18, 72, 75, 79, 101f., 203, 208
anaerobes Filter 195f.
anaerobes Kontaktverfahren 194f.
anaerobes Schlammbettverfahren 196
anoxisches Becken 12, 84, 87, 99, 181f.
anoxisches Hypolimnion 75, 79, 165, 173
Anreicherungskultur 32, 137ff., 183
antagonistisch 118
Archaebakterien 24ff., 30, 64, 119
Arthrobacter 148
Ästuare 84, 87f., 90, 95, 178
Atmosphäre 9ff., 13ff., 22, 49ff., 67f., 74f., 82, 84, 103, 112, 127, 174, 176f., 188, 203
Aufwuchs 106, 165, 170, 195ff.
Ausfaulung 193
Azotobacter 131
Azotobacter-Typ-Cysten 131, 166

Bacillus 127f., 140, 143f., 148
Bacteroides 21, 105f., 110, 114
Biochemie 38ff., 146ff.
Biogas 189ff., 206
Biogasanlagen 49, 54ff., 65f., 93, 191, 193, 197ff.
Biogasausbeute 194, 196
Biogas-Reaktor 56, 65, 93, 194f., 198
Biotechnologie 189f., 207ff.
Biotransformation 215
Bioturbation 70, 80, 94, 96ff.

Blastobacter 149
Brackwasserhabitate 95, 161f., 166, 178
Bromethansulfonsäure 61, 100
Butyribacterium 21, 125
Butyrivibrio 21, 105

Candida 148
Carbonatatmung 38
Caulobacter 138
chemolithoautotroph 22, 24, 32, 44f., 65, 131, 147, 149, 155, 179
chemolithoheterotroph 24, 32, 44, 46
chemoorganoautotroph 147
chemoorganoheterotroph 24, 32, 45
Chloroflexus 66
Cholin 100f., 118, 187
Citrobacter 114
Clostridium 21, 46, 66, 120f., 123ff., 149
Cobalamin 40f.
Coenzym F_{420} (Faktor F 420) 28f., 39, 42, 46f., 197
Coenzym F_{430} (Faktor F 430) 29, 39, 44
Coenzym M 27f., 39ff., 107, 110
Co-Metabolismus 157ff., 166, 187
Co-Oxydation 129, 157
Corynebacterium 148, 157
Cysten 128, 131, 133, 136, 140, 142

Denitrifikation 18f., 21, 42, 48, 69, 76, 79f.
Deponiegas 199
Desulfobacter 116
Desulfobacterium 47, 116
Desulfobulbus 116f.
Desulfococcus 116
Desulfomonas 116f.
Desulfonema 116
Desulfosarcina 116
Desulfotomaculum 116f., 125
Desulfovibrio 21, 47, 116ff., 123, 125, 149, 184
Desulfurikation 18f., 21f., 42, 48, 51, 64, 69, 76, 79f., 85, 92ff., 100, 102, 115ff., 182f.
Desulfurizierer 21, 51, 54, 64, 80f., 92f., 95, 101, 115ff., 120, 122, 149, 184
Desulfurococcus 24
Dibiphytanyldiglycerintetraether 26f.
Dihydroxyaceton-Weg 147
Diphytanylglycerindiether 26f.
dissimilatorische Sulfatreduktion s. Desulfurikation
Dunggas 189
dystrophe Seen 161f., 166

Echinosporobacterium 144
Elektronenakzeptor 18f., 22, 29, 52, 55, 60, 69, 79, 115, 124, 182, 184f.
Energiegewinnung 21ff., 32, 38, 42, 44f., 80, 103f., 106, 114, 117f., 120, 122, 124, 144, 147, 153ff., 166, 183, 193, 199
Energieparasitismus 126
Energiepflanzen 193
Enterobacter 114
Epifluoreszenzmikroskopie 29, 56f., 71
Erdgas 11, 15, 17, 59f., 127, 138, 161, 163f., 186, 190, 201, 205, 211f.
Erdöllagerstätten 11, 13, 49, 59f., 62, 161, 163, 186, 201
Erdöl- und Erdgasprospektion 201f.
Ether-Lipide 213
Eubacterium 21, 105, 121, 125
eutrophe Seen 68ff., 73, 75f., 161f., 164f., 173f., 175
Exosporen 128ff., 136, 140, 142, 165f.

fakultativ methanotrophe Bakterien 134, 148
Faulgas 189
Faulkammern 49, 161, 193
Faultürme 49, 54ff., 193
FBP-Variante (Fructose-1,6-biphosphat) 151
Fermentation 19ff., 104ff., 109, 112, 192, 196
fermentative Bakterien 93, 106, 108ff., 119, 120ff., 196
Flüsse 12f., 16, 67, 71, 73, 77, 81, 161, 163, 166, 177, 205
Formaldehyd 14, 128, 132, 145ff., 150ff., 156, 158, 160

Formaldehydfixierung 150, 152
Formiat 22, 24, 32, 36ff., 42, 45f., 48, 50, 81f., 105ff., 110f., 120f., 124f., 129, 145, 148f., 153ff., 185
Formylmethanofuran 39f., 45
Formyltetrahydromethanopterin 42, 45, 48
fossiles Methan 10f., 13f., 17, 59, 122, 163f., 186

Gärkammern 114
Gasspeicher 181, 202
Gasvakuolen 23, 129
GC-Gehalt 36f., 134, 141
Geotherm 10f., 14, 22, 49, 64ff., 115
Gewässersanierung 202f.
Gewässerzustand 203f.
Glove-Box-Technik 31
Glycinbetain 101, 187
Gobar-Anlagen 199
Gobargas 189
Grubengas 11, 202

Halobacterium 24
Halococcus 24
Halomethanococcus 35, 37, 39, 62
halophil 24, 49, 61f., 64, 89, 166
Heteropolysaccharidsacculus 25
Hopanoide 134, 213
HUNGATE-Technik 31
Hydrolyse 19f., 105, 109, 196
Hydrothermalquellen 11, 22, 27, 49, 64ff., 160f., 179
Hyphomicrobium 138, 148

interne Düngung 68, 187, 203
interspecies hydrogen transfer 21, 59, 108, 110, 117f., 120, 122
intracytoplasmatische Membransysteme 23, 128, 130ff., 134, 141, 144, 154, 179
Irrigation 70, 94, 96ff.
Irrlichter 13, 52
Isoprenoidkohlenwasserstoffe 27

Kanalgas 189
KDPG-Variante (2-Keto-3-deoxy-6-phosphogluconat) 150f.
Keimzahlen (Keimgehalte) 50, 52f., 56f., 59f., 64, 66, 70ff., 89f., 107f., 111, 114, 162ff., 179
Kläranlagen 161, 163f., 166, 193, 197, 207
Klärgas 189
Klärschlamm 161, 193, 198
Klebsiella 148
Kohlengruben 161, 163, 186
Kohlenmonoxid (CO) 14, 22, 24, 38, 65, 124f.
Kohlenmonoxiddehydrogenase 41, 45f., 48, 124
Kohlenstoffassimilation 23, 44ff., 46, 64, 120, 141, 147, 149, 186
Kohlenstoffkreislauf 9, 50, 76, 102, 185f., 203
kommensalisch 117, 122, 126
kompetitive Hemmung 80, 96f., 117f., 126, 156, 173
kompetitive Substrate 64, 93
Konkurrenz 80, 95, 115, 117f., 124, 126
Kulturmethoden 30ff., 135ff.
Kupferturm 31

Lachnospira 105
Lactobacillus 21
Lake Kivu 174, 200
limnische Sedimente 48f., 67ff., 85, 87, 90, 93, 95, 162, 207
Lipide 26f.
Lipidcysten 131, 142, 166
Litoralsediment 16, 68, 71, 73, 79

marine Habitate 60, 61, 82ff., 163f., 170, 178, 182f.
marine Sedimente 48f., 82ff., 163, 181ff., 187, 201, 207
Marschgas 190
Membranfiltermethode 139
2-Mercaptoethansulfonsäure s. Coenzym M
7-Mercaptoheptanoylthreoninphosphat 39
mesotrophe Seen 68, 76, 162, 173
Methanassimilation 146ff., 167, 180, 186
Methanbakterien 22, 127
Methanbildung 12ff., 16ff., 164, 170f., 174,

177f., 182, 184ff., 188, 192, 194, 197, 202, 204
Methanbildungsraten 16f., 50f., 53f., 56, 60, 66, 72ff., 81, 85, 87, 90ff., 95f., 100, 102f., 108, 111, 113f., 164, 177, 182, 186f., 194, 197, 200
Methanemission 14ff., 49ff., 112f.
Methanfreisetzung 14, 16, 50ff., 61, 68, 74f., 112, 114, 186
Methangärung 38
Methangashydrat 12, 14, 87, 201
Methankonvektion 68
Methankonzentration 9, 12f., 50, 52, 54, 59ff., 67ff., 82ff., 167f., 170ff., 173ff., 188, 200f.
Methanmonooxygenase 153ff., 159, 173, 187, 215
Methanobacillus 33, 122f.
Methanobacterials 33
Methanobacterium 23, 25, 27, 33, 36, 39, 41, 44ff., 49, 52, 55, 58, 60, 63, 66f., 70f., 88, 114, 121, 123, 149, Tafel 1, 2
Methanobrevibacter 25, 27, 32, 34, 36, 39, 41, 46, 55, 57f., 70f., 107f., 111f., 114, 124, Tafel 1, 2
Methanochondroitin 25
Methanococcales 34
Methanococcoides 29, 35, 37, 39, 45, 62, 88f.
Methanococcus 23, 25, 27, 33f., 36, 39, 44, 62, 65f., 70, 88f., Tafel 2
Methanocorpusculum 35, 37, 39
Methanofuran 28f., 39f., 124
methanogene Organismen 21ff., 147, 149, 184ff., 190, 192, 195ff., 204f., 207, Tafel 1, 2, 3, 4
Methanogenese 10, 18ff., 185, 196, 204, 206
Methanogenium 25, 34, 36, 39, 55, 66, 70, 88f., 112, Tafel 1
Methanohalobium 35, 62
Methanol 19ff., 24, 29, 32, 36ff., 41ff., 45, 48, 61ff., 81f., 89, 95, 101, 108, 111, 118, 120, 124f., 128, 132, 137, 145ff., 160, 185, 212, 215
Methanoldehydrogenase 153ff.
Methanolobus 29, 35, 37, 39, 88f.
Methanol-verwertende Bakterien 148, 212
Methanol-verwertende Hefen 147f.
Methanomicrobiales 34
Methanomicrobium 34, 36, 39, 55, 88, 107
Methanomonas 128, 140, 143
Methanoplanus 35, 37, 39, 58, Tafel 3
Methanoplasma 35, 37, 39, 55
Methanopterin 29
Methanosarcina 23, 25, 27, 29, 33, 35f., 39, 45f., 52, 55, 60, 66, 70f., 82, 88, 107f., 117f., 120f., 149, Tafel 1, 3
Methanosphaera 25, 34, 36, 39, 111f., 114, Tafel 2
Methanospirillum 25, 27, 35f., 39, 55, 70, Tafel 1
Methanothermus 25, 34, 36, 39, 65f., Tafel 3
Methanothrix 25, 27, 29, 33, 35, 37, 39, 45, 55, 60, 66, Tafel 4
methanotrophe Bakterien 22, 51, 54, 68, 87, 127ff., 186f., 202ff., 211f., 215, Tafel 5, 6, 7
methanotrophe Hefen 145, 148
Methanoxydation 10, 14ff., 19, 50f., 53, 68f., 74f., 85, 87, 113, 127ff., 185, 187f., 200, 203ff., 215
Methanoxydationsrate 170, 172f., 177
Methansättigung 12
Methanverbrauchsrate 167ff., 176, 181, 183
Methenyltetrahydromethanopterin 29, 40, 45
Methoxatin 153f.
Methylamine 22, 24, 29, 32, 36ff., 41f., 45, 48, 61ff., 89, 95, 100f., 108, 145ff., 185, 187
Methylcobalamin 40
Methylcoenzym M 27ff., 32, 38ff., 42f., 45
Methylcoenzym-M-Reduktase 29, 39, 41f., 44
Methylcorrinoid 46
Methylentetrahydromethanopterin 29, 40, 45
Methylobacillus 148
Methylobacter 129, 131ff., 137, 141ff., 150, 159, 165ff., Tafel 5, 7

Methylobacterium 134, 143f., 148, 150
Methylococcaceae 140
Methylococcus 128f., 131ff., 140ff., 145, 148, 150, 154, 159, 165, 213, Tafel 7
Methylocystis 129, 131f., 134, 137, 141ff., 150, 159, 166f., 213, Tafel 6, 7
Methylomonas 128f., 131ff., 137, 140ff., 148f., 157, 159f., 166f., 212, Tafel 5, 7
Methylophilus 148, 212
Methylosin 213
Methylosinus 129f., 132ff., 137, 141ff., 148, 150, 154, 159, 166, Tafel 7
Methylotrophie 128, 145ff.
Methylovarius 143
Methylovibrio 144
Methyltetrahydromethanopterin 29, 40, 45f., 48
Microbodies 58, 145
Microcyclus 149
Minimethanbildung 118f.
Monensin 109
Moore 12, 14ff., 48f., 52ff., 161, 200
MPN-Methode 70, 139, 201
mutualistisch 122
Mycobacterium 29, 144, 158

N-acetyl-Talasaminuronsäure 25
Naßholz (wetwood) 49, 57
Neutralismus 118
N_2-Fixierung s. Stickstoffbindung
nicht-kompetitive Substrate 64, 95ff., 100, 102, 118
Nickeltetrapyrrol s. Coenzym F_{430}
Nitratammonifikation 18, 48
Nitrosococcus 145
Nitrosomonas 145, 155f.
Nocardia 157
Norprotein 212
Nucleotidsequenz 24, 33

Ökologie 48ff., 128, 160ff.
ökologische Faktoren 50, 70, 75, 92, 94f., 99, 167ff., 173, 177
oligotrophe Seen 68, 75ff., 81, 161f., 177

Paeciliomyces 148
Pansen 13, 57f., 103ff., 111f., 161
Pansengas 109, 190
Paracoccus 149
Peptostreptococcus 125
pH-Wert 32, 52ff., 57, 61, 78, 103f., 106, 122, 133, 135, 165, 172f., 185, 197
Physiologie 38ff., 146ff.
Pichia 148
Poly-β-hydroxybuttersäure 129, 131, 159, 213
Polysaccharide 134, 213
Polysporobacterium 143
Primärproduktion 16, 65f., 76f., 82, 87, 102, 186, 188, 203
Probion 212
Profundalsediment 68, 73, 78ff.
Progenoten 25
Protaminobacter 148
Protonenreduktion 21, 120, 123
protonenreduzierende Bakterien 21, 119f., 122ff., 196f.
Protozoen 49, 57ff., 84, 104ff., 110, 113f., 139
Pruteen 212
Pseudomonas 128f., 140, 143, 148, 157, 212
Pseudomurein 25, 36
Pyrodictium 24

Redoxponential 18, 22f., 30f., 48f., 65, 80f., 96f., 103, 113, 117
Reisfelder 13ff., 49ff., 161, 163f.
Resarufin 31
Rhodomicrobium 130
Rhodopseudomonas 148
Rhodotorula 145, 148
ribosomale 16s-RNS 24, 33
Ribulosemonophosphatweg 141, 147, 149, 150ff., 154, 179
RNS-Polymerase 30
Rollröhrchen-Methode 31f.
RPG-Effekt 40
Ruminococcus 21, 105, 110, 121

S_{AB}-Wert 24

Säureanstau 196
Salzseen 49, 60ff., 160ff., 164
Sauerstoffbilanz 177f., 186, 203
Sauerstoffverbrauch 81, 85, 96f., 176, 186, 188, 203, 205
Schichtwässer 49, 60, 160f., 163
Schlagwetterexplosion 11, 202
Schlammgase 12, 67, 190
Schlammstabilisierung 191, 193f.
SCP (single cell protein) 127, 207ff.
Sedimentation 72, 75ff., 82, 84f., 87, 95ff., 103, 177, 188, 191, 203f.
sekundäre Eutrophierung 203
Selenomonas 105f., 110
Serinweg 134, 141, 147, 149, 152f.
S-layer 25, 89
Squalen 26, 134
SÖHNGEN-Flaschen-Methode 136
Solfatare 49, 64ff.
Sporobolomyces 145, 148
Sporomusa 125
Staphylococcus 114
Staphylothermus 24
Stauseen 161f.
Steroide 213, 215
Stickstoffbindung 128, 155f., 165, 172, 187
Streptococcus 21, 105, 114
Streptomyces 29, 148
2-Stufen-Verfahren 196
Substratkonkurrenz 51, 54, 80, 92f., 115f., 126
Succinomonas 105f.
Succinovibrio 21
Sulfatkonzentration 51, 54, 64, 79f., 82, 92ff., 115, 118, 182
sulfatreduzierende Bakterien s. Desulfurizierer
Sulfolobus 24
Sumpfgas 13, 52, 190
Symbiose 49, 57ff., 112, 114, 161, 178ff.
Synechococcus 66
synergistisch 117, 120
syntroph 21, 117, 120, 122f., 126, 137
Syntrophobacter 21, 123
Syntrophomonas 21, 123
Syntrophus 123

Taxonomie 33ff., 128, 140ff.
Temperatur 9, 11f., 27, 32, 50, 54ff., 60, 64ff., 78, 84f., 94, 99, 103f., 113, 130, 133, 138, 165, 172ff., 176, 178, 194, 196f., 201, 206
Termiten 13, 16, 112ff.
Tetrahydrofolsäure 124, 152
Tetrahydromethanopterin 28f., 39ff., 46, 124
thermoacidophil 24
Thermoanaerobacter 21
Thermoanaerobium 66, 123
Thermococcus 24
Thermodesulfobacterium 116f.
Thermodiscus 24
Thermofilum 24
thermophil 24, 27, 49, 55, 60, 64ff., 133, 138, 165, 192, 194, 212f.
Thermoplasma 24
Thermoproteus 24
Thiobacillus 149
tierischer Verdauungstrakt 14f.
Transformationsreaktionen 159, 214f.
Trimethylamin 62, 100f., 118, 146
Trimethylaminoxid 100, 187
Trophosom 179

Umweltschutz 189, 200, 202ff.
USAB-Prozeß s. anaerobes Schlammbettverfahren

Veillonella 105f., 110
Vitamin B_{12} 40, 213

Wasserstoff 19ff., 30, 32, 36f., 49f., 53ff., 67, 72, 80ff., 89, 92ff., 99, 101, 105ff., 114ff., 147, 156, 185f., 196f., 200, 207
Wechselbeziehungen 18, 21, 81, 92f., 95, 103f., 109f., 115ff., 124, 185, 196, 203, 207

Xanthomonas 134

Zellwandaufbau 25, 36f.

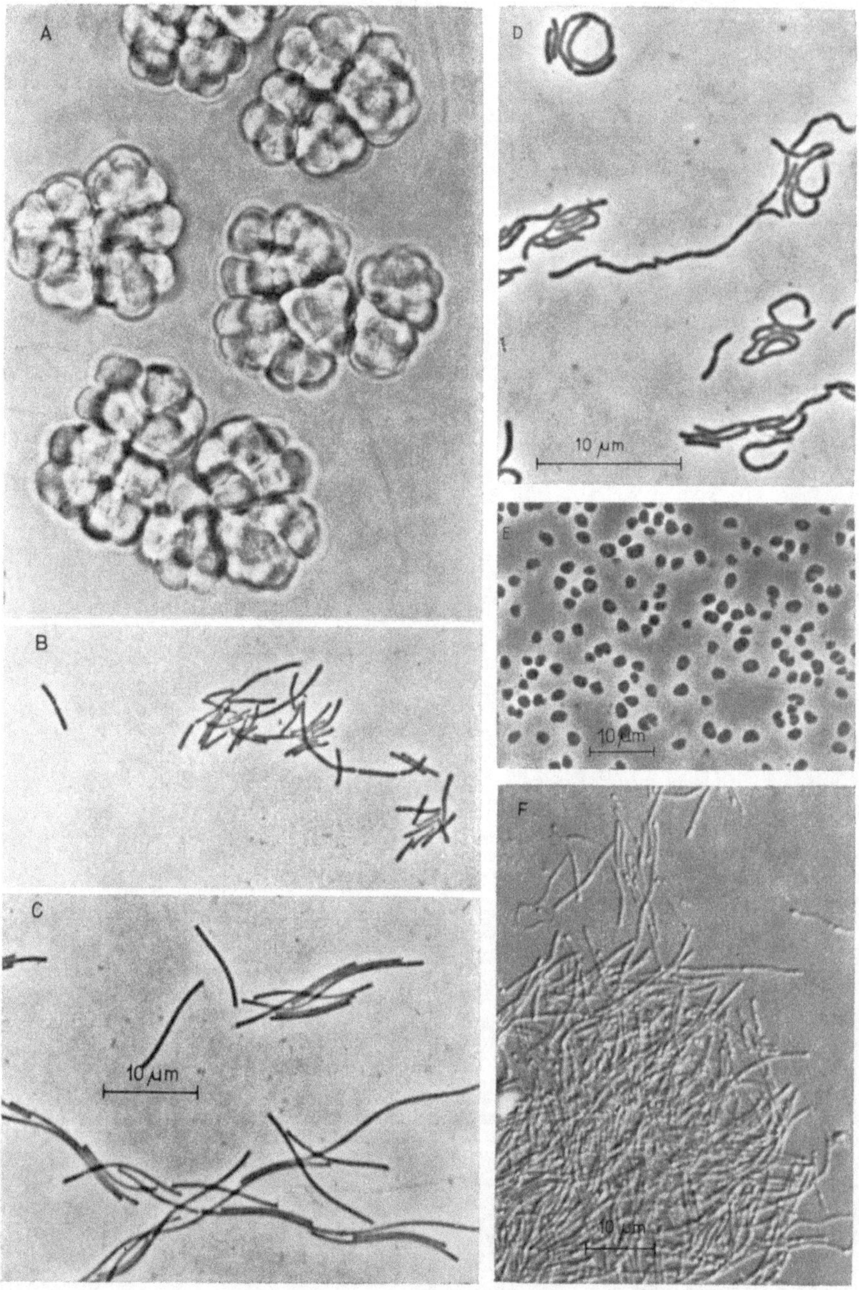
A
B
C
10 μm
D
10 μm
E
10 μm
F
10 μm

Tafel 1. Phasenkontrastmikroskopische Aufnahmen von methanogenen Bakterien

A *Methanosarcina barkeri*

B *Methanobrevibacter arboriphilus*

C *Methanospirillum hungatei*

D *Methanobacterium bryantii*

E *Methanogenium cariaci*

F *Methanobacterium aggregans*

(A–C: Kandler 1979; D: Bryant et al. 1979; E: Romesser u. Wolfe 1979; F: Blotevogel, Interferenzphasenkontrast)

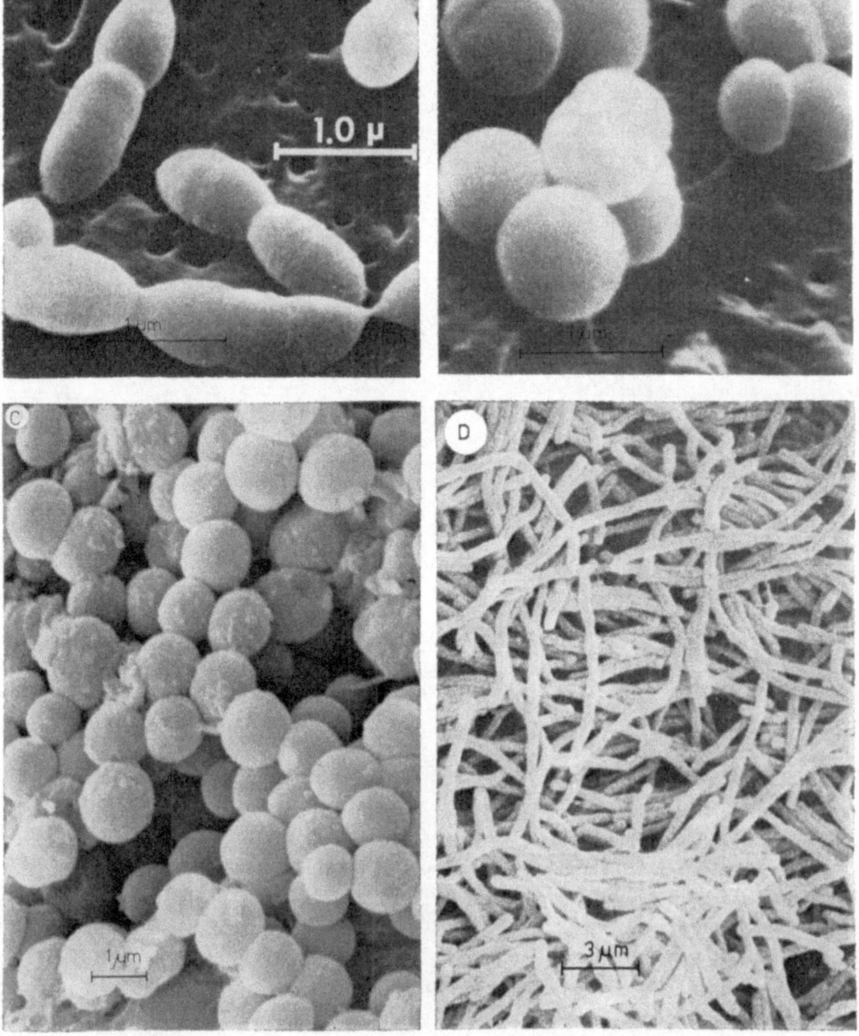
A
1.0 µ
1 µm
B
1 µm
C
1 µm
D
3 µm

Tafel 2. Rasterelektronenmikroskopische Aufnahmen von methanogenen Bakterien

A *Methanobrevibacter ruminantium*

B *Methanosphaera stadtmaniae*

C *Methanococcus frisius*

D *Methanobacterium thermoaggregans*

(A: Miller et al. 1986; B: Miller u. Wolin 1985; C, D: Blotevogel)

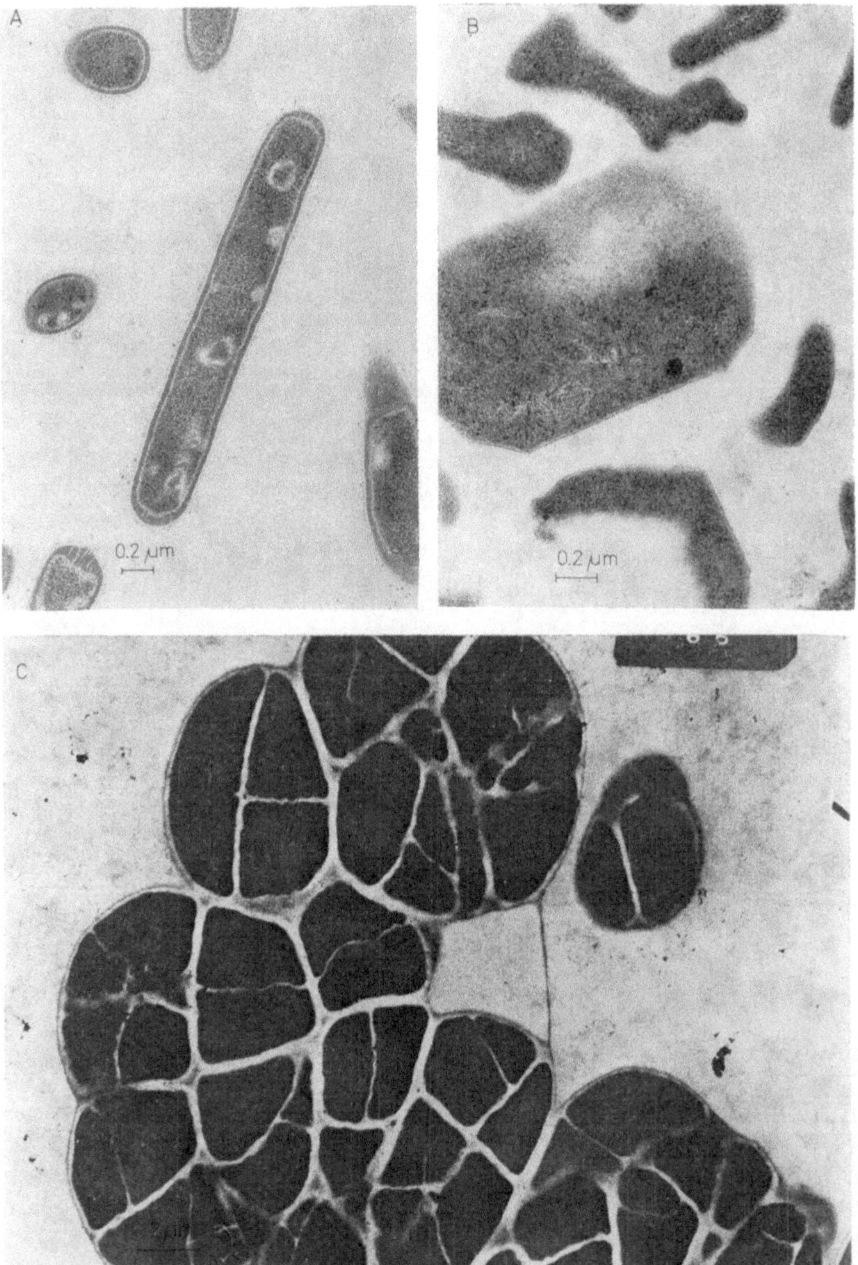
A
0.2 µm
B
0.2 µm
C

Tafel 3. Ultradünnschnitte von methanogenen Bakterien

A *Methanothermus fervidus*

B *Methanoplanus limicola*

C *Methanosarcina barkeri*

(A, B: Stetter; C: Kandler)

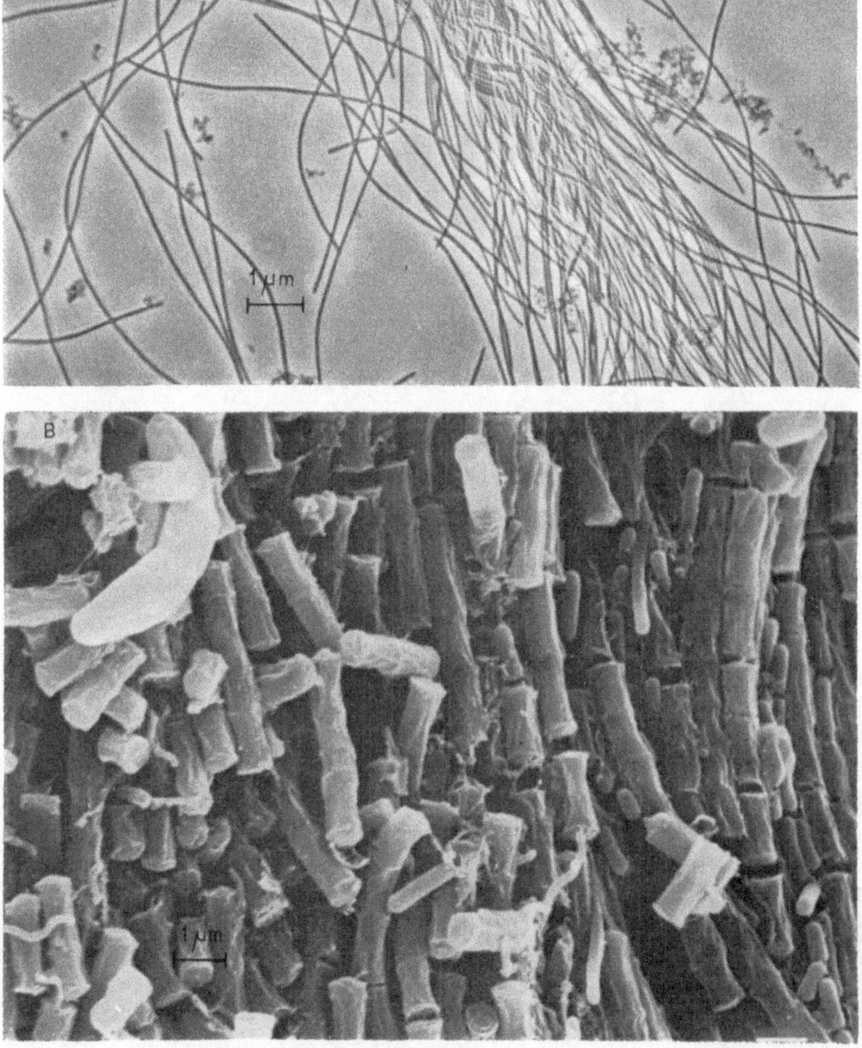
A
1 µm
B
1 µm

Tafel 4. *Methanothrix soehngenii*

A Phasenkontrastaufnahme von langen fädigen Zellen

B Rasterelektronenmikroskopische Aufnahme von granulärem Faulschlamm mit *Methanothrix* als Hauptorganismus

(Aufnahmen: ZEHNDER)

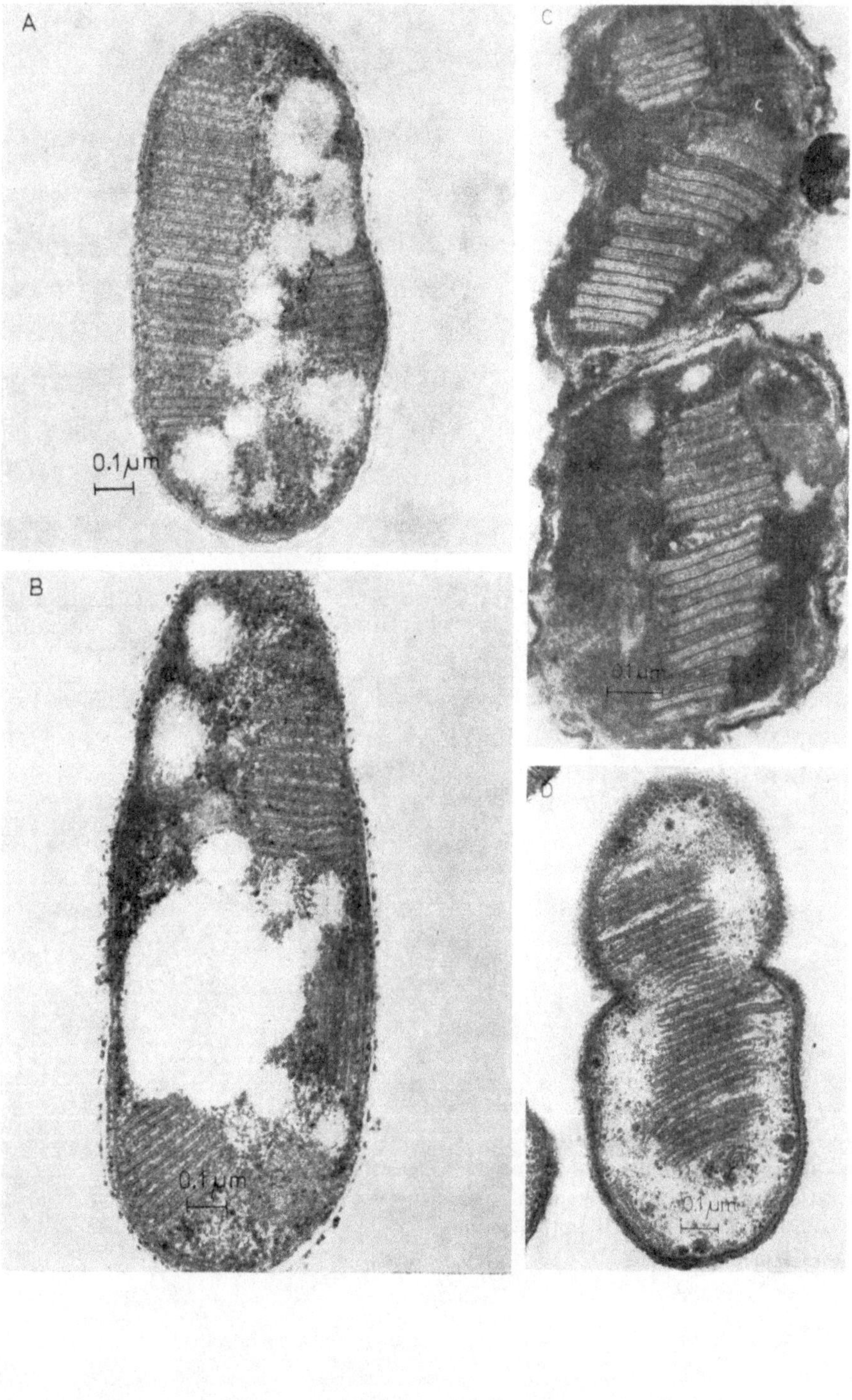
A
0.1 µm
B
0.1 µm
C
0.1 µm
D
0.1 µm

Tafel 5. Ultradünnschnitte von methanotrophen Bakterien mit intracytoplasmatischen Membranen vom Typ I

A *Methylomonas methanica* (Stamm I F 60c/2)

B *Methylomonas methanica* (Stamm I N/1)

C *Methylobacter* spec.

D *Methylobacter bovis*

(A, B: Meyer, C: Malashenko; D: Galchenko)

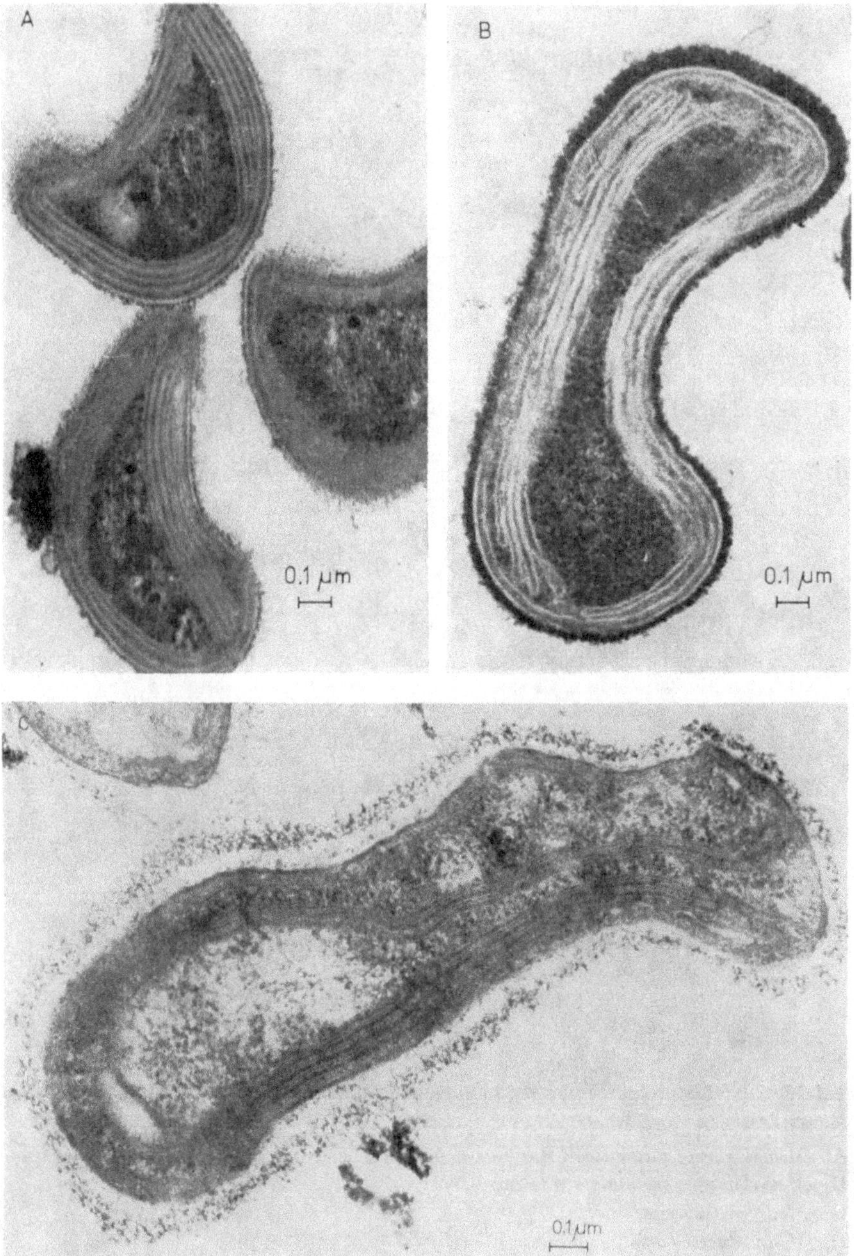
A
0.1 µm
B
0.1 µm
C
0.1µm

Tafel 6. Ultradünnschnitte von methanotrophen Bakterien mit intracytoplasmatischen Membranen vom Typ II

A *Methylocystis minimus*

B *Methylocystis methanolicus*

C *Methylocystis* spec.

(A, B: GALCHENKO; C: MEYER)

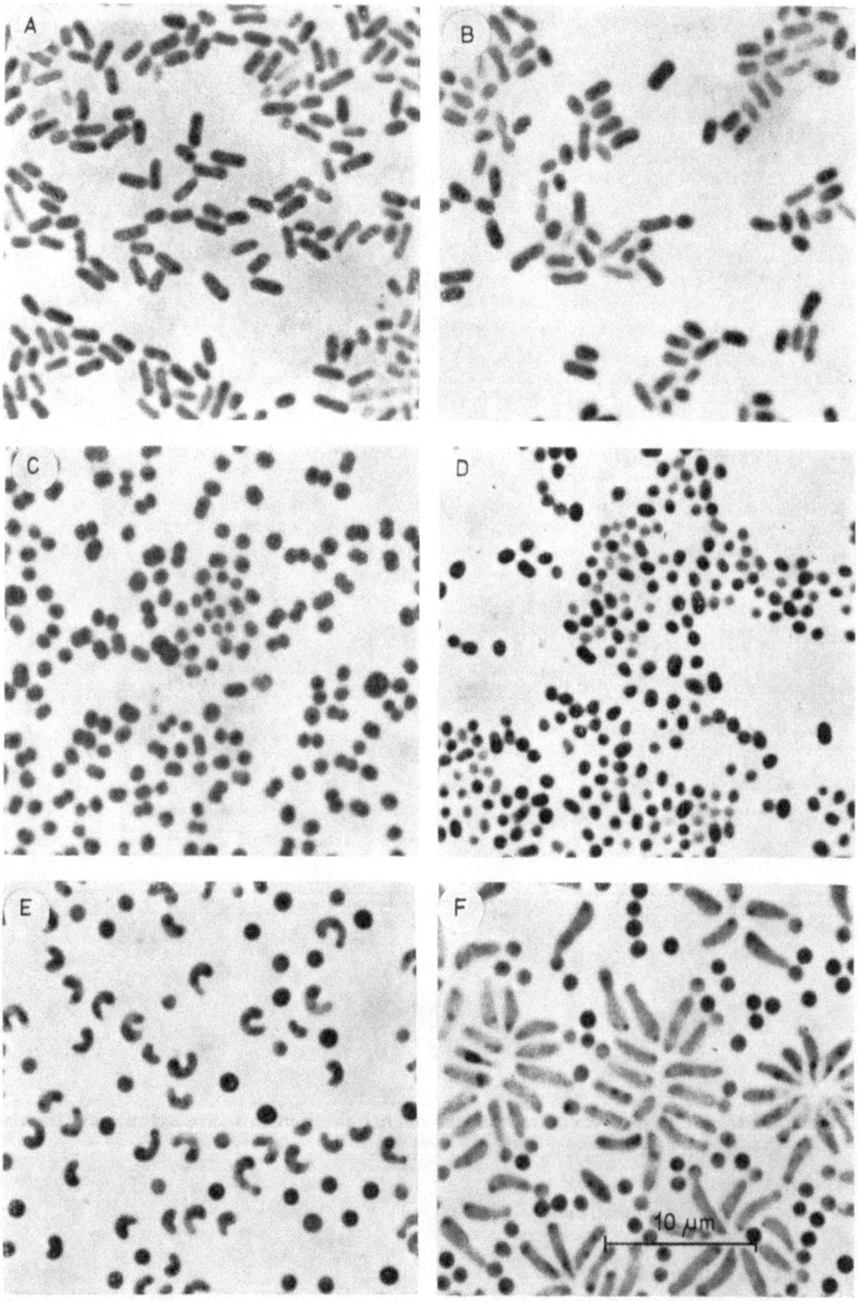
A
B
C
D
E
F
10 μm

Tafel 7. Phasenkontrastmikroskopische Aufnahmen von methanotrophen Bakterien

A *Methylomonas methanica*
B *Methylobacter* spec.
C *Methylococcus capsulatus*
D *Methylocystis* spec.
E *Methylosinus sporium*
F *Methylosinus trichosporium*

FSC
www.fsc.org
MIX
Papier | Fördert gute Waldnutzung
FSC® C083411

Zeitfracht Medien GmbH
Ferdinand-Jühlke-Straße 7
99095 Erfurt, Deutschland
produktsicherheit@kolibri360.de